高职高专土建类立体化系列教材
建筑工程技术专业

建筑工程测量

主　编　田江永
副主编　姚文驰　程和平
参　编　陆天宇　岳　翎
主　审　范优铭

机械工业出版社

建筑工程测量是高职高专土建类专业的专业课程。本书内容主要包括测量基本知识、水准测量、角度测量、距离测量与直线定向、全站仪及其应用、小区域控制测量、地形图的测绘与应用、施工测量的基本工作、施工控制测量、民用建筑施工测量、工业建筑施工测量、建筑物变形观测与竣工测量。

本书根据高职高专土建类专业学生所需技能要求，结合编者多年从事建筑工程测量教学经验编写而成。书中增加本书重点与难点二维码电子资源，方便读者理解所学内容。

本书适合作为高职高专院校建筑类专业相关课程的教学用书，也可供土建类技术人员参考使用。

图书在版编目（CIP）数据

建筑工程测量/田江永主编. —北京：机械工业出版社，2020.8（2023.1重印）

高职高专土建类立体化系列教材. 建筑工程技术专业

ISBN 978-7-111-66534-2

Ⅰ.①建… Ⅱ.①田… Ⅲ.①建筑测量-高等职业教育-教材 Ⅳ.①TU198

中国版本图书馆CIP数据核字（2020）第175617号

机械工业出版社（北京市百万庄大街22号 邮政编码100037）
策划编辑：张荣荣 责任编辑：张荣荣 范秋涛
责任校对：潘 蕊 封面设计：张 静
责任印制：常天培
北京虎彩文化传播有限公司印刷
2023年1月第1版第2次印刷
184mm×260mm · 13.25印张 · 326千字
标准书号：ISBN 978-7-111-66534-2
定价：45.00元

电话服务
客服电话：010-88361066
010-88379833
010-68326294

网络服务
机 工 官 网：www.cmpbook.com
机 工 官 博：weibo.com/cmp1952
金 书 网：www.golden-book.com
机工教育服务网：www.cmpedu.com

前言

测量工作贯穿勘测设计、施工建设到竣工验收的各个阶段，具有非常重要的地位。工程测量技能是施工一线工程技术人员必备的岗位能力。本书是根据高等职业教育的特色，本着“必需、适度、够用”的原则编写而成，侧重讲述建筑工程测量的基本知识、基本技能、基本应用，突出教学内容的实用性，将理论教学与实践教学融为一体，有利于提高学生的实践能力。

在编写本书时，突出“以能力为本位”的指导思想，力求满足高等职业教育培养技术应用型人才的要求，内容精练、不过分强调理论的系统性，突出实践应用能力。为了提高学生的动手能力，在章节后增加了实训任务，以利于学生理论实践相结合和熟悉工程实际中的岗位能力需求。

本书可满足高等职业教育建筑工程技术专业的教学需要，也能适应其他相关专业教学及施工技术人员参考的需要。

本书由常州工程职业技术学院田江永主编，全书共12章，第1章由程和平编写，第2~4章由姚文驰编写，第5~8章、第10~11章由田江永编写，第9章由岳翎编写，第12章由陆天宇编写，全书由田江永统稿。

本书编写过程中参考了许多同类教材及相关规范，在此向这些作者及编写单位表示衷心的感谢！本书编写期间得到本单位领导、同事的关心和帮助，在此深表谢意！

由于编者的水平有限，书中难免有疏漏和欠妥之处，恳请各位专家、同仁及广大读者批评指正。

编　者

目录

第1章

测量基本知识

知识目标

通过本章的学习，了解测量学的概念，建筑工程测量的主要任务；地球的形状与大小，地面点位的确定方法；测量的基本工作，测量的基本原则，测量工作的基本要求，常用的测量元素和单位。

能力目标

了解测量学的概念，建筑工程测量的任务，地球的形状和大小。掌握确定地面点位的方法，测量的基本工作、基本原则和基本要求，常用的测量元素和单位。

重点与难点

重点为确定地面点位的方法；难点为高斯平面直角坐标系的建立。

1.1　建筑工程测量的任务

1.1.1　测量学的概念及内容

测量学是研究地球的形状和大小以及确定地面（包含空中、地下和海底）点位的科学。它的内容包括测定和测设两部分。

（1）测定　测定是指使用测量仪器和工具，通过测量和计算，得到一系列原始测量数据，或把地球表面的地形缩绘成地形图，供经济建设、规划设计、科学研究和国防建设使用。测定又称为测绘。

（2）测设　测设是指把图样上规划设计好的建筑物、构筑物的位置在地面上标定出来，作为施工的依据。测设又称为放样。

1.1.2　建筑工程测量的任务

建筑工程测量是测量学的一个组成部分。它是研究建筑工程在勘测设计、施工和运营管理阶段所进行的各种测量工作的理论、技术和方法的学科。它的主要任务是：

1）测绘大比例尺地形图。

2）建筑物的施工测量。

3）建筑物的变形观测。

测量工作贯穿于工程建设的整个过程，测量工作的质量直接关系到工程建设的速度和质量。所以，每一位从事工程建设的人员，都必须掌握必要的测量知识和技能。

1.2 地面点位的确定

1.2.1 地球的形状和大小

1. 水准面和水平面

人们设想以一个静止不动的海水面延伸穿越陆地，形成一个闭合的曲面包围了整个地球，这个闭合曲面称为水准面。水准面的特点是水准面上任意一点的铅垂线都垂直于该点的曲面。与水准面相切的平面，称为水平面。

2. 大地水准面

水准面有无数个，其中与平均海水面相吻合的水准面称为大地水准面，它是测量工作的基准面。由大地水准面所包围的形体，称为大地体。

3. 铅垂线

重力的方向线称为铅垂线，它是测量工作的基准线。在测量工作中，取得铅垂线的方法如图 1-1 所示。

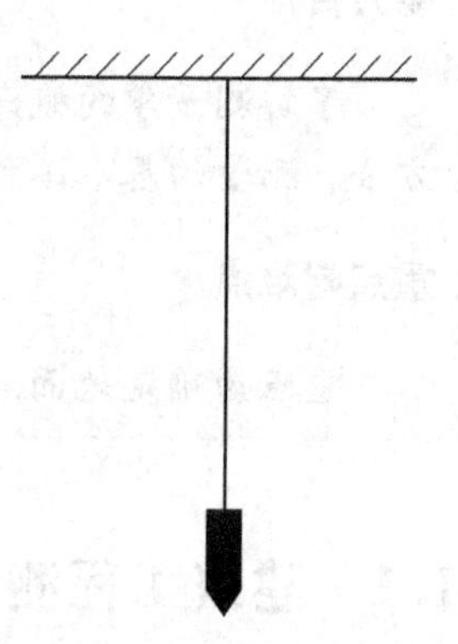

图 1-1 铅垂线

4. 地球椭球体

由于地球内部质量分布不均匀，致使大地水准面成为一个有微小起伏的复杂曲面，如图 1-2a 所示。选用地球椭球体来代替地球总的形状。地球椭球体是由椭圆 $NWSE$ 绕其短轴 NS 旋转而成的，又称旋转椭球体，如图 1-2b 所示。

决定地球椭球体形状和大小的参数：椭圆的长半径 a，短半径 b，扁率 α。

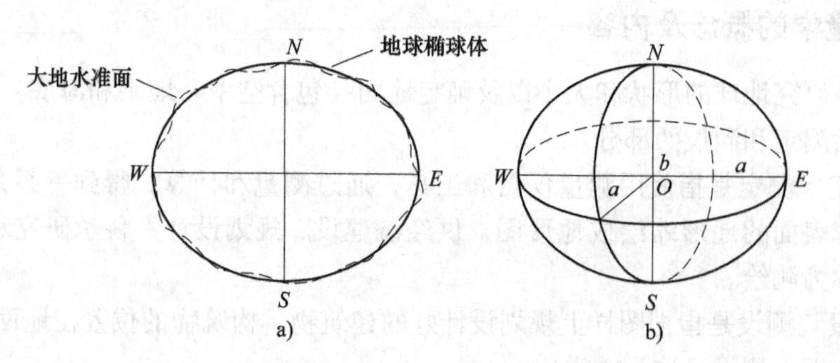

图 1-2 大地水准面与地球椭球体

a）大地水准面 b）地球椭球体

其关系式为：

$$\alpha = \frac{a - b}{a} \tag{1-1}$$

我国目前采用的地球椭球体的参数值为：$a = 6\ 378\ 140\text{m}$，$b = 6\ 356\ 755\text{m}$，$\alpha =$

1∶298.257。

由于地球椭球体的扁率 α 很小，当测量的区域不大时，可将地球看作半径为 6371km 的圆球。

在小范围内进行测量工作时，可以用水平面代替大地水准面。

1.2.2 确定地面点位的方法

基准线水准面水平面基准面

地面点的空间位置须由三个参数来确定，即该点在大地水准面上的投影位置（两个参数）和该点的高程。

1. 地面点在大地水准面上的投影位置

地面点在大地水准面上的投影位置，可用地理坐标和平面直角坐标表示。

1）地理坐标是用经度 λ 和纬度 φ 表示地面点在大地水准面上的投影位置，由于地理坐标是球面坐标，不便于直接进行各种计算。

2）高斯平面直角坐标利用高斯投影法建立的平面直角坐标系，称为高斯平面直角坐标系。在广大区域内确定点的平面位置，一般采用高斯平面直角坐标。高斯投影法是将地球划分成若干带，然后将每带投影到平面上。

如图 1-3 所示，投影带是从首子午线起，每隔经度 6°划分一带，称为 6°带，将整个地球划分成 60 个带。带号从首子午线起自西向东编，0°～6°为第 1 号带，6°～12°为第 2 号带…。位于各带中央的子午线，称为中央子午线，第 1 号带中央子午线的经度为 3°，任意号带中央子午线的经度 λ_0，可按式（1-2）计算。

$$\lambda_0 = 6°N - 3° \tag{1-2}$$

式中 N——6°带的带号。

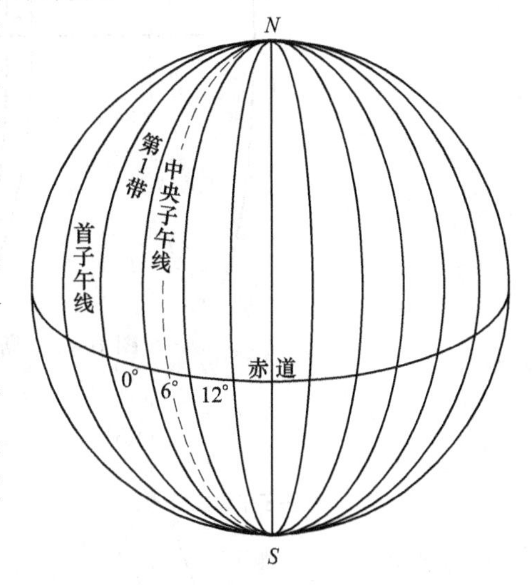

图 1-3 高斯平面直角坐标的分带

我们把地球看作圆球，并设想把投影面卷成圆柱面套在地球上，如图 1-4 所示，使圆柱的轴心通过圆球的中心，并与某 6°带的中央子午线相切。将该 6°带上的图形投影到圆柱面上。然后，将圆柱面沿过南、北极的母线 KK'、LL' 剪开，并展开成平面，这个平面称为高斯投影平面。中央子午线和赤道的投影是两条互相垂直的直线。

规定：中央子午线的投影为高斯平面直角坐标系的纵轴 x，向北为正；赤道的投影为高斯平面直角坐标系的横轴 y，向东为正；两坐标轴的交点为坐标原点 O。由此建立了高斯平面直角坐标系，如图 1-5 所示。

地面点的平面位置，可用高斯平面直角坐标 x、y 来表示。由于我国位于北半球，x 坐标均为正值，y 坐标则有正有负，如图 1-5a 所示，$y_A = +136780\text{m}$，$y_B = -272440\text{m}$。为了避免 y 坐标出现负值，将每带的坐标原点向西移 500km，如图 1-5b 所示，纵轴西移后：

$$y_A = 500000 + 136780 = 636780(\text{m}),\ y_B = 500000 - 272440 = 227560(\text{m})$$

规定在横坐标值前冠以投影带带号。如 A、B 两点均位于第 20 号带，则：

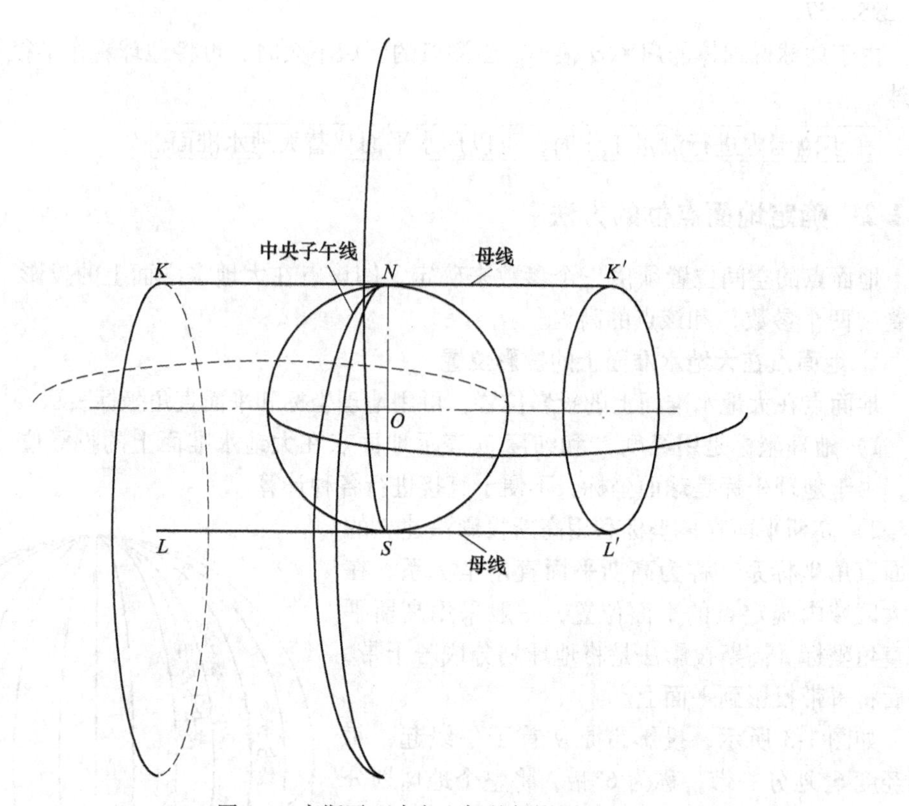

图 1-4 高斯平面直角坐标的投影

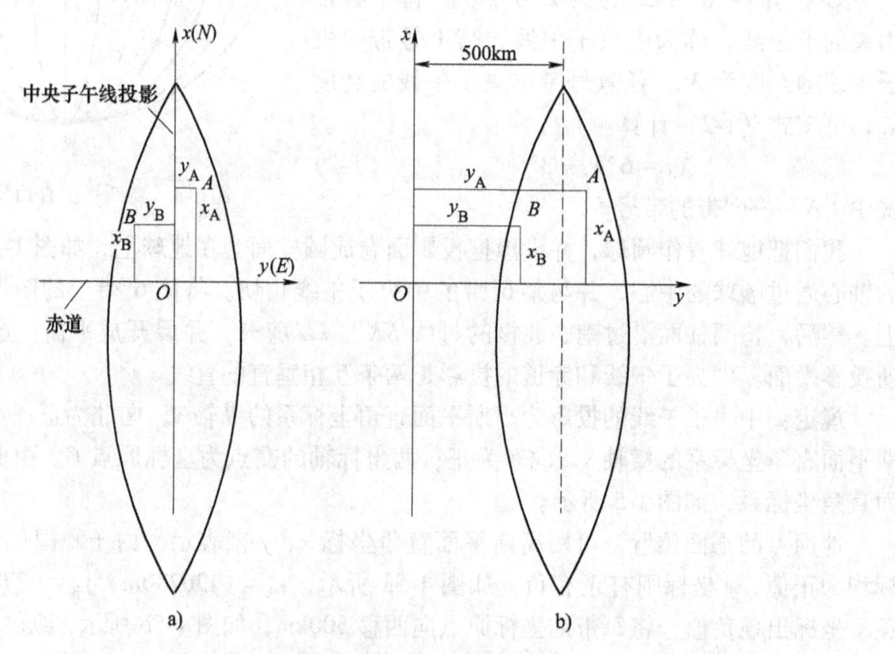

图 1-5 高斯平面直角坐标系

a）坐标原点西移前的高斯平面直角坐标 b）坐标原点西移后的高斯平面直角坐标

$$y_A = 20636780\text{m}, \ y_B = 20227560\text{m}$$

当要求投影变形更小时，可采用 3°带投影。如图 1-6 所示，3°带是从东经 1°30′开始，每隔经度 3°划分一带，将整个地球划分成 120 个带。每一带按前面所叙方法，建立各自的高斯平面直角坐标系。各带中央子午线的经度 λ_0'，可按式（1-3）计算。

$$\lambda_0' = 3°n \tag{1-3}$$

式中 n——3°带的带号。

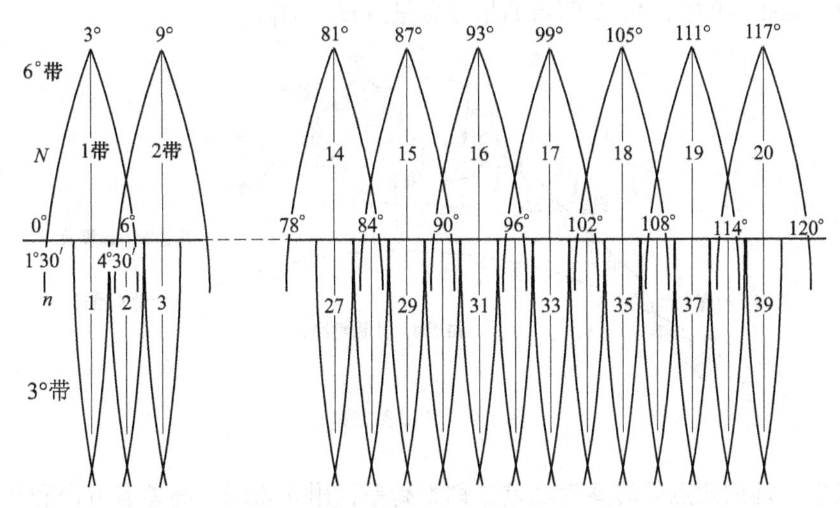

图 1-6 高斯平面直角坐标系 6°带投影与 3°带投影的关系

独立平面直角坐标当测区范围较小时，可以用测区中心点 A 的水平面来代替大地水准面，如图 1-7 所示。在这个平面上建立的测区平面直角坐标系，称为独立平面直角坐标系。在局部区域内确定点的平面位置，可以采用独立平面直角坐标。

如图 1-7 所示，在独立平面直角坐标系中，规定南北方向为纵坐标轴，记作 x 轴，x 轴向北为正，向南为负；以东西方向为横坐标轴，记作 y 轴，y 轴向东为正，向西为负；坐标原点 O 一般选在测区的西南角，使测区内各点的 x、y 坐标均为正值；坐标象限按顺时针方向编号，如图 1-8 所示，其目的是便于将数学中的公式直接应用到测量计算中，而不需做任何变更。

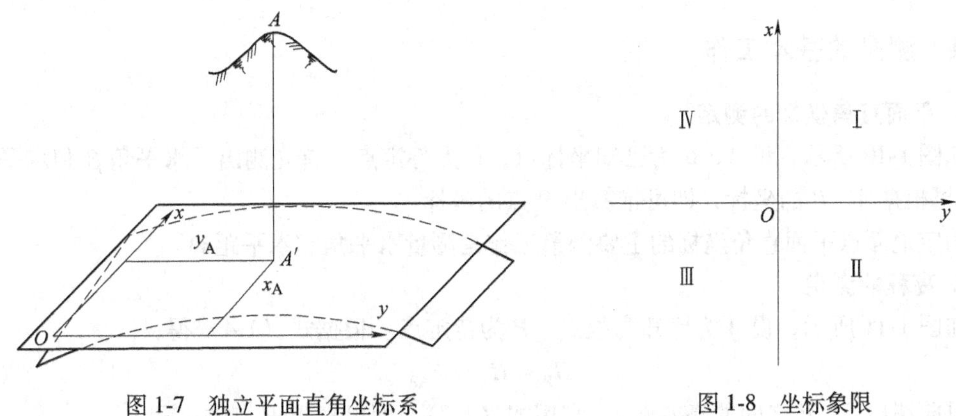

图 1-7 独立平面直角坐标系

图 1-8 坐标象限

2. 地面点的高程

相对高程绝对高程和高差

（1）绝对高程　地面点到大地水准面的铅垂距离，称为该点的绝对高程，简称高程，用 H 表示。如图 1-9 所示，地面点 A、B 的高程分别为 H_A、H_B。

目前，我国采用的是“1985 年国家高程基准”，在青岛建立了国家水准原点，其高程为 72.260m。

（2）相对高程　地面点到假定水准面的铅垂距离，称为该点的相对高程或假定高程。如图 1-9 中，A、B 两点的相对高程为 H'_A、H'_B。

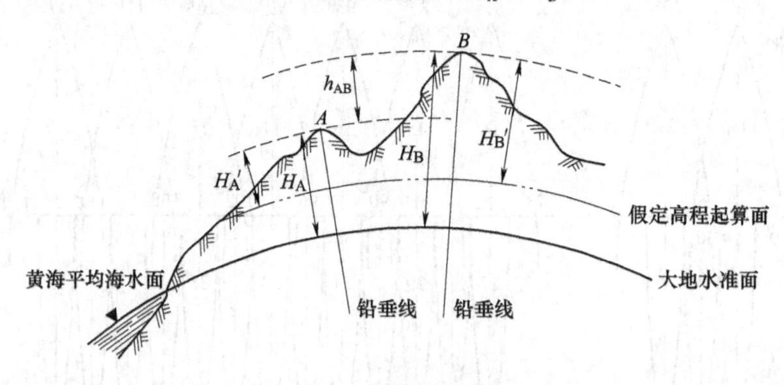

图 1-9　高程和高差

（3）高差　地面两点间的高程之差，称为高差，用 h 表示。高差有方向和正负。A、B 两点的高差为：

$$h_{AB} = H_B - H_A \tag{1-4}$$

当 h_{AB} 为正时，B 点高于 A 点；当 h_{AB} 为负时，B 点低于 A 点。B、A 两点的高差为：

$$h_{BA} = H_A - H_B \tag{1-5}$$

A、B 两点的高差与 B、A 两点的高差，绝对值相等，符号相反，即：

$$h_{AB} = -h_{BA} \tag{1-6}$$

根据地面点的三个参数 x、y、H，地面点的空间位置就可以确定了。

1.3　测量的基本工作、程序和原则

1.3.1　测量的基本工作

1. 平面直角坐标的测定

如图 1-10 所示，设 A、B 为已知坐标点，P 为待定点。首先测出了水平角 β 和水平距离 D_{AP}，再根据 A、B 的坐标，即可推算出 P 点的坐标。

测定地面点平面直角坐标的主要测量工作是测量水平角和水平距离。

2. 高程的测定

如图 1-11 所示，设 A 为已知高程点，P 为待定点。根据式（1-4）得：

$$H_P = H_A + h_{AP} \tag{1-7}$$

只要测出 A、P 之间的高差 h_{AP}，利用式（1-7），即可算出 P 点的高程。

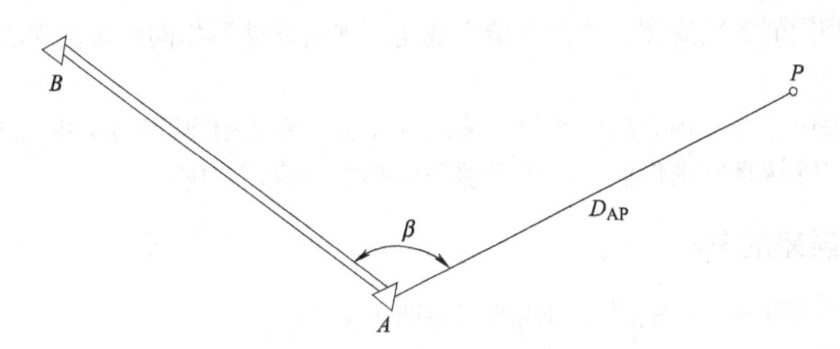

图 1-10 平面直角坐标的测定

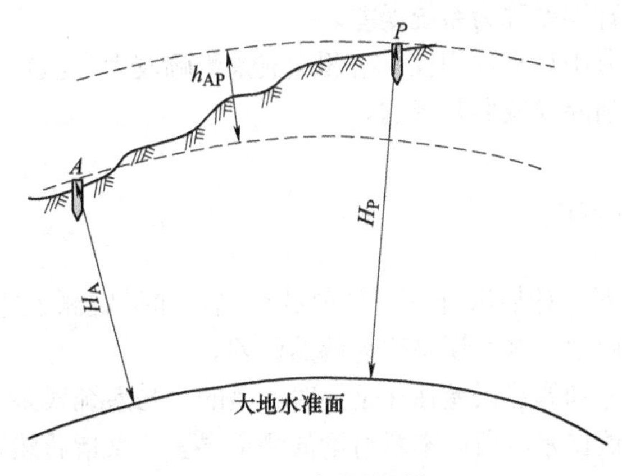

图 1-11 高程的测定

测定地面点高程的主要测量工作是测量高差。

测量的基本工作是：高差测量、水平角测量、水平距离测量。

1.3.2 测量工作的程序与原则

1）“从整体到局部”“先控制后碎部”的原则。

2）“前一步工作未做检核不进行下一步工作”的原则。

1.4 测量误差概述

1.4.1 测量误差产生的原因

1. 测量仪器和工具

由于仪器和工具加工制造不完善或校正之后残余误差存在所引起的误差。

2. 观测者

由于观测者感觉器官鉴别能力的局限性所引起的误差。

3. 外界条件的影响

外界条件的变化所引起的误差。

人、仪器和外界条件是引起测量误差的主要因素，通常称为观测条件。

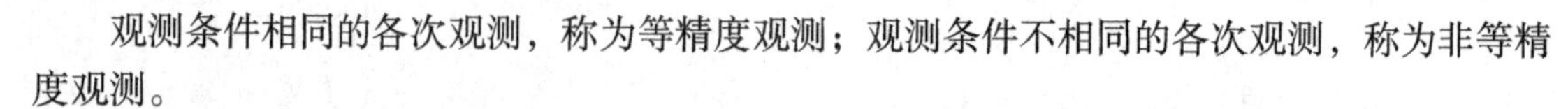

观测条件相同的各次观测，称为等精度观测；观测条件不相同的各次观测，称为非等精度观测。

在观测结果中，有时还会出现错误，称之为粗差。粗差在观测结果中是不允许出现的，为了杜绝粗差，除认真仔细作业外，还必须采取必要的检核措施。

1.4.2 测量误差的分类

误差按其特性可分为系统误差和偶然误差两大类。

1. 系统误差

在相同观测条件下，对某量进行一系列的观测，如果误差出现的符号和大小均相同，或按一定的规律变化，这种误差称为系统误差。

系统误差在测量成果中具有累积性，对测量成果影响较大，但它具有一定的规律性，一般可采用以下两种方法消除或减弱其影响。

1）进行计算改正。

2）选择适当的观测方法。

2. 偶然误差

在相同的观测条件下，对某量进行一系列的观测，如果观测误差的符号和大小都不一致，表面上没有任何规律性，这种误差称为偶然误差。

在观测中，系统误差和偶然误差往往是同时产生的。当系统误差设法消除或减弱后，决定观测精度的关键是偶然误差。所以本章讨论的测量误差，仅指偶然误差。

1.4.3 偶然误差的特性

偶然误差从表面上看没有任何规律性，但是随着对同一量观测次数的增加，大量的偶然误差就表现出一定的统计规律性。

例如，对一个三角形的三个内角进行测量，三角形各内角之和 l 不等于其真值 180°。用 X 表示真值，则 l 与 X 的差值 Δ 称为真误差（即偶然误差），即

$$\Delta = l - X \tag{1-8}$$

现在相同的观测条件下观测了 217 个三角形，按式（1-8）计算出 217 个内角和观测值的真误差。再按绝对值大小，分区间统计相应的误差个数，列入表 1-1 中。

表 1-1 偶然误差的统计

误差区间	正误差个数	负误差个数	总计
0″~3″	30	29	59
3″~6″	21	20	41
6″~9″	15	18	33
9″~12″	14	16	30
12″~15″	12	10	22
15″~18″	8	8	16
18″~21″	5	6	11

（续）

误差区间	正误差个数	负误差个数	总计
21″~24″	2	2	4
24″~27″	1	0	1
27″以上	0	0	0
合计	108	109	217

从表 1-1 可以看出：

1）绝对值较小的误差比绝对值较大的误差个数多。

2）绝对值相等的正负误差的个数大致相等。

3）最大误差不超过 27″。

通过长期对大量测量数据分析和统计计算，人们总结出了偶然误差的四个特性：

1）在一定观测条件下，偶然误差的绝对值有一定的限值，或者说，超出该限值的误差出现的概率为零。

2）绝对值较小的误差比绝对值较大的误差出现的概率大。

3）绝对值相等的正、负误差出现的概率相同。

4）同一量的等精度观测，其偶然误差的算术平均值，随着观测次数 n 的无限增大而趋于零，即

$$\lim_{n\to\infty}\frac{[\Delta]}{n}=0 \tag{1-9}$$

式中　$[\Delta]$——偶然误差的代数和，$[\Delta]=\Delta_1+\Delta_2+\cdots+\Delta_n$。

上述第四个特性是由第三个特性导出的，说明偶然误差具有抵偿性。

1.5　衡量精度的标准

在测量工作中，常采用以下几种标准评定测量成果的精度。

1.5.1　中误差

设在相同的观测条件下，对某量进行 n 次重复观测，其观测值为 l_1，l_2，…，l_n，相应的真误差为 Δ_1，Δ_2，…，Δ_n。则观测值的中误差 m 为：

$$m=\pm\sqrt{\frac{[\Delta\Delta]}{n}} \tag{1-10}$$

式中　$[\Delta\Delta]$——真误差的平方和，$[\Delta\Delta]=\Delta_1^2+\Delta_2^2+\cdots+\Delta_n^2$。

【例 1-1】　设有甲、乙两组观测值，各组均为等精度观测，它们的真误差分别为：

甲组：+3″，−2″，−4″，+2″，0″，−4″，+3″，+2″，−3″，−1″。

乙组：0″，−1″，−7″，+2″，+1″，+1″，−8″，0″，+3″，−1″。

试计算甲、乙两组各自的观测精度。

【解】　根据式（1-10）计算甲、乙两组观测值的中误差为：

$$m_{甲} = \pm\sqrt{\frac{(+3'')^2+(-2'')^2+(-4'')^2+(+2'')^2+(0'')^2+(-4'')^2+(+3'')^2+(+2'')^2+(-3'')^2+(-1'')^2}{10}}$$

$$= \pm 2.7''$$

$$m_{乙} = \sqrt{\frac{(0'')^2+(-1'')^2+(-7'')^2+(+2'')^2+(+1'')^2+(+1'')^2+(-8'')^2+(0'')^2+(+3'')^2+(-1'')^2}{10}}$$

$$= \pm 3.6''$$

比较 $m_{甲}$ 和 $m_{乙}$ 可知，甲组的观测精度比乙组高。中误差所代表的是某一组观测值的精度，而不是这组观测中某一次的观测精度。

1.5.2 相对中误差

在距离丈量中，中误差不能准确地反映出观测值的精度，这是因为中误差代表的是绝对误差。例如丈量两段距离，$D_1=100\text{m}$，$m_1=\pm1\text{cm}$ 和 $D_2=300\text{m}$，$m_2=\pm1\text{cm}$，虽然两者中误差相等，$m_1=m_2$，但是不能认为这两段距离丈量精度是相同的，这时应采用相对中误差 m_K 来作为衡量精度的标准。

相对中误差是中误差的绝对值与相应观测结果之比，并化为分子为 1 的分数，即

$$m_K = \frac{|m|}{D} = \frac{1}{\frac{D}{|m|}} \tag{1-11}$$

在上面所举例中：

$$m_{K1} = \frac{|m_1|}{D_1} = \frac{0.01\text{m}}{100\text{m}} = \frac{1}{10000}$$

$$m_{K2} = \frac{|m_2|}{D_2} = \frac{0.01\text{m}}{30\text{m}} = \frac{1}{3000}$$

前者的精度比后者高。

1.5.3 极限误差

在一定观测条件下，偶然误差的绝对值不应超过的限值，称为极限误差，也称限差或容许误差。通常将 2 倍或 3 倍中误差作为偶然误差的容许值，即

$$\Delta P = 2m (\text{或 } \Delta P = 3m)$$

如果某个观测值的偶然误差超过了容许误差，就可以认为该观测值含有粗差，应舍去不用或返工重测。

小 结

在本章中，我们了解了地球的形状和大小，知道了测量工作的基准面和基本线。同时，明确了在地球上对一地面点进行确定的方法和原理，并对高程系统和坐标系统进行了介绍。由于地球表面是不规则的曲面，这就需要用水平面代替水准面，在此基础之上，进行了二者可以代替的限度。最后对测量误差进行了简单的介绍，了解了误差的分类和精度指标。

思 考 题

1. 测量学的概念是什么？建筑工程测量的任务是什么？

2. 何谓铅垂线？何谓大地水准面？它们在测量中的作用是什么？

3. 什么是系统误差？什么是偶然误差？

4. 用等精度对16个独立的三角形进行观测，其三角形闭合差分别为+4″，+16″，−14″，+10″，+9″，+2″，−15″，+8″，+3″，−22″，−13″，+4″，−5″，+24″，−7″，−4″，试计算其观测精度。

5. 在ΔABC中，C点不易到达，测得$\angle A=74°32'15''\pm20''$，$\angle B=42°38'50''\pm30''$，求$\angle C$值及中误差。

习　题

一、选择题

1. 地面点到高程基准面的垂直距离称为该点的（　　）。

A. 相对高程　　B. 绝对高程　　C. 高差　　D. 差距

2. 地面点的空间位置是用（　　）来表示的。

A. 地理坐标　　B. 平面直角坐标　　C. 坐标和高程　　D. 假定坐标

3. 绝对高程的起算面是（　　）。

A. 水平面　　B. 大地水准面　　C. 假定水准面　　D. 大地水平面

4. 测量工作中野外观测中的基准面是（　　）。

A. 水平面　　B. 水准面　　C. 旋转椭球面　　D. 圆球面

5. 测量学是研究地球的形状和大小，并将设计图上的工程构造物放样到实地的科学。其任务包括两个部分：测绘和（　　）。

A. 测定　　B. 测量　　C. 测边　　D. 放样

6. 静止的海水面向陆地延伸，形成一个封闭的曲面，称为（　　）。

A. 水准面　　B. 水平面　　C. 铅垂面　　D. 圆曲面

7. 在高斯6°投影带中，带号为N的投影带的中央子午线经度λ的计算公式是（　　）。

A. $\lambda=6N$　　B. $\lambda=3N$　　C. $\lambda=6N-3$　　D. $\lambda=3N-3$

8. 测量上所选用的平面直角坐标系，规定x轴正向指向（　　）。

A. 东方向　　B. 南方向　　C. 西方向　　D. 北方向

9. 在6°高斯投影中，我国为了避免横坐标出现负值，故规定将坐标纵轴向西平移（　　）km。

A. 100　　B. 300　　C. 500　　D. 700

10. 在半径为10km的圆面积之内进行测量时，不能将水准面当作水平面看待的是（　　）。

A. 距离测量　　B. 角度测量　　C. 高程测量　　D. 以上答案都不对

11. 组织测量工作应遵循的原则是：布局上从整体到局部，精度上由高级到低级，工作次序上（　　）。

A. 先规划后实施　　B. 先细部再展开

C. 先碎部后控制　　D. 先控制后碎部

12. 测量的三要素是距离、（　　）和高差。

A. 坐标　　B. 角度　　C. 方向　　D. 气温

13. 目前我国采用的高程基准是（　　）。

A. 1956 年黄海高程　　B. 1965 年黄海高程

C. 1985 年黄海高程　　D. 1995 年黄海高程

14. 目前我国采用的全国统一坐标系是（　　）。

A. 1954 年北京坐标系　　B. 1980 年西安坐标系

C. 1980 年国家大地坐标系　　D. 2000 年国家大地坐标系

15. 测量工作的基准线是（　　）。

A. 铅垂线　　B. 水平线　　C. 切线　　D. 离心力方向线

16. 水准面有无数多个，其中通过平均海水面的那一个，称为（　　）。

A. 平均水准面　　B. 大地水准面　　C. 统一水准面　　D. 协议水准面

二、简答题

1. 如何确定点的位置？

2. 测量学中的平面直角坐标系与数学中的平面直角坐标系有何不同？

3. 何谓水平面？用水平面代替水准面对水平距离、水平角和高程分别有何影响？

4. 何谓绝对高程？何谓相对高程？何谓高差？已知 $H_A = 36.735\text{m}$，$H_B = 48.386\text{m}$，求 h_{AB}。

5. 测量的基本工作是什么？测量工作的基本原则是什么？

6. 说明测量误差产生的原因。

第 2 章

水准测量

知识目标

水准测量的原理；DS_3 水准仪的构造及使用；水准测量的施测方法及成果整理；水准测量误差及注意事项；自动安平水准仪、精密水准仪和电子水准仪的使用。

能力目标

了解水准测量的等级，水准测量路线的布设，水准仪的检验与校正，水准测量误差及注意事项，自动安平水准仪、精密水准仪和电子水准仪的使用方法。掌握水准测量的原理，DS_3 水准仪的构造及使用，普通水准测量的施测方法及成果整理。

重点与难点

重点为 DS_3 水准仪的使用，水准测量的施测方法及成果整理；难点为水准测量的成果整理。

2.1 水准测量原理

测设高程

2.1.1 定义

水准测量是利用水准仪提供的水平视线，借助于带有分划的水准尺，直接测定地面上两点间的高差，然后根据已知点高程和测得的高差，推算出未知点高程。

如图 2-1 所示，A、B 两点间高差 h_{AB} 为

$$h_{AB} = a - b \tag{2-1}$$

设水准测量是由 A 向 B 进行的，则 A 点为后视点，A 点尺上的读数 a 称为后视读数；B 点为前视点，B 点尺上的读数 b 称为前视读数。因此，高差等于后视读数减去前视读数。

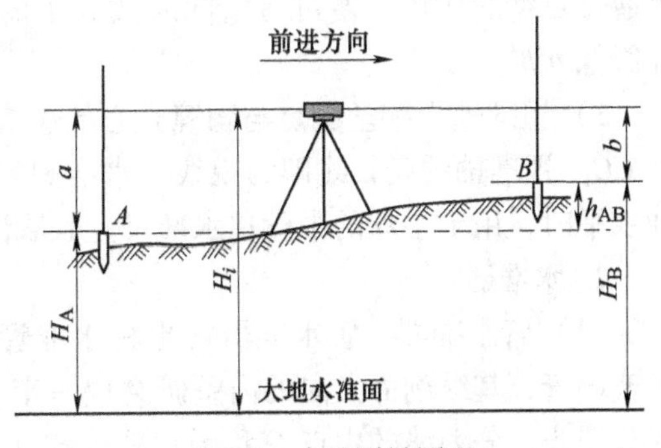

图 2-1　水准测量原理

2.1.2 计算未知点高程

1. 高差法

测得 A、B 两点间高差 h_{AB} 后，如果已知 A

点的高程 H_A，则 B 点的高程 H_B 为：

$$H_B = H_A + h_{AB} \tag{2-2}$$

这种直接利用高差计算未知点 B 高程的方法，称为高差法。

2. 视线高法

如图 2-1 所示，B 点高程也可以通过水准仪的视线高程 H_i 来计算，即

$$\begin{cases} H_i = H_A + a \\ H_B = H_i - b \end{cases} \tag{2-3}$$

这种利用仪器视线高程 H_i 计算未知点 B 点高程的方法，称为视线高法。在施工测量中，有时安置一次仪器，需测定多个地面点的高程，采用视线高法就比较方便。

2.2 水准测量的仪器与工具

水准测量所使用的仪器为水准仪，工具有水准尺和尺垫。

水准测量原理

国产水准仪按其精度分，有 DS_{05}，DS_1，DS_3 及 DS_{10} 等几种型号。05、1、3 和 10 表示水准仪精度等级，其中 D 和 S 分别为“大地测量”和“水准仪”汉语拼音的首字母。字母后的数字 05、1、3 和 10 表示水准仪精度等级，即该类型水准仪每千米往、返高差中数的偶然中误差值，分别不超过±0.5、±1、±3 和±10。建筑工程测量中常用的是 DS_3。

2.2.1 DS_3 微倾式水准仪的构造

DS_3 主要由望远镜、水准器及基座三部分组成。

1. 望远镜

望远镜是用来精确瞄准远处目标并对水准尺进行读数的。它主要由物镜、目镜、对光透镜和十字丝分划板组成。

1）十字丝分划板是为了瞄准目标和读数用的，如图 2-2 所示。

2）物镜和目镜多采用复合透镜组，目标 AB 经过物镜成像后形成一个倒立而缩小的实像 ab，移动对光透镜，可使不同距离的目标均能清晰地成像在十字丝平面上。再通过目镜的作用，便可看清同时放大了的十字丝和目标影像 $a'b'$。

3）视准轴十字丝交点与物镜光心的连线，称为视准轴 CC。视准轴的延长线即为视线，水准测量就是在视准轴水平时，用十字丝的中丝在水准尺上截取读数的。

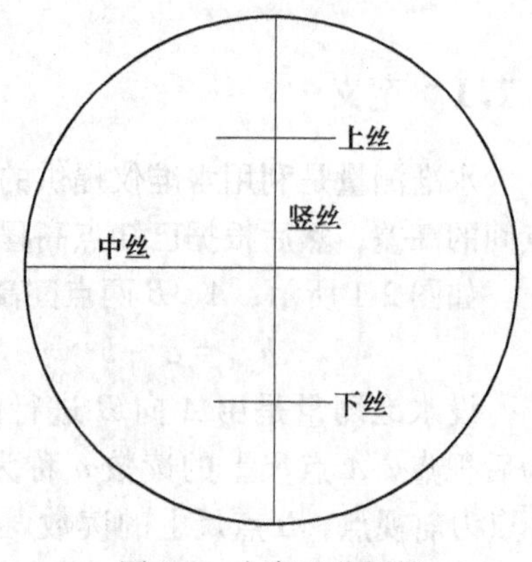

图 2-2 十字丝分划板

2. 水准器

（1）管水准器 管水准器（也称水准管）用于精确整平仪器。如图 2-3 所示，它是一个玻璃管，其纵剖面方向的内壁研磨成一定半径的圆弧形，水准管上一般刻有间隔为 2mm 的分划线，分划线的中点 O 称为水准管零点，通过零点与圆弧相切的纵向切线 LL 称为水准

管轴。水准管轴平行于视准轴。

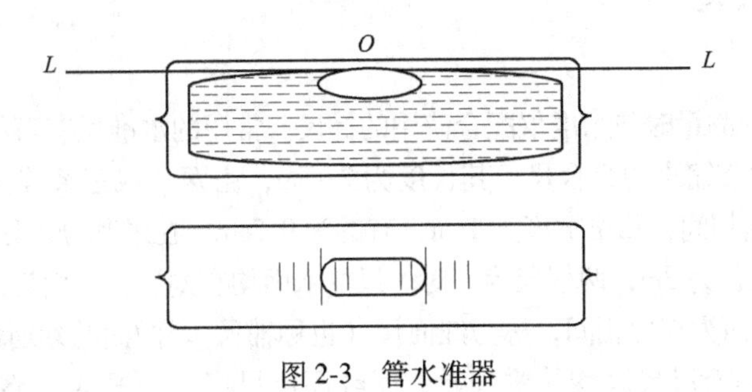

图 2-3　管水准器

水准管上 2mm 圆弧所对的圆心角 τ，称为水准管的分划值，水准管分划越小，水准管灵敏度越高，用其整平仪器的精度也越高。DS_3 型水准仪的水准管分划值为 20″，记作 20″/2mm，如图 2-4 所示。

为了提高水准管气泡居中的精度，采用符合水准器，如图 2-5 所示。

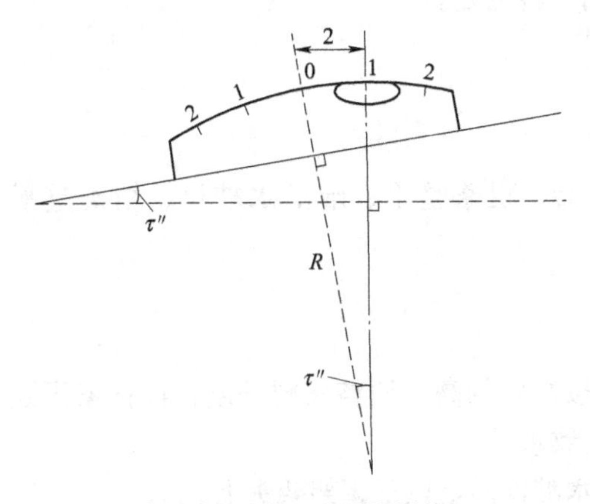

图 2-4　管水准器分划值

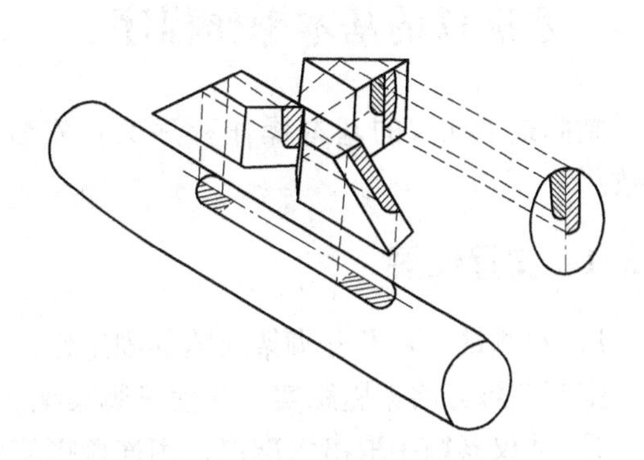

图 2-5　符合水准器

（2）圆水准器　圆水准器装在水准仪基座上，用于粗略整平。圆水准器顶面的玻璃内表面研磨成球面，球面的正中刻有圆圈，其圆心称为圆水准器的零点。过零点的球面法线 $L'L'$，称为圆水准器轴。圆水准器轴 $L'L'$平行于仪器竖轴 VV，如图2-6所示。

气泡中心偏离零点 2mm 时竖轴所倾斜的角值，称为圆水准器的分划值，一般为 8′~10′，精度较低。

3. 基座

基座的作用是支承仪器的上部，并通过连接螺旋与三脚架连接。它主要由轴座、脚螺旋、底板和三脚压板构成。转动脚螺旋可使圆水准气泡居中。

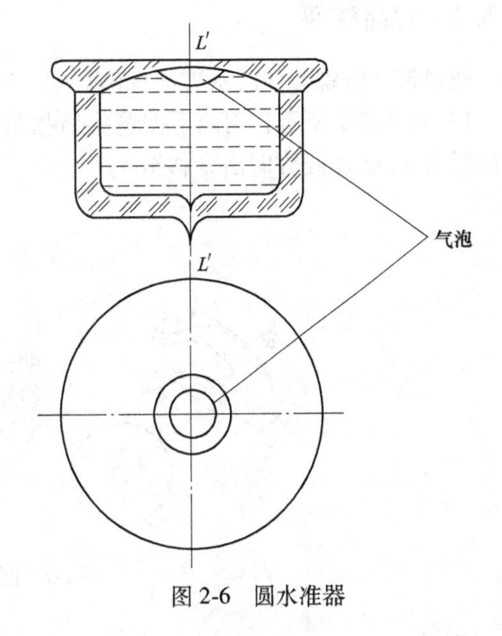

图 2-6　圆水准器

2.2.2 水准尺和尺垫

1. 水准尺

水准尺是进行水准测量时与水准仪配合使用的标尺。常用的水准尺有塔尺和双面尺两种。

1）塔尺是一种逐节缩小的组合尺，其长度为2~5m，由两节或三节连接在一起，尺的底部为零点，尺面上黑白格相间，每格宽度为1cm，有的为0.5cm，在米和分米处有数字注记。

2）双面水准尺尺长为3m，两根尺为一对。尺的双面均有刻划，一面为黑白相间，称为黑面尺（也称主尺）；另一面为红白相间，称为红面尺（也称辅尺）。两面的刻划均为1cm，在分米处注有数字。两根尺的黑面尺尺底均从零开始，而红面尺尺底，一根从4.687m开始，另一根从4.787m开始。在视线高度不变的情况下，同一根水准尺的红面和黑面读数之差应等于常数4.687m或4.787m，这个常数称为尺常数，用K来表示，以此可以检核读数是否正确。

2. 尺垫

尺垫是由生铁铸成，一般为三角形板座，其下方有三个脚，可以踏入土中。尺垫上方有一凸起的半球体，水准尺立于半球顶面。尺垫用于转点处。

2.3 水准仪的基本操作程序

微倾式水准仪的基本操作程序为：安置仪器、粗略整平、瞄准水准尺、精确整平和读数。

2.3.1 安置仪器

1）在测站上松开三脚架架腿的固定螺旋，按需要的高度调整架腿长度，再拧紧固定螺旋，张开三脚架将架腿踩实，并使三脚架架头大致水平。

2）从仪器箱中取出水准仪，用连接螺旋将水准仪固定在三脚架架头上。

2.3.2 粗略整平

粗平

通过调节脚螺旋使圆水准器气泡居中。具体操作步骤如下。

1）如图2-7所示，用两手按箭头所指的相对方向转动脚螺旋1和2，使气泡沿着1、2连线方向由a移至b。

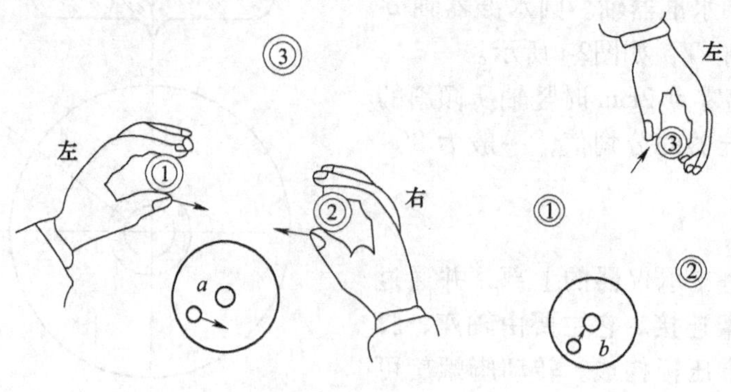

图2-7 圆水准器整平

2）用左手按箭头所指方向转动脚螺旋3，使气泡由 b 移至中心。

整平时，气泡移动的方向与左手大拇指旋转脚螺旋时的移动方向一致，与右手大拇指旋转脚螺旋时的移动方向相反。

2.3.3 瞄准水准尺

（1）目镜调焦　松开制动螺旋，将望远镜转向明亮的背景，转动目镜对光螺旋，使十字丝成像清晰。

（2）初步瞄准　通过望远镜筒上方的照门和准星瞄准水准尺，旋紧制动螺旋。

（3）物镜调焦　转动物镜对光螺旋，使水准尺的成像清晰。

（4）精确瞄准　转动微动螺旋，使十字丝的竖丝瞄准水准尺边缘或中央，如图2-8所示。

（5）消除视差　眼睛在目镜端上下移动，有时可看见十字丝的中丝与水准尺影像之间相对移动，这种现象称为视差。产生视差的原因是水准尺的尺像与十字丝平面不重合，如图2-9a所示。视差的存在将影响读数的正确性，应予消除。消除视差的方法是仔细地转动物镜对光螺旋，直至尺像与十字丝平面重合，如图2-9b所示。

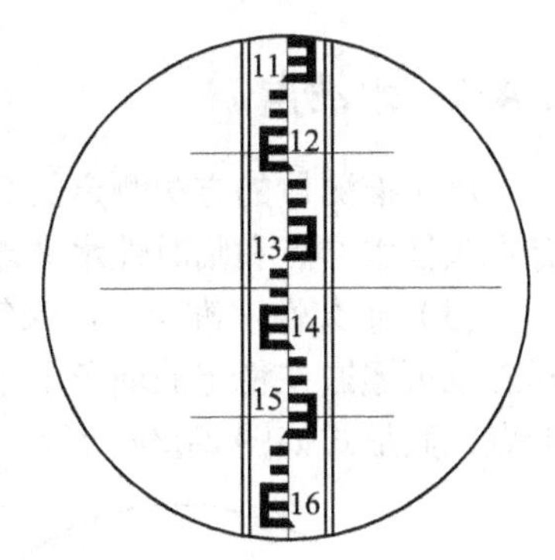

图2-8　精确瞄准与读数

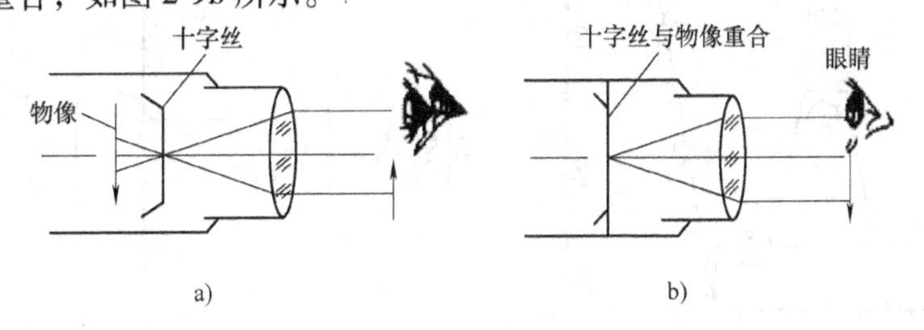

图2-9　视差现象
a）存在视差　b）没有视差

2.3.4 精确整平

精确整平简称精平。眼睛观察水准气泡观察窗内的气泡影像，用右手缓慢地转动微倾螺旋，使气泡两端的影像严密吻合。此时视线即为水平视线。微倾螺旋的转动方向与左侧半气泡影像的移动方向一致，如图2-10所示。

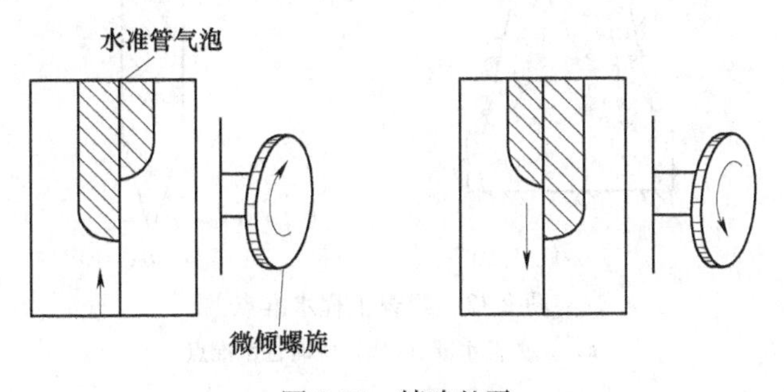

图2-10　精确整平

2.3.5 读数

符合水准器气泡居中后，应立即用十字丝中丝在水准尺上读数。读数时应从小数向大数读，如果从望远镜中看到的水准尺影像是倒像，在尺上应从上到下读取。直接读取米、分米和厘米，并估读出毫米，共四位数。如图 2-8 所示，读数是 1.330m。读数后再检查符合水准器气泡是否居中，若不居中，应再次精平，重新读数。

2.4 水准测量的方法

2.4.1 水准点

用水准测量的方法测定的高程控制点，称为水准点，记为 BM（Bench Mark）。水准点有永久性水准点和临时性水准点两种。

（1）永久性水准点　国家等级永久性水准点如图 2-11 所示。有些永久性水准点的金属标志也可镶嵌在稳定的墙角上，称为墙上水准点，如图 2-12 所示。建筑工地上的永久性水准点，其形式如图 2-13a 所示。

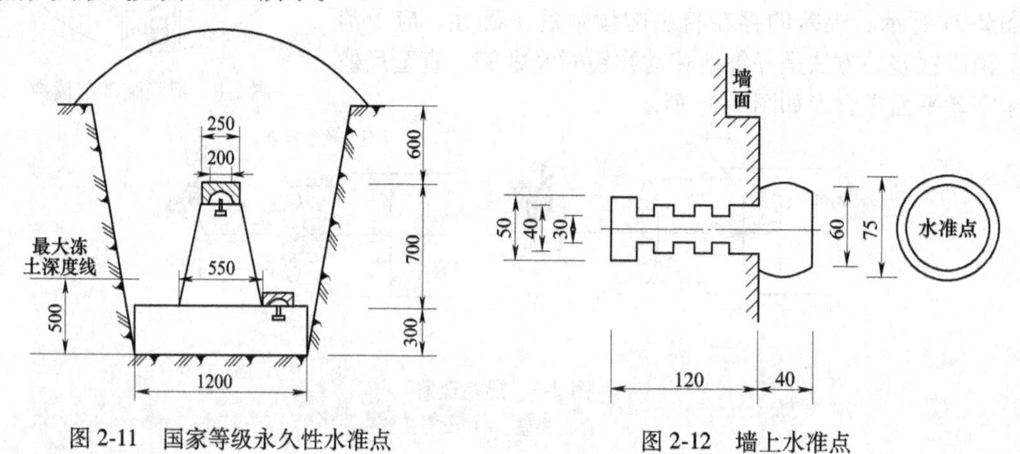

图 2-11　国家等级永久性水准点　　图 2-12　墙上水准点

（2）临时性水准点　临时性的水准点可用地面上凸出的坚硬岩石或用大木桩打入地下，桩顶钉以半球状钢钉，作为水准点的标志，如图 2-13b 所示。

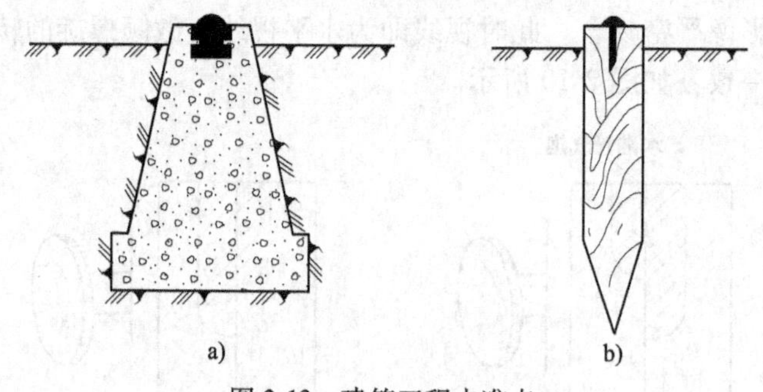

图 2-13　建筑工程水准点
a）永久性水准点　b）临时性水准点

2.4.2 水准路线及成果检核

在水准点间进行水准测量所经过的路线，称为水准路线。相邻两水准点间的路线称为测段。

在一般的工程测量中，水准路线布设形式主要有以下三种形式。

1. 附合水准路线

（1）附合水准路线的布设方法　如图2-14所示，从已知高程的水准点BM*A*出发，沿待定高程的水准点1、2、3进行水准测量，最后附合到另一已知高程的水准点BM*B*所构成的水准路线，称为附合水准路线。

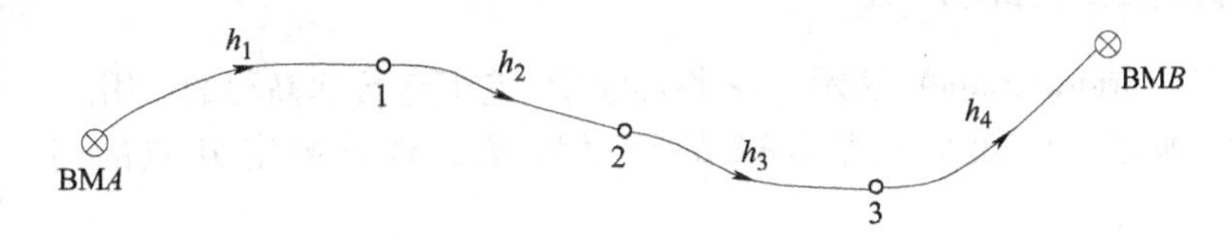

图2-14　附合水准路线

（2）成果检核　从理论上讲，附合水准路线各测段高差代数和应等于两个已知高程的水准点之间的高差，即

$$\sum h_{理} = H_B - H_A \tag{2-4}$$

各测段高差代数和 $\sum h_{测}$ 与其理论值 $\sum h_{理}$ 的差值，称为高差闭合差 W_h，即

$$W_h = \sum h_{测} - \sum h_{理} = \sum h_{测} - (H_B - H_A) \tag{2-5}$$

2. 闭合水准路线

（1）闭合水准路线的布设方法　如图2-15所示，从已知高程的水准点BM*A*出发，沿各待定高程的水准点1、2、3、4进行水准测量，最后又回到原出发点BM*A*的环形路线，称为闭合水准路线。

（2）成果检核　从理论上讲，闭合水准路线各测段高差代数和应等于零，即

$$\sum h_{理} = 0$$

如果不等于零，则高差闭合差为：

$$f_h = \sum h_{测} \tag{2-6}$$

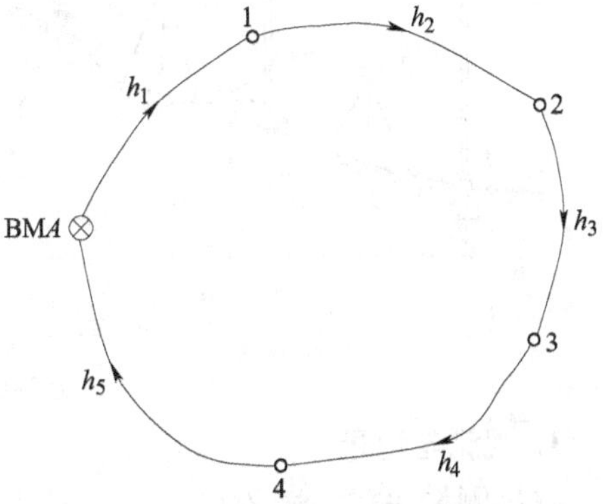

图2-15　闭合水准路线

3. 支水准路线

（1）支水准路线的布设方法　如图2-16所示，从已知高程的水准点BM*A*出发，沿待定

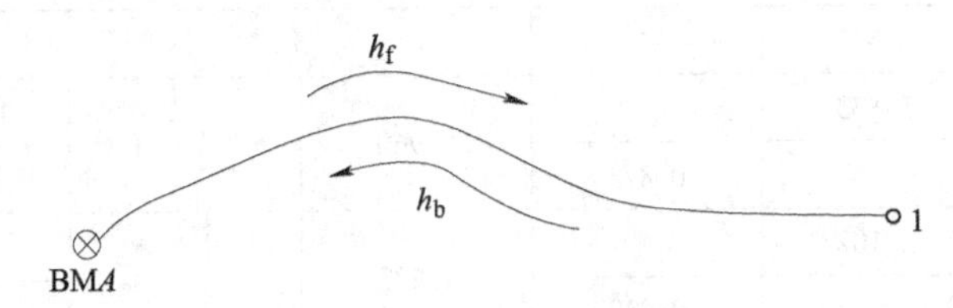

图2-16　支水准路线

高程的水准点 1 进行水准测量，这种既不闭合又不附合的水准路线，称为支水准路线。支水准路线要进行往返测量，以资检核。

（2）成果检核　从理论上讲，支水准路线往测高差与返测高差的代数和应等于零，即

$$\sum h_{往} + \sum h_{返} = 0$$

如果不等于零，则高差闭合差为：

$$f_h = \sum h_{往} + \sum h_{返} \tag{2-7}$$

各种路线形式的水准测量，其高差闭合差均不应超过容许值，否则即认为观测结果不符合要求。

2.4.3　水准测量的施测方法

转点用 TP（Turning Point）表示，在水准测量中它们起传递高程的作用。

如图 2-17 所示，已知水准点 BMA 的高程为 H_A，现欲测定 B 点的高程 H_B。

水准测量的施测方法

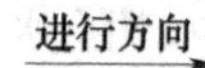

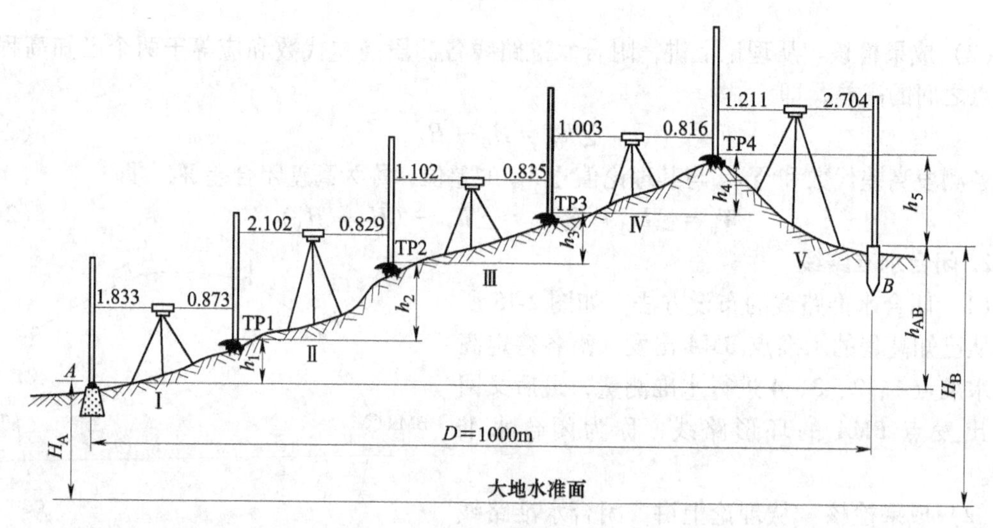

图 2-17　水准测量的施测

1. 观测与记录

水准测量手簿见表 2-1。

表 2-1　水准测量手簿

测站	测点	水准尺读数/m		高差/m		高程/m	备注
		后视读数	前视读数	+	−		
1	2	3	4	5		6	7
1	BM. A	1.833		0.960		132.815	
	TP. 1		0.873				
2	TP. 1	2.102		1.273			
	TP. 2		0.829				

（续）

测站	测点	水准尺读数/m		高差/m		高程/m	备注
		后视读数	前视读数	+	-		
3	TP. 2	1. 102		0. 267			
	TP. 3		0. 835				
4	TP. 3	1. 003		0. 187			
	TP. 4		0. 816				
5	TP. 4	1. 211			1. 493		
	B		2. 704			134. 009	
计算检核	$\sum$	7. 251	6. 057	2. 687	1. 493		
	$\sum a-\sum b=+1.194$			$\sum h=+1.194$		$h_{AB}=H_B-H_A=+1.194$	

2. 计算与计算检核

（1）计算　每一测站都可测得前、后视两点的高差，即

$$h_1 = a_1 - b_1$$
$$h_2 = a_2 - b_2$$
$$\vdots$$
$$h_5 = a_5 - b_5$$

将上述各式相加，得

$$h_{AB} = \sum h = \sum a - \sum b$$

则 B 点高程为：

$$H_B = H_A + h_{AB} = H_A + \sum h$$

（2）计算检核　为了保证记录表中数据的正确，应对后视读数总和减前视读数总和、高差总和、B 点高程与 A 点高程之差进行检核，这三个数字应相等。

$$\sum a - \sum b = 7.251 - 6.057 = 1.194(\mathrm{m})$$
$$\sum h = 2.687 - 1.493 = 1.194(\mathrm{m})$$
$$H_B - H_A = 134.009 - 132.815 = 1.194(\mathrm{m})$$

3. 水准测量的测站检核

（1）变动仪器高法　是在同一个测站上用两次不同的仪器高度，测得两次高差进行检核。要求：改变仪器高度应大于10cm，两次所测高差之差不超过容许值（例如等外水准测量容许值为±6mm），取其平均值作为该测站最后结果，否则需要重测。

（2）双面尺法　分别对双面水准尺的黑面和红面进行观测。利用前、后视的黑面和红面读数，分别算出两个高差。如果不符值不超过规定的限差（例如四等水准测量容许值为±5mm），取其平均值作为该测站最后结果，否则需要重测。

2. 4. 4　水准测量的等级及主要技术要求

在工程上常用的水准测量有：三、四等水准测量和等外水准测量。

1. 三、四等水准测量

三、四等水准测量常作为小地区测绘大比例尺地形图和施工测量的高程基本控制。三、四等水准测量的主要技术要求见表2-2。

表2-2　三、四等水准测量的主要技术要求

等级	路线长度/km	水准仪	水准尺	观测次数		往返较差、附合或环线闭合差	
				与已知点联测	符合或环线	平地/mm	山地/mm
三	≤50	DS_1	因瓦	往返各一次	往一次	$\pm 12\sqrt{L}$	$\pm 4\sqrt{n}$
		DS_3	双面		往返各一次		
四	≤16	DS_3	双面	往返各一次	往一次	$\pm 20\sqrt{L}$	$\pm 6\sqrt{n}$

注：L为水准路线长度（km）；n为测站数。

2. 等外水准测量

等外水准测量又称为图根水准测量或普通水准测量，主要用于测定图根点的高程及用于工程水准测量。等外水准测量的主要技术要求见表2-3。

表2-3　等外水准测量的主要技术要求

等级	路线长度/km	水准仪	水准尺	视线长度/m	观测次数		往返较差、附合或环线闭合差	
					与已知点联测	符合或环线	平地/mm	山地/mm
等外	≤5	DS_3	单面	100	往返各次	往一次	$\pm 40\sqrt{L}$	$\pm 12\sqrt{n}$

注：L为水准路线长度（km）；n为测站数。

2.4.5　三、四等水准测量介绍

1. 三、四等水准测量观测的技术要求

三、四等水准测量观测的技术要求见表2-4。

表2-4　三、四等水准测量观测的技术要求

等级	水准仪	视线长度/m	前后视距差/m	前后视距累积差/m	视线高度	黑面、红面读数之差/mm	黑面、红面所测高差之差/mm
三	DS_1	100	3	6	三丝能读数	1.0	1.5
	DS_3	75				2.0	3.0
四	DS_3	100	5	10	三丝能读数	3.0	5.0

2. 一个测站上的观测程序和记录

三等水准测量测站观测顺序简称为：“后—前—前—后”或“黑—黑—红—红”。四等水准测量测站观测顺序简称为：“后—后—前—前”或“黑—红—黑—红”，三、四等水准测量手簿（双面尺法）见表2-15。

表 2-5 三、四等水准测量手簿（双面尺法）

测站编号	点号	后尺 上丝 下丝 后视距 视距差	前尺 上丝 下丝 前视距 Σd	方向及尺号	水准尺读数 黑面	水准尺读数 红面	K+黑-红	平均高差/m	备注
		(1) (2) (9) (11)	(4) (5) (10) (12)	后 前 后-前	(3) (6) (15)	(8) (7) (16)	(14) (13) (17)	(18)	
1	BM. 1-TP. 1	1571 1197 37. 4 -0. 2	0739 0363 37. 6 -0. 2	后 12 前 13 后-前	1384 0551 +0. 833	6171 5239 +0. 932	0 -1 +1	+0. 8325	
2	TP. 1-TP. 2	2121 1747 37. 4 -0. 1	2196 1821 37. 5 -0. 3	后 13 前 12 后-前	1934 2008 -0. 074	6621 6796 -0. 175	0 -1 +1	-0. 0745	K 为水准尺常数 表中 $K_{12}=4.787$ $K_{13}=4.687$
3	TP. 2-TP. 3	1914 1539 37. 5 -0. 2	2055 1678 37. 7 -0. 5	后 12 前 13 后-前	1726 1866 -0. 140	6513 6554 -0. 041	0 -1 +1	-0. 1405	
4	TP. 3-*A*	1965 1700 26. 5 -0. 2	2141 1874 26. 7 -0. 7	后 13 前 12 后-前	1832 2007 -0. 175	6519 6793 -0. 274	0 +1 -1	-0. 1745	
每页检核	Σ(9)= 138. 8　　Σ[(3)+(8)]=32. 700 Σ[(15)+(16)]=+0. 886-Σ(10)= 139. 5-Σ[(6)+(7)]=31. 814=-0. 7=4 站(12)=+0. 886 Σ(18)=+0. 443　　2Σ(18)=+0. 886　　总视距Σ(9)+Σ(10)=287. 3								

3. 测站计算与检核

(1) 视距　部分视距等于上丝读数与下丝读数的差乘以 100。

后视距离：(9)=[(1)-(2)]×100

前视距离：(10)=[(4)-(5)]×100

计算前、后视距差：(11)=(9)-(10)

计算前、后视距累积差：(12)=上站(12)+本站(11)

(2) 水准尺读数检核　同一水准尺的红、黑面中丝读数之差，应等于该尺红、黑面的尺常数 *K*(4. 687m 或 4. 787m)。红、黑面中丝读数差 (13)、(14) 按下式计算：

$(13)=(6)+K_{前}-(7)$

$(14)=(3)+K_{后}-(8)$

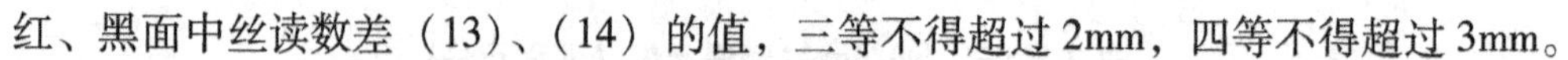

红、黑面中丝读数差（13）、（14）的值，三等不得超过2mm，四等不得超过3mm。

（3）高差计算与校核　根据黑面、红面读数计算黑面、红面高差（15）、（16），计算平均高差（18）。

黑面高差：(15)=(3)-(6)

红面高差：(16)=(8)-(7)

黑、红面高差之差：(17)=(15)-[(16)±0.100]=(14)-(13)（校核用）

式中　0.100——两根水准尺的尺常数之差（m）。

黑、红面高差之差（17）的值，三等不得超过3mm，四等不得超过5mm。

平均高差：$(18)=\frac{1}{2}\{(15)+[(16)\ \pm 0.100]\}$

当 $K_{后}=4.687\text{m}$ 时，式中取+0.100m；当 $K_{后}=4.787\text{m}$ 时，式中取-0.100m。

4. 每页计算的校核

（1）视距　部分后视距离总和减前视距离总和应等于末站视距累积差。即

$\sum(9)-\sum(10)=$末站(12)

总视距$=\sum(9)+\sum(10)$

（2）高差　部分红、黑面后视读数总和减红、黑面前视读数总和应等于黑、红面高差总和，还应等于平均高差总和的两倍。即

测站数为偶数时

$\sum[(3)+(8)]-\sum[(6)+(7)]=\sum[(15)+(16)]=2\sum(18)$

测站数为奇数时

$\sum[(3)+(8)]-\sum[(6)+(7)]=\sum[(15)+(16)]=2\sum(18)\pm 0.100$

用双面水准尺进行三、四等水准测量的记录、计算与校核见表2-5。

2.5　水准测量的误差及其影响

2.5.1　仪器误差

1. 水准管轴与视准轴不平行误差

水准管轴与视准轴不平行，虽然经过校正，仍然可存在少量的残余误差。这种误差的影响与距离成正比，只要观测时注意使前、后视距离相等，便可消除此项误差对测量结果的影响。

2. 水准尺误差

由于水准尺刻划不准确、尺长变化、弯曲等原因，会影响水准测量的精度。因此，水准尺要经过检核才能使用。

2.5.2　观测误差

1. 水准管气泡的居中误差

由于气泡居中存在误差，致使视线偏离水平位置，从而带来读数误差。为减小此误差的影响，每次读数时，都要使水准管气泡严格居中。

2. 估读水准尺的误差

水准尺估读毫米数的误差大小与望远镜的放大倍率以及视线长度有关。在测量作业中，应遵循不同等级的水准测量对望远镜放大倍率和最大视线长度的规定，以保证估读精度。

3. 视差的影响误差

当存在视差时，由于十字丝平面与水准尺影像不重合，若眼睛的位置不同，便读出不同的读数，而产生读数误差。因此，观测时要仔细调焦，严格消除视差。

4. 水准尺倾斜的影响误差

水准尺倾斜，将使尺上读数增大，从而带来误差。如水准尺倾斜3°30′，在水准尺上1m处读数时，将产生2mm的误差。为了减少这种误差的影响，水准尺必须扶直。

2.5.3 外界条件的影响误差

1. 水准仪下沉误差

由于水准仪下沉，使视线降低，而引起高差误差。如采用“后、前、前、后”的观测程序，可减弱其影响。

2. 尺垫下沉误差

如果在转点发生尺垫下沉，将使下一站的后视读数增加，也将引起高差的误差。采用往返观测的方法，取成果的中数，可减弱其影响。

为了防止水准仪和尺垫下沉，测站和转点应选在土质实处，并踩实三脚架和尺垫，使其稳定。

3. 地球曲率及大气折光的影响

如图2-18所示，A、B为地面上两点，大地水准面是一个曲面，如果水准仪的视线$a'b'$平行于大地水准面，则A、B两点的正确高差为：

$$h_{AB} = a' - b'$$

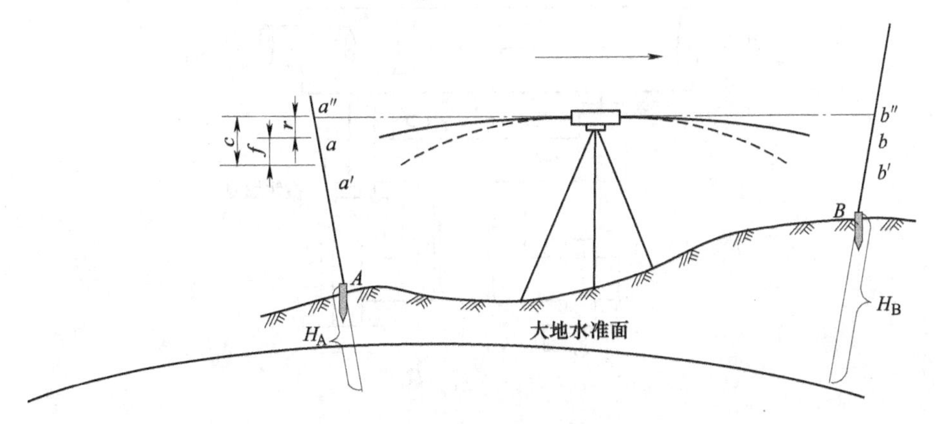

图2-18 地球曲率及大气折光的影响

但是，水平视线在水准尺上的读数分别为a''、b''。a'、a''之差与b'、b''之差，就是地球曲率对读数的影响，用c表示。

$$c = \frac{D^2}{2R} \tag{2-8}$$

式中 D——水准仪到水准尺的距离（km）；

R——地球的平均半径，$R=6371\text{km}$。

由于大气折光的影响，视线是一条曲线，在水准尺上的读数分别为 a、b。a、a''之差与 b、b''之差，就是大气折光对读数的影响，用 r 表示。在稳定的气象条件下，r 约为 c 的 1/7，即

$$r=\frac{1}{7}c=0.07\frac{D^2}{2R} \tag{2-9}$$

地球曲率和大气折光的共同影响为：

$$f=c-r=0.43\frac{D^2}{R} \tag{2-10}$$

地球曲率和大气折光的影响，可采用使前、后视距离相等的方法来消除。

4. 温度的影响误差

温度的变化不仅会引起大气折光的变化，而且当烈日照射水准管时，由于水准管本身和管内液体温度的升高，气泡向着温度高的方向移动，从而影响了水准管轴的水平，产生了气泡居中误差。所以，测量中应随时注意为仪器打伞遮阳。

2.6 水准仪的检验和校正

2.6.1 水准仪应满足的几何条件

根据水准测量的原理，水准仪必须能提供一条水平的视线，它才能正确地测出两点间的高差。为此，水准仪在结构上应满足如图 2-19 所示的条件。

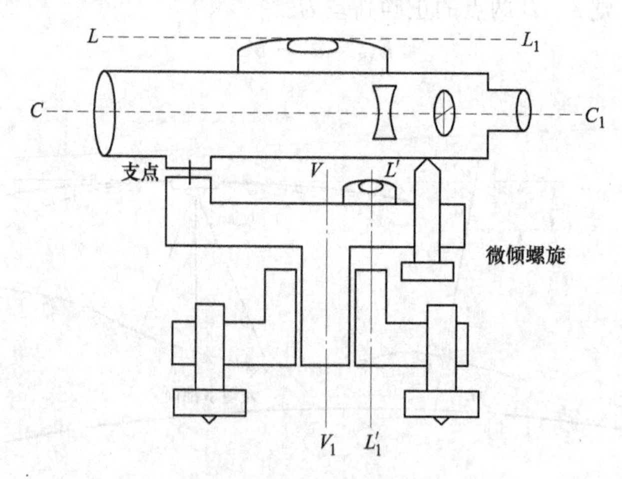

图 2-19 水准仪的轴线

1）圆水准器轴 $L'L'_1$ 应平行于仪器的竖轴 VV_1。

2）十字丝的中丝应垂直于仪器的竖轴 VV_1。

3）水准管轴 LL_1 应平行于视准轴 CC_1。

水准仪应满足上述各项条件，在水准测量之前，应对水准仪进行认真的检验与校正。

2.6.2　水准仪的检验与校正

水准仪水准管轴平行于视准轴的检验校正动画

1. 圆水准器轴平行于仪器的竖轴的检验与校正

（1）检验方法　旋转脚螺旋使圆水准器气泡居中，然后将仪器绕竖轴旋转180°，如果气泡仍居中，则表示该几何条件满足；如果气泡偏出分划圈外，则需要校正。

（2）校正方法　校正时，先调整脚螺旋，使气泡向零点方向移动偏离值的一半，此时竖轴处于铅垂位置。然后，稍旋松圆水准器底部的固定螺钉，用校正针拨动三个校正螺钉，使气泡居中，这时圆水准器轴平行于仪器竖轴且处于铅垂位置。

圆水准器校正螺钉如图2-20所示。此项校正需反复进行，直至仪器旋转到任何位置时，圆水准器气泡皆居中为止。最后旋紧固定螺钉。

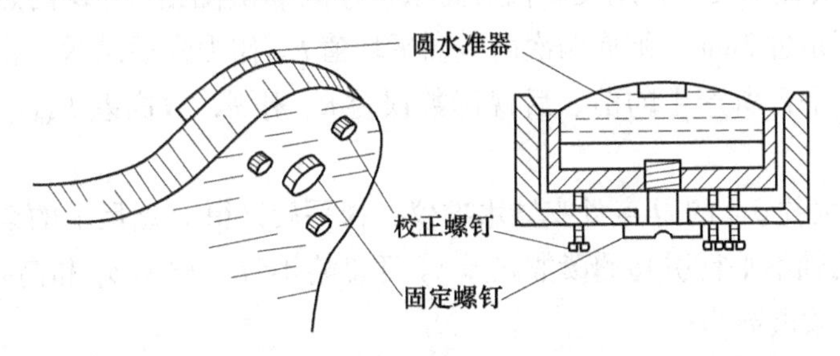

图2-20　圆水准器校正螺钉

2. 十字丝中丝垂直于仪器的竖轴的检验与校正

（1）检验方法　安置水准仪，使圆水准器的气泡严格居中后，先用十字丝交点瞄准某一明显的点状目标 M，如图2-21a所示，然后旋紧制动螺旋，转动微动螺旋，如果目标点 M 不离开中丝，如图2-21b所示，则表示中丝垂直于仪器的竖轴；如果目标点 M 离开中丝，如图2-21c所示，则需要校正。

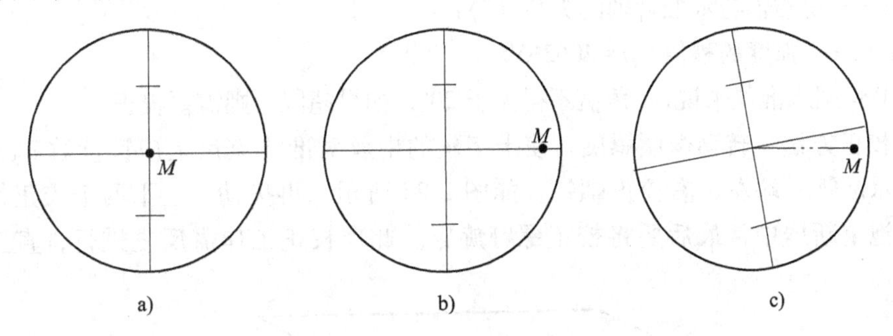

图2-21　十字丝中丝垂直于仪器的竖轴的检验

（2）校正方法　松开十字丝分划板座的固定螺钉转动十字丝分划板座，使中丝一端对准目标点 M，再将固定螺钉拧紧。此项校正也需反复进行。

3. 水准管轴平行于视准轴的检验与校正

（1）检验方法　如图2-22所示，在较平坦的地面上选择相距约80m的 A、B 两点，打下木桩或放置尺垫。用皮尺丈量，定出 AB 的中间点 C。

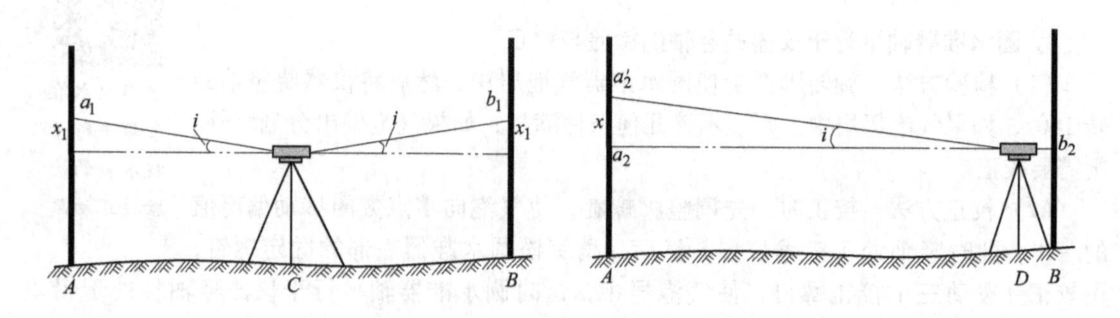

图 2-22　水准管轴平行于视准轴的检验

1）在 C 点处安置水准仪，用变动仪器高法，连续两次测出 A、B 两点的高差，若两次测定的高差之差不超过 3mm，则取两次高差的平均值 h_{AB} 作为最后结果。由于距离相等，视准轴与水准管轴不平行所产生的前、后视读数误差 x_1 相等，故高差 h_{AB} 不受视准轴误差的影响。

2）在离 B 点大约 3m 的 D 点处安置水准仪，精平后读得 B 点尺上的读数为 b_2，因水准仪离 B 点很近，两轴不平行引起的读数误差 x_2 可忽略不计。根据 b_2 和高差 h_{AB} 算出 A 点尺上视线水平时的应读读数为：

$$a_2' = b_2 + h_{AB}$$

然后，瞄准 A 点水准尺，读出中丝的读数 a_2，如果 a_2'与 a_2 相等，表示两轴平行。否则存在 i 角，其角值为：

$$i = \frac{a_2' - a_2}{D_{AB}}\rho \tag{2-11}$$

式中　D_{AB}——A、B 两点间的水平距离（m）；

i——视准轴与水准管轴的夹角（″）；

ρ——一弧度的秒值，$\rho = 206265''$。

对于 DS_3 型水准仪来说，i 角值不得大于 20″，如果超限，则需要校正。

（2）校正方法　转动微倾螺旋，使十字丝的中丝对准 A 点尺上应读读数 a_2'，用校正针先拨松水准管一端左、右校正螺钉，如图 2-23 所示，再拨动上、下两个校正螺钉，使偏离的气泡重新居中，最后要将校正螺钉旋紧。此项校正工作需反复进行，直至达到要求为止。

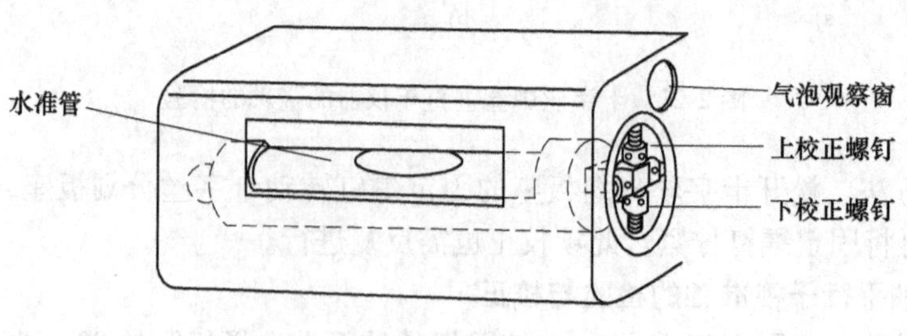

图 2-23　校正方法

2.7　水准测量的成果计算

2.7.1　附合水准路线的计算

【例 2-1】　图 2-24 是一附合水准路线等外水准测量示意图，A、B 为已知高程的水准点，1、2、3 为待定高程的水准点，h_1、h_2、h_3 和 h_4 为各测段观测高差，n_1、n_2、n_3 和 n_4 为各测段测站数，L_1、L_2、L_3 和 L_4 为各测段长度。现已知 $H_A = 65.376\text{m}$，$H_B = 68.623\text{m}$，各测段站数、长度及高差均注于图 2-24 中。

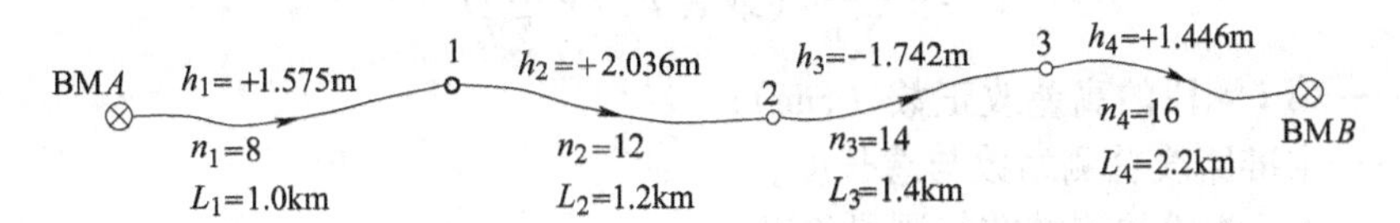

图 2-24　附合水准路线等外水准测量示意图

1. 填写观测数据和已知数据

将点号、测段长度、测站数、观测高差及已知水准点 A、B 的高程填入附合水准路线成果计算表（表 2-6）中有关各栏内。

表 2-6　水准测量成果计算表

点号	距离/km	测站数	实测高差/m	改正数/mm	改正后高差/m	高程/m	点号	备注
1	2	3	4	5	6	7	8	9
BMA						65.376	BM. A	
	1.0	8	+1.575	−12	+1.563			
1						66.939	1	
	1.2	12	+2.036	−14	+2.022			
2						68.961	2	
	1.4	14	−1.742	−16	−1.758			
3						67.203	3	
	2.2	16	+1.446	−26	+1.420			
BMB						68.623	BM. B	
Σ	5.8	50	+3.315	−68	+3.247			
辅助计算	$f_h = \sum h_{测} - \sum h_{理} = \sum h_{测} - (H_B - H_A) = 3.315\text{m} - (68.623\text{m} - 65.376\text{m}) = +0.068\text{m} = +68\text{mm}$ $f_{h允} = \pm 40\sqrt{L} = \pm 40\sqrt{5.8}\text{mm} = \pm 96\text{mm}$　$f_h \leqslant f_{h允}$							

2. 计算高差闭合差

$$f_h = \sum h_{测} - \sum h_{理} = \sum h_{测} - (H_B - H_A) = 3.315\text{m} - (68.623 - 65.376)\text{m} = 0.068\text{m} = 68\text{mm}$$

根据附合水准路线的测站数及路线长度计算每公里测站数：

$$\frac{\sum n}{\sum L} = \frac{50\text{站}}{5.8\text{km}} = 8.6\text{站/km} < 16\text{站/km}$$

故高差闭合差容许值采用平地公式计算。等外水准测量平地高差闭合差容许值 W_{hp} 的计算公式为：

$$f_{h允} = \pm 40\sqrt{L} = \pm 40\sqrt{5.8}\text{mm} = \pm 96\text{mm}$$

因 $|f_h| < |f_{h允}|$，说明观测成果精度符合要求，可对高差闭合差进行调整。如果 $|f_h| > |f_{h允}|$，说明观测成果不符合要求，必须重新测量。

3. 调整高差闭合差

高差闭合差调整的原则和方法，是按与测站数或测段长度成正比例的原则，将高差闭合差反号分配到各相应测段的高差上，得改正后高差，即

$$v_i = -\frac{f_h}{\sum n}n_i (\text{或者 } v_i = -\frac{f_h}{\sum L}L_i) \tag{2-12}$$

式中 v_i——第 i 测段的高差改正数（mm）；

$\sum n$、$\sum L$——水准路线总测站数与总长度；

n_i、L_i——第 i 测段的测站数与测段长度。

本例中，各测段改正数为：

$$v_1 = -\frac{f_h}{\sum L}L_1 = -\frac{68\text{mm}}{5.8\text{km}} \times 1.0\text{km} = -12\text{mm}$$

$$v_2 = -\frac{f_h}{\sum L}L_2 = -\frac{68\text{mm}}{5.8\text{km}} \times 1.2\text{km} = -14\text{mm}$$

$$v_3 = -\frac{f_h}{\sum L}L_3 = -\frac{68\text{mm}}{5.8\text{km}} \times 1.4\text{km} = -16\text{mm}$$

$$v_4 = -\frac{f_h}{\sum L}L_4 = -\frac{68\text{mm}}{5.8\text{km}} \times 2.2\text{km} = -26\text{mm}$$

计算检核：$\sum v_i = -f_h$

将各测段高差改正数填入表 2-6 中第 5 栏内。

4. 计算各测段改正后高差

各测段改正后高差等于各测段观测高差加上相应的改正数，即

$$\bar{h}_i = h_{im} + v_i \tag{2-13}$$

式中 $\bar{h}_i$——第 i 段的改正后高差（m）。

本例中，各测段改正后高差为：

$$\bar{h}_1 = h_1 + v_1 = 1.575\text{m} - 12\text{mm} = 1.563\text{m}$$

$$\bar{h}_2 = h_2 + v_2 = 2.036\text{m} - 14\text{mm} = 2.022\text{m}$$

$$\bar{h}_3 = h_3 + v_3 = -1.742\text{m} - 16\text{mm} = -1.758\text{m}$$

$$\bar{h}_4 = h_4 + v_4 = 1.446\text{m} - 26\text{mm} = 1.420\text{m}$$

计算检核：$\sum \bar{h}_1 = H_B - H_A$

将各测段改正后高差填入表 2-6 中第 6 栏内。

5. 计算待定点高程

根据已知水准点 A 的高程和各测段改正后高差，即可依次推算出各待定点的高程，即

$$H_1 = H_A + \bar{h}_1 = 65.376\text{m} + 1.563\text{m} = 66.939\text{m}$$

$$H_2 = H_1 + \bar{h}_2 = 66.939\text{m} + 2.022\text{m} = 68.961\text{m}$$

$$H_3 = H_2 + \bar{h}_3 = 68.961\text{m} - 1.758\text{m} = 67.203\text{m}$$

计算检核：$H_{B(推算)} = H_3 + \bar{h}_4 = 67.203\text{m} + 1.420\text{m} = 68.623\text{m} = H_{B(已知)}$

最后推算出的 B 点高程应与已知的 B 点高程相等，以此作为计算检核。将推算出各待定点的高程填入表 2-6 中第 7 栏内。

2.7.2 闭合水准路线成果计算

闭合水准路线成果计算的步骤与附合水准路线相同。

2.7.3 支线水准路线的计算

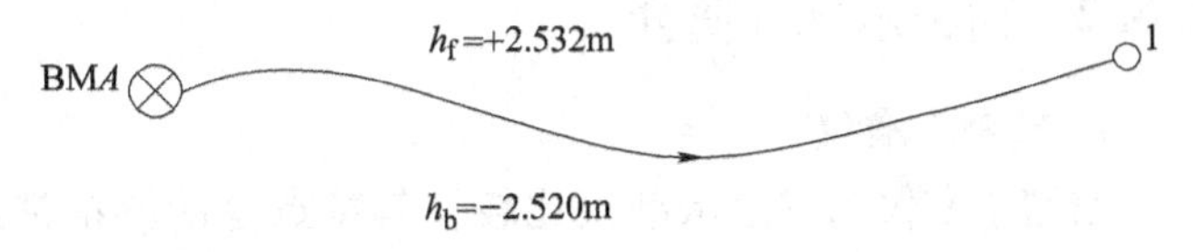

图 2-25 支线水准路线等外水准测量示意图

【例 2-2】 图 2-25 是一支线水准路线等外水准测量示意图，A 为已知高程的水准点，其高程 H_A 为 45.276m，1 点为待定高程的水准点，h_f 和 h_b 为往返测量的观测高差。n_f 和 n_b 为往返测的测站数，共 16 站，则 1 点的高程计算如下。

1. 计算高差闭合

$$f_h = h_f + h_b = 2.532\text{m} - 2.520\text{m} = 0.012\text{m} = 12\text{mm}$$

2. 计算高差容许闭合差

测站数：$n = \frac{1}{2}(n_f + n_b) = \frac{1}{2} \times 16$ 站 $= 8$ 站

$$f_{h允} = \pm 12\sqrt{n} = \pm 12\sqrt{8}\,\text{mm} = \pm 34\text{mm}$$

因 $|f_h| < |f_{h允}|$，故精确度符合要求。

3. 计算改正后高差

取往测和返测的高差绝对值的平均值作为 A 和 1 两点间的高差，其符号和往测高差符号相同，即

$$h_{A1} = \frac{2.532\text{m} + 2.520\text{m}}{2} = 2.526\text{m}$$

4. 计算待定点高程

$$H_1 = H_A + h_{A1} = 45.276\text{m} + 2.526\text{m} = 47.802\text{m}$$

2.8 自动安平、精密、激光水准仪简介

2.8.1 自动安平水准仪

自动安平水准仪与微倾式水准仪的区别在于：自动安平水准仪没有水准管和微倾螺旋，而是在望远镜的光学系统中装置了补偿器。

1. 视线自动安平的原理

当圆水准器气泡居中后，视准轴仍存在一个微小倾角 α，在望远镜的光路上安置一补偿器，使通过物镜光心的水平光线经过补偿器后偏转一个 β 角，仍能通过十字丝交点，这样十

字丝交点上读出的水准尺读数，即为视线水平时应该读出的水准尺读数。

由于无需精平，这样不仅可以缩短水准测量的观测时间，而且对于施工场地地面的微小振动、松软土地的仪器下沉以及大风吹刮等原因引起的视线微小倾斜，能迅速自动安平仪器，从而提高了水准测量的观测精度。

2. 自动安平水准仪的使用

使用自动安平水准仪时，首先将圆水准器气泡居中，然后瞄准水准尺，等待2~4s后即可进行读数。有的自动安平水准仪配有一个补偿器检查按钮，每次读数前按一下该按钮，确认补偿器能正常作用再读数。

2.8.2 精密水准仪简介

1. 精密水准仪

精密水准仪与一般水准仪比较，其特点是能够精密地整平视线和精确地读取读数。为此，在结构上应满足：

1）水准器具有较高的灵敏度。如 DS_1 水准仪的管水准器 τ 值为10″/2mm。

2）望远镜具有良好的光学性能。如 DS_1 水准仪望远镜的放大倍数为38倍，望远镜的有效孔径47mm，视场亮度较高。十字丝的中丝刻成楔形，能较精确地瞄准水准尺的分划。

3）具有光学测微器装置。可直接读取水准尺一个分格（1cm或0.5cm）的1/100单位（0.1mm或0.05mm），提高读数精度。

4）视准轴与水准轴之间的联系相对稳定。精密水准仪均采用钢构件，并且密封起来，受温度变化影响小。

2. 精密水准尺

精密水准仪必须配有精密水准尺。这种尺一般是在木质尺身的槽内，安有一根因瓦合金带。带上标有刻划，数字注在木尺上。精密水准尺须与精密水准仪配套使用。

精密水准尺上的分划注记形式一般有两种：

一种是尺身上刻有左右两排分划，右边为基本分划，左边为辅助分划。基本分划的注记从零开始，辅助分划的注记从某一常数 K 开始，K 称为基辅差。

另一种是尺身上两排均为基本分划，其最小分划为10mm，但彼此错开5mm。尺身一侧注记米数，另一种侧注记分米数。尺身标有大、小三角形，小三角形表示半分米处，大三角形表示分米的起始线。这种水准尺上的注记数字比实际长度增大了一倍，即5cm注记为1dm。因此使用这种水准尺进行测量时，要将观测高差除以2才是实际高差。

3. 精密水准仪的操作方法

精密水准仪的操作方法与一般水准仪基本相同，只是读数方法有些差异。在水准仪精平后，十字丝中丝往往不恰好对准水准尺上某一整分划线，这时就要转动测微轮使视线上、下平行移动，十字丝的楔形丝正好夹住一个整分划线，被夹住的分划线读数为m、dm、cm。此时视线上下平移的距离则由测微器读数窗中读出mm。实际读数为全部读数的一半。

2.8.3 电子水准仪简介

电子水准仪的主要优点是：

1）操作简捷，自动观测和记录，并立即用数字显示测量结果。

2）整个观测过程在几秒钟内即可完成，从而大大减少观测错误和误差。

3）仪器还附有数据处理器及与之配套的软件，从而可将观测结果输入计算机进入后处理，实现测量工作自动化和流水线作业，大大提高功效。

1. 电子水准仪的观测精度

电子水准仪的观测精度高，如瑞士徕卡公司开发的 NA2000 型电子水准仪的分辨力为 0.1mm，每千米往返测得高差中数的偶然中误差为 2.0mm；NA3003 型电子水准仪的分辨力为 0.01mm，每千米往返测得高差中数的偶然中误差为 0.4mm。

2. 电子水准仪测量原理简述

与电子水准仪配套使用的水准尺为条形编码尺，通常由玻璃纤维或铟钢制成。在电子水准仪中装置有行阵传感器，它可识别水准标尺上的条形编码。电子水准仪摄入条形编码后，经处理器转变为相应的数字，在通过信号转换和数据化，在显示屏上直接显示中丝读数和视距。

3. 电子水准仪的使用

NA2000 电子水准仪用 15 个键的键盘和安装在侧面的测量键来操作。有两行 LCD 显示器显示给使用者，并显示测量结果和系统的状态。

观测时，电子水准仪在人工完成安置与粗平、瞄准目标（条形编码水准尺）后，按下测量键后 3~4s 既显示出测量结果。其测量结果可储存在电子水准仪内或通过电缆连接存入机内记录器中。

另外，观测中如水准标尺条形编码被局部遮挡<30%，仍可进行观测。

小　结

在本章中，我们学习了水准测量的原理，并对水准测量的方法进行了介绍。对 DS_3 水准仪的构造及使用进行了讲解，学习了水准测量的施测方法及成果整理，并对水准测量过程中出现的误差进行了分析，在此基础上提出了注意事项。最后学习了自动安平水准仪、精密水准仪和电子水准仪的使用。

思　考　题

1. 水准仪是根据什么原理来测定两点之间的高差的？
2. 何谓视差？发生视差的原因是什么？如何消除视差？
3. 水准仪有哪些轴线？它们之间应满足哪些条件？哪个是主要条件？为什么？
4. 举例说明系统误差与偶然误差的区别。
5. 已知 A、B 两水准点的高程分别为：$H_A=44.286$m，$H_B=44.175$m。水准仪安置在 A 点附近，测得 A 尺上读数 $a=1.966$m，B 尺上读数 $b=1.845$m。问这架仪器的水准管轴是否平行于视准轴？若不平行，当水准管的气泡居中时，视准轴是向上倾斜，还是向下倾斜？如何校正？

习　题

一、选择题

1. 视线高等于（　　）加后视点读数。

　A. 后视点高程　　B. 转点高程　　C. 前视点高程　　D. 仪器点高程

2. 在水准测量中转点的作用是传递（　　）。

A. 方向　B. 角度　C. 距离　D. 高程

3. 圆水准器轴是圆水准器内壁圆弧零点的（　）。

A. 切线　B. 法线　C. 垂线　D. 曲线

4. 水准测量时，为了消除 i 角误差对一测站高差值的影响，可将水准仪置在（　）处。

A. 靠近前尺　B. 两尺中间　C. 靠近后尺　D. 无所谓

5. 产生视差的原因是（　）。

A. 仪器校正不完善　B. 物像与十字丝面未重合

C. 十字丝分划板不正确　D. 目镜呈像错误

6. 高差闭合差的分配原则为（　）成正比例进行分配。

A. 与测站数　B. 与高差的大小　C. 与距离　D. 与距离或测站数

7. 附合水准路线高差闭合差的计算公式为（　）。

A. $f_h = h_{往} - h_{返}$　B. $f_h = \sum h$

C. $f_h = \sum h - (H_{终} - H_{始})$　D. $f_h = H_{终} - H_{始}$

8. 水准测量中，同一测站，当后尺读数大于前尺读数时说明后尺点（　）。

A. 高于前尺点　B. 低于前尺点　C. 高于测站点　D. 与前尺点等高

9. 水准测量中要求前后视距离相等，其目的是为了消除（　）的误差影响。

A. 水准管轴不平行于视准轴　B. 圆水准轴不平行于竖轴

C. 十字丝横丝不水平　D. 以上三者

10. 往返水准路线高差平均值的正负号是以（　）的符号为准。

A. 往测高差　B. 返测高差

C. 往返测高差的代数和　D. 以上三者都不正确

11. 在水准测量中设 A 为后视点，B 为前视点，并测得后视点读数为 1.124m，前视读数为 1.428m，则 B 点比 A 点（　）。

A. 高　B. 低　C. 等高　D. 无法判断

12. 自动安平水准仪的特点是（　）使视线水平。

A. 用安平补偿器代替照准部　B. 用安平补偿器代替圆水准器

C. 用安平补偿器代替脚螺旋　D. 用安平补偿器代替管水准器

13. 在进行高差闭合差调整时，某一测段按测站数计算每站高差改正数的公式为（　）。

A. $V_i = f_h / N$（N—测站数）　B. $V_i = f_h / S$（S—测段距离）

C. $V_i = -f_h / N$（N—测站数）　D. $V_i = f_h N$（N—测站数）

14. 圆水准器轴与管水准器轴的几何关系为（　）。

A. 互相垂直　B. 互相平行　C. 相交 60°　D. 相交 120°

15. 消除视差的方法是（　）使十字丝和目标影像清晰。

A. 转动物镜对光螺旋　B. 转动目镜对光螺旋

C. 反复交替调节目镜及物镜对光螺旋　D. 让眼睛休息一下

16. 转动三个脚螺旋使水准仪圆水准气泡居中的目的是（　）。

A. 使视准轴平行于管水准轴　B. 使视准轴水平

C. 使仪器竖轴平行于圆水准轴　D. 使仪器竖轴处于铅垂位置

17. 水准测量中为了有效消除视准轴与水准管轴不平行、地球曲率、大气折光的影响，应注意（　　）。

A. 读数不能错　　B. 前后视距相等　　C. 计算不能错　　D. 气泡要居中

18. 等外（普通）测量的高差闭合差容许值，一般规定为：（　　）mm（L 为公里数，n 为测站数）。

A. $\pm12\sqrt{n}$　　B. $\pm40\sqrt{n}$　　C. $\pm12\sqrt{L}$　　D. $\pm40\sqrt{L}$

二、计算分析题

1. 后视点 A 的高程为 55. 318m，读得其水准尺的读数为 2. 212m，在前视点 B 尺上读数为 2. 522m，高差 h_{AB} 是多少？B 点比 A 点高，还是比 A 点低？B 点高程是多少？

2. 已知 A 的高程为 72. 334m，B 点到 A 的高差为−23. 118m，那么 B 的高程为多少？

3. 某闭合等外水准路线，其观测结果见表 2-7 中所列数据，由已知点 BMA 的高程计算 1、2、3 点高程。

表 2-7　闭合水准路线成果计算表

点号	距离/km	高差/m	改正数/mm	改正后高差/m	高程/m	点号	备注
1	2	3	4	5	6	7	8
BMA					453. 376	BMA	
	1. 4	−2. 873					
1						1	
	0. 8	+1. 459					
2						2	
	2. 1	+3. 611					
3						3	
	1. 7	−2. 221					
BMA						BMA	
Σ							
辅助计算							

4. 为了测得图根控制点 A、B 的高程，由四等水准点 BM1（高程为 29. 826m）以附合水准路线测量至另一个四等水准点 BM5（高程为 30. 586m），观测数据及部分成果如图 2-26 所示。试列表（按表 2-8）进行记录，将第一段观测数据填入记录手薄，求出该段高差 h_1。

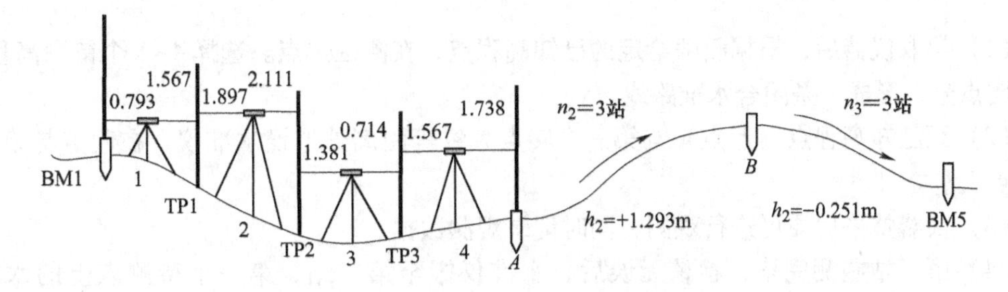

图 2-26　附合水准路线测量示意图

表 2-8　水准测量手簿

测站	测点	水准尺读数/m		高差/m		高程/m	备注
		后视读数	前视读数	+	−		
1	2	3	4	5		6	7
1	BM1						
	TP1						
2	TP1						
	TP2						
3	TP2						
	TP3						
4	TP3						
	A						
计算检核	Σ						
	$\sum a-\sum b=$			$\sum h=$			

实训一　普通水准测量

一、实训目标

（1）练习等外水准测量的观测、记录、计算与检核的方法。

（2）按照高差法记录并进行数据处理。

（3）测量小组由 4 人一组。

二、仪器和工具

DS_3 水准仪 1 台，水准尺 1 对，三脚架 1 个，尺垫 1 对，记录本 1 本。

三、方法与步骤

（1）架取仪器后，根据教师给定的已知高程点，在测区选点。选择 4~5 个待测高程点，并标明点号，形成一条闭合水准路线。

（2）距已知高程点（起点）与第一个转点大致等距离处架设水准仪，在起点与第一个待测点上竖立尺。

（3）仪器整平后便可进行观测，同时记录观测数据。

（4）第一站施测完毕，检核无误后，水准仪搬至第二站，第一个待测点上的水准尺尺底位置不变，尺面转向仪器；另一把水准尺竖立在第二个待测点上，进行观测，依此类推。

（5）当两点间距离较长或两点间的高差较大时，在两点间可选定一或两个转点作为分段点，进行分段测量。在转点上立尺时，尺子应立在尺垫上的凸起物顶上。

（6）水准路线施测完毕后，应求出水准路线高差闭合差，以对水准测量路线成果进行检核。

（7）在高差闭合差满足要求（$f_{h允} \leqslant \pm 40\sqrt{L}$，单位：mm）时，对闭合差进行调整。

四、注意事项

（1）在每次读数之前，应使原水准气泡居中，并消除视差。

（2）前后视距应大致相等。

（3）尺垫应放置稳固，水准尺置于尺垫半圆球定点。

（4）在观测过程中不得碰动仪器，迁站时前尺不得移动。

（5）水准尺必须扶直，不得倾斜。

普通水准测量记录表

日期： 天气： 仪器型号： 组号：

观测者： 记录者： 司尺者：

测站	测点	水准尺读数/m		高差/m		高程/m	备注
		后视读数	前视读数	+	-		
1	2	3	4	5		6	7
计算检核	Σ						
	Σa-Σb=			Σh=			

实训二 四等水准测量

一、实训目标

（1）练习水准路线的选点、布置。

（2）掌握普通水准测路线的观测、记录、计算检核以及集体配合、协调作业的施测过程。

（3）掌握水准测量路线成果检核及数据处理方法。

（4）学会独立完成一条闭合水准测量路线的实际作业过程。

二、实训要求

（1）架取仪器后，根据教师给定的已知高程点，在测区选点。选择4~5个待测高程点，并标明点号，形成一条闭合水准路线。

（2）距已知高程点（起点）与第一个转点大致等距离处架设水准仪，在起点与第一个待测点上竖立尺。

（3）仪器整平后便可进行观测，同时记录观测数据。用双仪器法（或双尺面法）进行测站检核。

（4）第一站施测完毕，检核无误后，水准仪搬至第二站，第一个待测点上的水准尺尺底位置不变，尺面转向仪器；另一把水准尺竖立在第二个待测点上，进行观测，依此类推。

（5）当两点间距离较长或两点间的高差较大时，在两点间可选定一或两个转点作为分段点，进行分段测量。在转点上立尺时，尺子应立在尺垫上的凸起物顶上。

（6）水准路线施测完毕后，应求出水准路线高差闭合差，以对水准测量路线成果进行检核。

（7）在高差闭合差满足要求（$f_{h允} \leqslant \pm 40\sqrt{L}$，单位：mm）时，对闭合差进行调整。

四等水准测量外业记录表

日期：　　　　天气：　　　　仪器型号：　　　　组号：

观测者：　　　　记录者：　　　　司尺者：

测点编号	后尺 上丝/m 下丝/m 后距/m 视距差/m	前尺 上丝/m 下丝/m 前距 累加差/m	方向及尺号	中丝读数 黑面/m	中丝读数 红面/m	K+黑减红/mm	高差中数/m	备注
丨	(1)	(4)	后尺 1#	(3)	(8)	(14)		
	(2)	(5)	前尺 2#	(6)	(7)	(13)	(18)	
	(9)	(10)	后-前	(15)	(16)	(17)		
	(11)	(12)						
丨			后尺 2#					
			前尺 1#					
			后-前					
丨			后尺 1#					
			前尺 2#					
			后-前					
								尺 1#的 K=
丨			后尺 2#					
			前尺 1#					
			后-前					
丨			后尺 2#					尺 2#的 K=
			前尺 1#					
			后-前					
丨			后尺 1#					
			前尺 2#					
			后-前					
丨			后尺 2#					
			前尺 1#					
			后-前					

第3章 角度测量

知识目标

了解经纬仪的构造，熟悉经纬仪的操作，掌握测回法、全圆测回法和竖直角的观测、记录及计算。

能力目标

能用经纬仪进行测角及计算。

重点与难点

重点为经纬仪架设及操作；难点为角度测量计算。

3.1 角度测量基本概念

3.1.1 水平角的概念

相交于一点的两方向线在水平面上的垂直投影所形成的夹角，称为水平角。水平角一般用β表示，角值范围为0°~360°。

如图3-1所示，A、O、B是地面上任意三个点，OA和OB两条方向线所夹的水平角，即为OA和OB垂直投影在水平面H上的投影O_1A_1和O_1B_1所构成的夹角β。

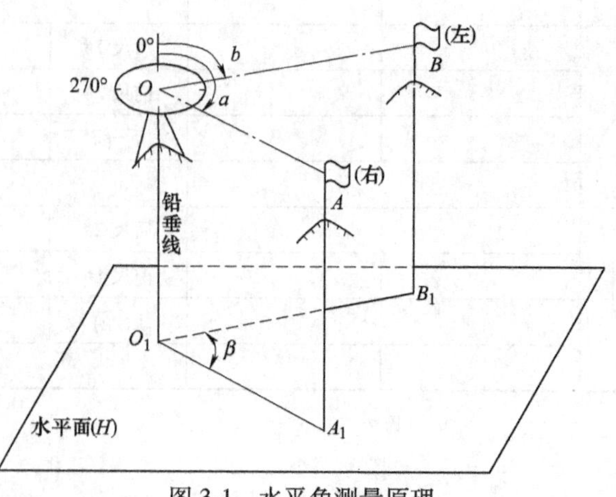

图3-1 水平角测量原理

3.1.2 水平角测量原理

如图3-1所示，可在O点的上方任意高度处，水平安置一个带有刻度的圆盘，并使圆盘中心在过O点的铅垂线上；通过OA和OB各作一铅垂面，设这两个铅垂面在刻度盘上截取的读数分别为 a 和 b，则水平角 β 的角值为：

$$\beta = b - a \tag{3-1}$$

用于测量水平角的仪器，必须具备一个能置于水平位置水平度盘，且水平度盘的中心位于水平角顶点的铅垂线上。仪器上的望远镜不仅可以在水平面内转动，而且还能在竖直面内转动。经纬仪就是根据上述基本要求设计制造的测角仪器。

3.2 光学经纬仪

光学经纬仪按测角精度，分为 DJ_{07}、DJ_1、DJ_2、DJ_6 和 DJ_{15} 等不同级别。其中“DJ”分别为“大地测量”和“经纬仪”的汉字拼音第一个字母，下标数字 07、1、2、6、15 表示仪器的精度等级，即“一测回方向观测中误差的秒数”。

3.2.1 DJ_6 型光学经纬仪的构造

DJ_6 型光学经纬仪主要由照准部、水平度盘和基座三部分组成。

1. 照准部

照准部是指经纬仪水平度盘之上，能绕其旋转轴旋转部分的总称。照准部主要由竖轴、望远镜、竖直度盘、读数设备、照准部水准管和光学对中器等组成。

（1）竖轴　照准部的旋转轴称为仪器的竖轴。通过调节照准部制动螺旋和微动螺旋，可以控制照准部在水平方向上的转动。

（2）望远镜　望远镜用于瞄准目标。另外为了便于精确瞄准目标，经纬仪的十字丝分划板与水准仪的稍有不同，如图 3-2 所示。

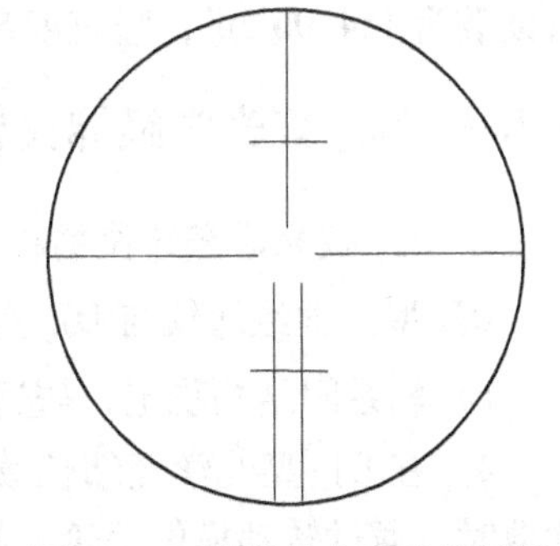

图 3-2　经纬仪的十字丝分划板

望远镜的旋转轴称为横轴。通过调节望远镜制动螺旋和微动螺旋，可以控制望远镜的上下转动。

望远镜的视准轴垂直于横轴，横轴垂直于仪器竖轴。因此，在仪器竖轴铅直时，望远镜绕横轴转动扫出一个铅垂面。

（3）竖直度盘　竖直度盘用于测量垂直角，竖直度盘固定在横轴的一端，随望远镜一起转动。

（4）读数设备　读数设备用于读取水平度盘和竖直度盘的读数。

（5）照准部水准管　照准部水准管用于精确整平仪器。

水准管轴垂直于仪器竖轴，当照准部水准管气泡居中时，经纬仪的竖轴铅直，水平度盘处于水平位置。

（6）光学对中器　光学对中器用于使水平度盘中心位于测站点的铅垂线上。

2. 水平度盘

水平度盘是用于测量水平角的。它是由光学玻璃制成的圆环，环上刻有 0°~360°的分划线，在整度分划线上标有注记，并按顺时针方向注记，其度盘分划值为 1°或 30′。

水平度盘与照准部是分离的，当照准部转动时，水平度盘并不随之转动。如果需要改变水平度盘的位置，可通过照准部上的水平度盘变换手轮，将度盘变换到所需要的位置。

3. 基座

基座用于支承整个仪器，并通过中心连接螺旋将经纬仪固定在三脚架上。基座上有三个脚螺旋，用于整平仪器。在基座上还有一个轴座固定螺旋，用于控制照准部和基座之间的衔接。

3.2.2 读数设备及读数方法

度盘上小于度盘分划值的读数要利用测微器读出，DJ_6 型光学经纬仪一般采用分微尺测微器。如图 3-3 所示，在读数显微镜内可以看到两个读数窗：注有“水平”或“*H*”的是水平度盘读数窗；注有“竖直”或“*V*”的是竖直数窗。每个读数窗上有一分微尺。

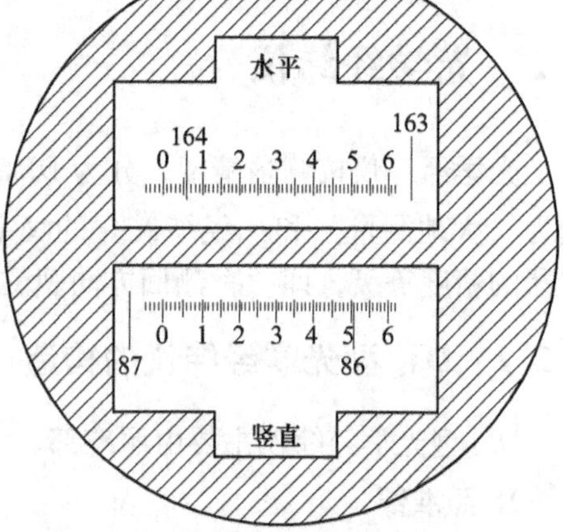

分微尺的长度等于度盘上 1°影像的宽度，即分微尺全长代表 1°。将分微尺分成 60 小格，每 1 小格代表 1′，可估读到 0.1′，即 6″。每 10 小格注有数字，表示 10′的倍数。

图 3-3 分微尺测微器读数

读数时，先调节读数显微镜目镜对光螺旋，使读数窗内度盘影像清晰，然后，读出位于分微尺中的度盘分划线上的注记度数，最后，以度盘分划线为指标，在分微尺上读取不足 1°的分数，并估读秒数。如图 3-3 所示，其水平度盘读数为 164°06′36″，竖直度盘读数为 86°51′36″。

3.2.3 DJ_2 型光学经纬仪构造简介

1. DJ_2 型光学经纬仪的特点

DJ_2 型光学经纬仪与 DJ_6 型光学经纬仪相比主要有以下特点：

1）轴系间结构稳定，望远镜的放大倍数较大，照准部水准管的灵敏度较高。

2）在 DJ_2 型光学经纬仪读数显微镜中，只能看到水平度盘和竖直度盘中的一种影像，读数时，通过转动换像手轮，使读数显微镜中出现需要读数的度盘影像。

3）DJ_2 型光学经纬仪采用对径符合读数装置，相当于取度盘对径相差 180°处的两个读数的平均值，可消除偏心误差的影响，提高读数精度。

2. DJ_2 型光学经纬仪的读数方法

用对径符合读数装置是通过一系列棱镜和透镜的作用，将度盘相对 180°的分划线，同时反映到读数显微镜中，并分别位于一条横线的上、下方，如图 3-4 所示，右下方为分划线重合窗，右上方读数窗中上面的数字为整度值，中间凸出的小方框中的数字为整 10′数，左下方为测微尺读数窗。

测微尺刻划有 600 小格，最小分划为 1″，可估读到 0.1″，全程测微范围为 10′。测微尺的读数窗中左边注记数字为分，右边注记数字为整 10″数。读数方法如下：

1）转动测微轮，使分划线重合窗中上、下分划线精确重合，如图 3-4b 所示。

2）在读数窗中读出度数。

3）在中间凸出的小方框中读出整10′数。

4）在测微尺读数窗中，根据单指标线的位置，直接读出不足10′的分数和秒数，并估读到0.1″。

5）将度数、整10′数及测微尺上读数相加，即为度盘读数。在图3-4b中所示读数为：65°+5×10′+4′08.2″=65°54′02.2″。

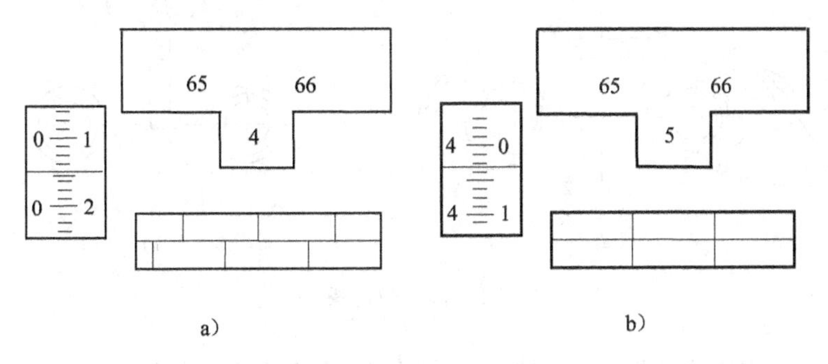

图3-4　DJ$_2$型光学经纬仪读数

3.3　经纬仪的使用

3.3.1　安置仪器

安置仪器是将经纬仪安置在测站点上，包括对中和整平两项内容。对中的目的是使仪器中心与测站点标志中心位于同一铅垂线上；整平的目的是使仪器竖轴处于铅垂位置，水平度盘处于水平位置。

1. 初步对中整平

（1）用锤球对中　其操作方法如下：

1）将三脚架调整到合适高度，张开三脚架安置在测站点上方，在脚架的连接螺旋上挂上锤球，如果锤球尖离标志中心太远，可固定一脚移动另外两脚，或将三脚架整体平移，使锤球尖大致对准测站点标志中心，并注意使架头大致水平，然后将三脚架的脚尖踩入土中。

2）将经纬仪从箱中取出，用连接螺旋将经纬仪安装在三脚架上。调整脚螺旋，使圆水准器气泡居中。

3）此时，如果锤球尖偏离测站点标志中心，可旋松连接螺旋，在架头上移动经纬仪，使锤球尖精确对中测站点标志中心，然后旋紧连接螺旋。

（2）用光学对中器对中　其操作方法如下：

1）使架头大致对中和水平，连接经纬仪；调节光学对中器的目镜和物镜对光螺旋，使光学对中器的分划板小圆圈和测站点标志的影像清晰。

2）转动脚螺旋，使光学对中器对准测站标志中心，此时圆水准器气泡偏离，伸缩三脚架架腿，使圆水准器气泡居中，注意脚架尖位置不得移动。

2. 精确对中和整平

（1）整平　先转动照准部，使水准管平行于任意一对脚螺旋的连线，如图3-5a所示，两手同时向内或向外转动这两个脚螺旋，使气泡居中，注意气泡移动方向始终与左手大拇指移动方向一致；然后将照准部转动90°，如图3-5b所示，转动第三个脚螺旋，使水准管气泡居中。再将照准部转回原位置，检查气泡是否居中，若不居中，按上述步骤反复进行，直到水准管在任何位置，气泡偏离零点不超过一格为止。

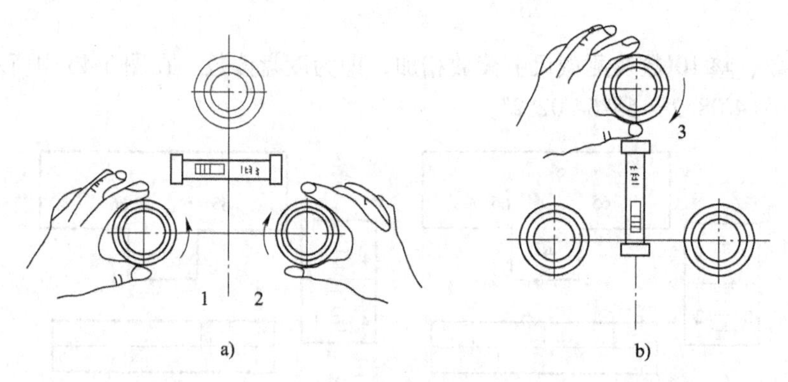

图 3-5 经纬仪的整平

（2）对中 先旋松连接螺旋，在架头上轻轻移动经纬仪，使锤球尖精确对中测站点标志中心，或使对中器分划板的刻划中心与测站点标志影像重合；然后旋紧连接螺旋。锤球对中误差一般可控制在 3mm 以内，光学对中器对中误差一般可控制在 1mm 以内。

一般都需要经过几次“整平-对中-整平”的循环过程，直至整平和对中均符合要求。

3.3.2 瞄准目标

经纬仪的精平动画

1）松开望远镜制动螺旋和照准部制动螺旋，将望远镜朝向明亮背景，调节目镜对光螺旋，使十字丝清晰。

2）利用望远镜上的照门和准星粗略对准目标，拧紧照准部及望远镜制动螺旋；调节物镜对光螺旋，使目标影像清晰，并注意消除视差。

3）转动照准部和望远镜微动螺旋，精确瞄准目标。测量水平角时，应用十字丝交点附近的竖丝瞄准目标底部，如图 3-6 所示。

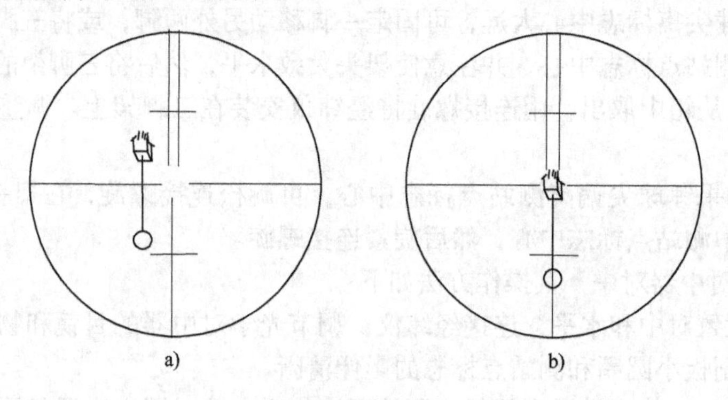

图 3-6 瞄准目标

3.3.3 读数

1）打开反光镜，调节反光镜镜面位置，使读数窗亮度适中。

2）转动读数显微镜目镜对光螺旋，使度盘、测微尺及指标线的影像清晰。

3）根据仪器的读数设备，按前述的经纬仪读数方法进行读数。

3.4 水平角的观测

3.4.1 测回法

如图 3-7 所示，设 O 为测站点，A、B 为观测目标，用测回法观测 OA 与 OB 两方向之间的水平角 β，具体施测步骤如下：

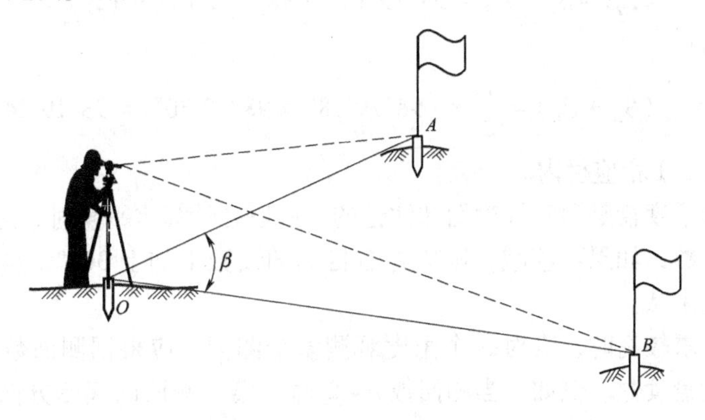

图 3-7 水平角测量（测回法）

1）在测站点 O 安置经纬仪，在 A、B 两点竖立测杆或测钎等，作为目标标志。

2）将仪器置于盘左位置，转动照准部，先瞄准左目标 A，读取水平度盘读数 a_L，设读数为 0°01′30″，记入水平角观测手簿（表 3-1）相应栏内。松开照准部制动螺旋，顺时针转动照准部，瞄准右目标 B，读取水平度盘读数 b_L，设读数为 98°20′48″，记入表 3-1 相应栏内。

以上称为上半测回，盘左位置的水平角角值（也称上半测回角值）β_L 为：

$$\beta_L = b_L - a_L = 98°20'48'' - 0°01'30'' = 98°19'18''$$

3）松开照准部制动螺旋，倒转望远镜成盘右位置，先瞄准右目标 B，读取水平度盘读数 b_R，设读数为 278°21′12″，记入表 3-1 相应栏内。松开照准部制动螺旋，逆时针转动照准部，瞄准左目标 A，读取水平度盘读数 a_R，设读数为 180°01′42″，记入表 3-1 相应栏内。

表 3-1 测回法观测手簿

测站	竖盘位置	目标	水平度盘读数 ° ′ ″	半测回角值 ° ′ ″	一测回角值 ° ′ ″	各测回平均值 ° ′ ″	备注
第一测回 O	左	A	0 01 30	98 19 18	98 19 24	98 19 30	
		B	98 20 48				
	右	A	180 01 42	98 19 30			
		B	278 21 12				
第二测回 O	左	A	90 01 06	98 19 30	98 19 36		
		B	188 20 36				
	右	A	270 00 54	98 19 42			
		B	8 20 36				

以上称为下半测回，盘右位置的水平角角值（也称下半测回角值）β_R为：

$$\beta_R = b_R - a_R = 278°21'12'' - 180°01'42'' = 98°19'30''$$

上半测回和下半测回构成一测回。

4）对于 DJ_6 型光学经纬仪，如果上、下两半测回角值之差不大于±40″，认为观测合格。此时，可取上、下两半测回角值的平均值作为一测回角值β。

在本例中，上、下两半测回角值之差为：

$$\Delta\beta = \beta_L - \beta_R = 98°19'18'' - 98°19'30'' = -12''$$

一测回角值为：

$$\beta = \frac{1}{2}(\beta_L + \beta_R) = \frac{1}{2} \times (98°19'18'' + 98°19'30'') = 98°19'24''$$

将结果记入表 3-1 相应栏内。

注意：由于水平度盘是顺时针刻划和注记的，所以在计算水平角时，总是用右目标的读数减去左目标的读数，如果不够减，则应在右目标的读数上加上 360°，再减去左目标的读数，决不可以倒过来减。

当测角精度要求较高时，需对一个角度观测多个测回，应根据测回数 n，以 $180°/n$ 的差值，安置水平度盘读数。例如，当测回数 $n=2$ 时，第一测回的起始方向读数可安置在略大于 0°处；第二测回的起始方向读数可安置在略大于（180°/2）= 90°处。各测回角值互差如果不超过±40″（对于 DJ_6 型），取各测回角值的平均值作为最后角值，记入表 3-1 相应栏内。

3.4.2 方向观测法

测回法测水平角

经纬仪全圆法测角

方向观测法简称方向法，适用于在一个测站上观测两个以上的方向。

1. 观测方法

如图 3-8 所示，设 O 为测站点，A、B、C、D 为观测目标，用方向观测法观测各方向间的水平角，具体施测步骤如下：

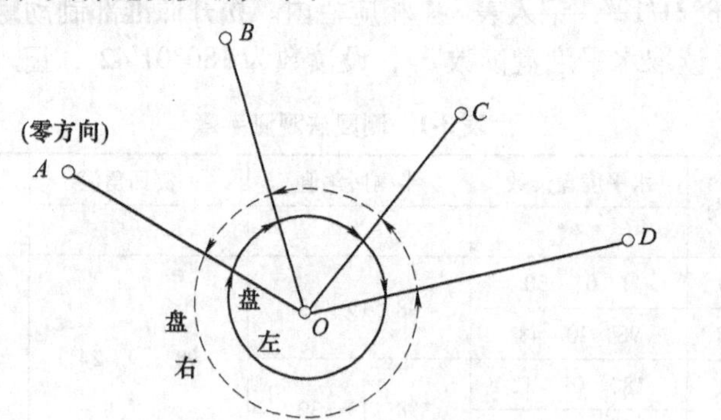

图 3-8 水平角测量（方向观测法）

1）在测站点 O 安置经纬仪，在 A、B、C、D 观测目标处竖立观测标志。

2）盘左位置选择一个明显目标 A 作为起始方向，瞄准零方向 A，将水平度盘读数安置在稍大于 0°处，读取水平度盘读数，记入表 3-2 方向观测法观测手簿第 4 栏。

松开照准部制动螺旋，顺时针方向旋转照准部，依次瞄准 B、C、D 各目标，分别读取水平度盘读数，记入表 3-2 第 4 栏，为了校核，再次瞄准零方向 A，称为上半测回归零，读取水平度盘读数，记入表 3-2 第 4 栏。

表 3-2 方向观测法观测手簿

测站	测回数	目标	水平度盘读数		2c	平均读数	归零后方向值	各测回归零后方向平均值	备注
			盘左	盘右					
			° ′ ″	° ′ ″	″	° ′ ″	° ′ ″	° ′ ″	
1	2	3	4	5	6	7	8	9	10
O	1	A	0 02 12	180 02 00	+12	(0 02 10) 0 02 06	0 00 00	0 00 00	
		B	37 44 15	217 44 05	+10	37 44 10	37 42 00	37 42 04	
		C	110 29 04	290 28 52	+12	110 28 58	110 26 48	110 26 52	
		D	150 14 51	330 14 43	+8	150 14 47	150 12 37	150 12 33	
		A	0 02 18	180 02 08	+10	0 02 13			
	2	A	90 03 30	270 03 22	+8	(90 03 24) 90 03 26	0 00 00		
		B	127 45 34	307 45 28	+6	127 45 31	37 42 07		
		C	200 30 24	20 30 18	+6	200 30 21	110 26 57		
		D	240 15 57	60 15 49	+8	240 15 53	150 12 29		
		A	90 03 25	270 03 18	+7	90 03 22			

零方向 A 的两次读数之差的绝对值，称为半测回归零差，归零差不应超过表 3-3 中的规定，如果归零差超限，应重新观测。以上称为上半测回。

3）盘右位置逆时针方向依次照准目标 A、D、C、B、A，并将水平度盘读数由下向上记入表 3-2 第 5 栏，此为下半测回。

上、下两个半测回合称为一测回。为了提高精度，有时需要观测 n 个测回，则各测回起始方向仍按 $180°/n$ 的差值，安置水平度盘读数。

2. 计算方法

（1）计算两倍视准轴误差 $2c$ 值。

$$2c = 盘左读数 - (盘右读数 \pm 180°)$$

上式中，盘右读数大于 180°时取“-”号，盘右读数小于 180°时取“+”号。计算各方向的 $2c$ 值，填入表 3-2 第 6 栏。一测回内各方向 $2c$ 值互差不应超过表 3-3 中的规定。如果超限，应在原度盘位置重测。

（2）计算各方向的平均读数　平均读数又称为各方向的方向值。

$$平均读数 = \frac{1}{2}[盘左读数 + (盘右读数 \pm 180°)]$$

计算时，以盘左读数为准，将盘右读数加或减 180°后，和盘左读数取平均值。计算各方向的平均读数，填入表 3-2 第 7 栏。起始方向有两个平均读数，故应再取其平均值，填入表 3-2 第 7 栏上方小括号内。

（3）计算归零后的方向值　将各方向的平均读数减去起始方向的平均读数（括号内数值），即得各方向的“归零后方向值”，填入表3-2第8栏。起始方向归零后的方向值为零。

（4）计算各测回归零后方向值的平均值　多测回观测时，同一方向值各测回互差符合表3-3中的规定，则取各测回归零后方向值的平均值，作为该方向的最后结果，填入表3-2第9栏。

（5）计算各目标间水平角角值　将第9栏相邻两方向值相减即可求得，注于第10栏略图的相应位置上。

当需要观测的方向为三个时，除不做归零观测外，其他均与三个以上方向的观测方法相同。

3. 技术要求

方向观测法的技术要求见表3-3。

表3-3　方向观测法的技术要求

经纬仪型号	半测回归零差	一测回内 $2c$ 互差	同一方向值各测回互差
DJ_2	12″	18″	12″
DJ_6	18″		24″

3.5　竖直角的观测

3.5.1　垂直角测量原理

1. 垂直角的概念

在同一铅垂面内，观测视线与水平线之间的夹角称为垂直角，又称倾角，用 α 表示。其角值范围为0°～±90°。如图3-9所示，视线在水平线的上方，垂直角为仰角，符号为正（$+\alpha$）；视线在水平线的下方，垂直角为俯角，符号为负（$-\alpha$）。

2. 垂直角测量原理

同水平角一样，垂直角的角值也是度盘上两个方向的读数之差。如图3-9所示，望远镜瞄准目标的视线与水平线分别在竖直度盘上有对应读数，两读数之差即为垂直角的角值。所

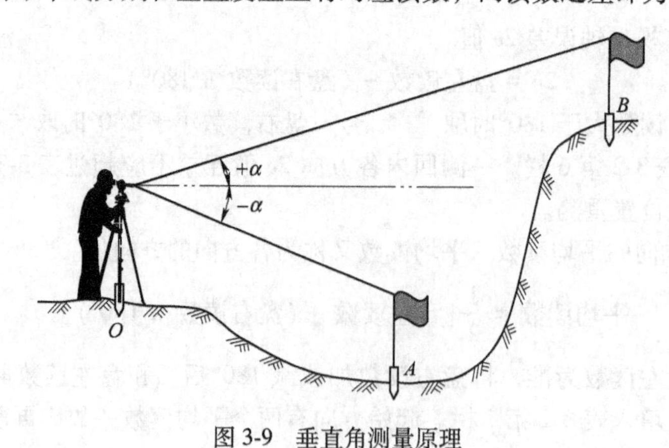

图3-9　垂直角测量原理

不同的是，垂直角的两方向中的一个方向是水平方向。无论对哪一种经纬仪来说，视线水平时的竖盘读数都应为90°的倍数。所以，测量垂直角时，只要瞄准目标读出竖盘读数，即可计算出垂直角。

3.5.2　竖直度盘构造

如图3-10所示，光学经纬仪竖直度盘的构造包括竖直度盘、竖盘指标、竖盘指标水准管和竖盘指标水准管微动螺旋。

竖直度盘固定在横轴的一端，当望远镜在竖直面内转动时，竖直度盘也随之转动，而用于读数的竖盘指标则不动。

当竖盘指标水准管气泡居中时，竖盘指标所处的位置称为正确位置。

光学经纬仪的竖直度盘也是一个玻璃圆环，分划与水平度盘相似，度盘刻度0°~360°的注记有顺时针方向和逆时针方向两种。如图3-11a所示为顺时针方向注记，如图3-11b所示为逆时针方向注记。

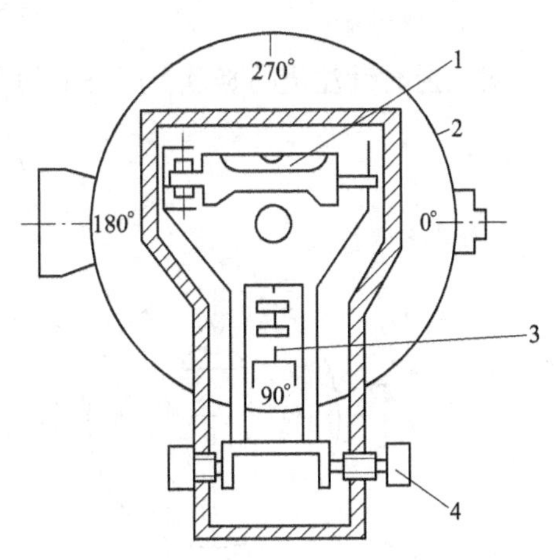

图3-10　竖直度盘的构造

1—竖盘指标水准管　2—竖直度盘　3—竖盘指标　4—竖盘指标水准管微动螺旋

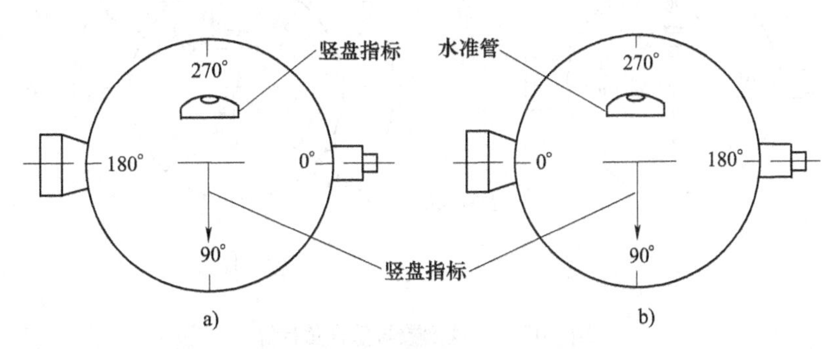

图3-11　竖直度盘刻度注记（盘左位置）

竖直度盘构造的特点是：当望远镜视线水平，竖盘指标水准管气泡居中时，盘左位置的竖盘读数为90°，盘右位置的竖盘读数为270°。

3.5.3　垂直角计算公式

由于竖盘注记形式不同，垂直角计算的公式也不一样。现在以顺时针注记的竖盘为例，推导垂直角计算的公式。

经纬仪竖直角计算

如图3-12所示，盘左位置：视线水平时，竖盘读数为90°。当瞄准一目标时，竖盘读数为L，则盘左垂直角α_L为：

$$\alpha_L = 90° - L \tag{3-2}$$

如图3-12所示，盘右位置：视线水平时，竖盘读数为270°。当瞄准原目标时，竖盘读数为R，则盘右垂直角α_R为：

$$\alpha_R = R - 270° \tag{3-3}$$

将盘左、盘右位置的两个垂直角取平均值，即得垂直角 α 计算公式为：

$$\alpha = \frac{1}{2}(\alpha_L + \alpha_R) \tag{3-4}$$

对于逆时针注记的竖盘，用类似的方法推得垂直角的计算公式为：

$$\begin{cases}\alpha_L = 90° - L \\ \alpha_R = R - 270°\end{cases} \tag{3-5}$$

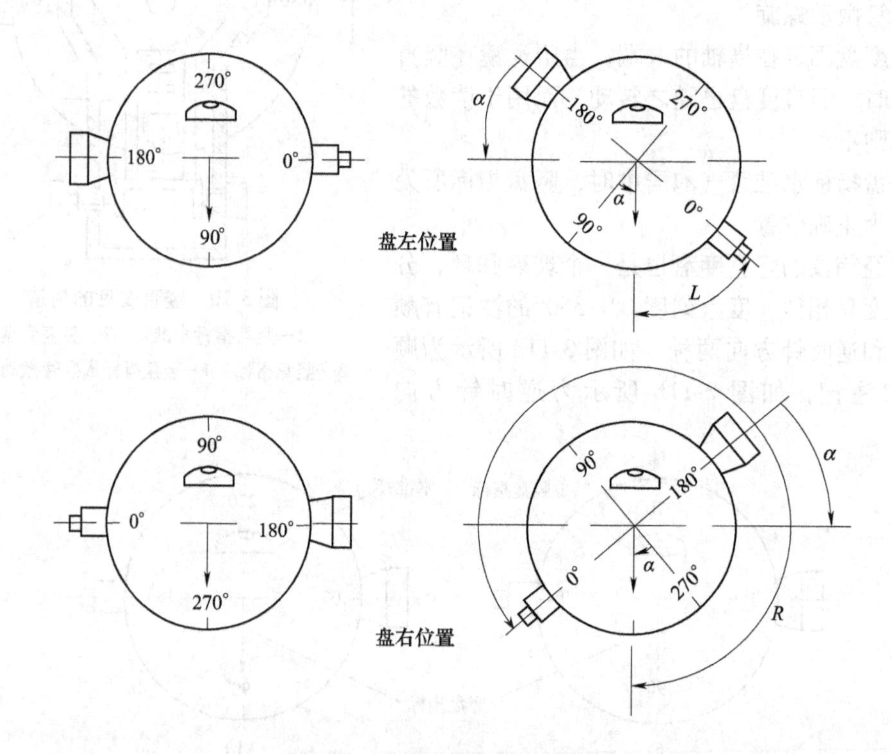

图 3-12　竖盘读数与垂直角计算

在观测垂直角之前，将望远镜大致放置水平，观察竖盘读数，首先确定视线水平时的读数；然后上仰望远镜，观测竖盘读数是增加还是减少：

若读数增加，则垂直角的计算公式为：

$$\alpha = \text{瞄准目标时竖盘读数} - \text{视线水平时竖盘读数} \tag{3-6}$$

若读数减少，则垂直角的计算公式为：

$$\alpha = \text{视线水平时竖盘读数} - \text{瞄准目标时竖盘读数} \tag{3-7}$$

以上规定，适合任何竖直度盘注记形式和盘左盘右观测。

3.5.4　竖盘指标差

在垂直角计算公式中，认为当视准轴水平、竖盘指标水准管气泡居中时，竖盘读数应是 90°的整数倍。但是实际上这个条件往往不能满足，竖盘指标常常偏离正确位置，这个偏离的差值 x 角，称为竖盘指标差。竖盘指标差 x 本身有正负号，一般规定当竖盘指标偏移方向与竖盘注记方向一致时，x 取正号，反之 x 取负号。

如图 3-13 所示盘左位置，由于存在指标差，其正确的垂直角计算公式为：

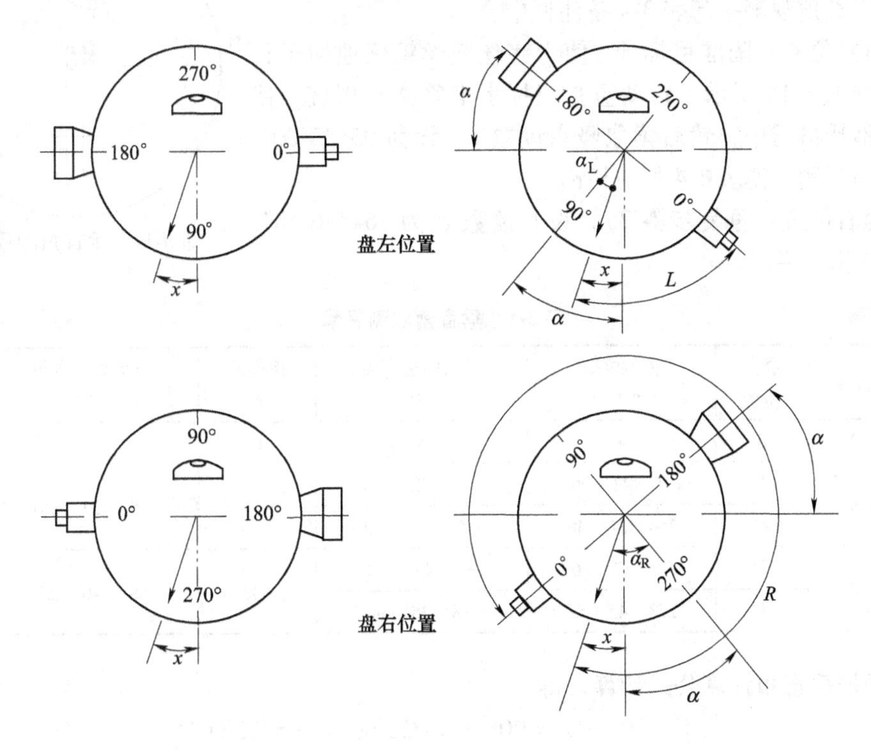

图 3-13 竖直度盘指标差

$$\alpha = 90° - L + x = \alpha_L + x \tag{3-8}$$

同样如图 3-13 所示盘右位置，其正确的垂直角计算公式为：

$$\alpha = R - 270° - x = \alpha_R - x \tag{3-9}$$

将式（3-8）和式（3-9）相加并除以 2，得

$$\alpha = \frac{1}{2}(\alpha_L + \alpha_R) = \frac{1}{2}(R - L - 180°) \tag{3-10}$$

由此可见，在垂直角测量时，用盘左、盘右观测，取平均值作为垂直角的观测结果，可以消除竖盘指标差的影响。

将式（3-8）和式（3-9）相减并除以 2，得

$$x = \frac{1}{2}(\alpha_R - \alpha_L) = \frac{1}{2}(R + L - 360°) \tag{3-11}$$

式（3-11）为竖盘指标差的计算公式。指标差互差（即所求指标差之间的差值）可以反映观测成果的精度。有关规范规定：垂直角观测时，指标差互差的限差，DJ_2 型仪器不得超过±15″；DJ_6 型仪器不得超过±25″。

3.5.5 垂直角观测

垂直角的观测、记录和计算步骤如下：

1）在测站点 O 安置经纬仪，在目标点 A 竖立观测标志，按前述方法确定该仪器垂直角计算公式，为方便应用，可将公式记录于垂直角观测手簿表 3-4 备注栏中。

2）盘左位置：瞄准目标 A，使十字丝横丝精确地切于目标顶端，如图 3-14 所示。转动竖盘指标水准管微动螺旋，使水准管气泡严格居中，然后读取竖盘读数 L，设为 95°22′00″，记入垂直角观测手簿表 3-4 相应栏内。

3）盘右位置：重复步骤 2），设其读数 R 为 264°36′48″，记入表 3-4 相应栏内。

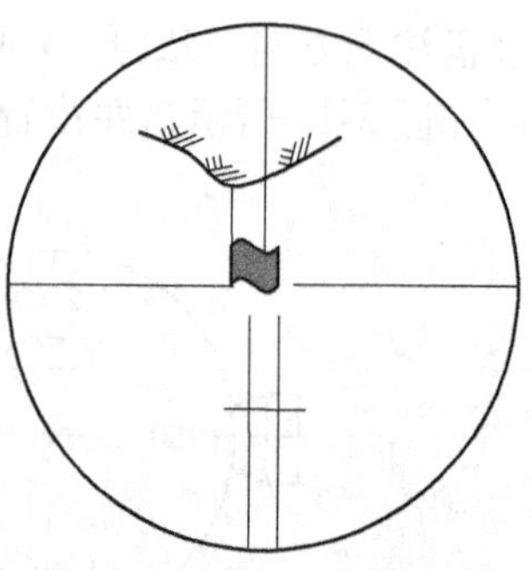

图 3-14　垂直角测量瞄准

表 3-4　垂直角观测手簿

测站	目标	竖盘位置	竖盘读数 ° ′ ″	半测回垂直角 ° ′ ″	指标差 ″	一测回垂直角 ° ′ ″	备注
1	2	3	4	5	6	7	8
O	*A*	左	95 22 00	−5 22 00	−36	−5 22 36	
		右	264 36 48	−5 23 12			
O	*B*	左	81 12 36	+8 47 24	−45	+8 46 39	
		右	278 45 54	+8 45 54			

4）根据垂直角计算公式计算，得

$$\alpha_L = 90° - L = 90° - 95°22'00'' = -5°22'00''$$

$$\alpha_R = R - 270° = 264°36'48'' - 270° = -5°23'12''$$

那么一测回垂直角为：

$$\alpha = \frac{1}{2}(\alpha_L + \alpha_R) = \frac{1}{2} \times (-5°22'00'' - 5°23'12'') = -5°22'36''$$

竖盘指标差为：

$$x = \frac{1}{2}(\alpha_R - \alpha_L) = \frac{1}{2} \times (-5°23'12'' + 5°22'00'') = -36''$$

将计算结果分别填入表 3-4 相应栏内。

有些经纬仪采用了竖盘指标自动归零装置，其原理与自动安平水准仪补偿器基本相同。当经纬仪整平后，瞄准目标，打开自动补偿器，竖盘指标即居于正确位置，从而明显提高了垂直角观测的速度和精度。

3.6　水平角测量误差及其影响

3.6.1　仪器误差

仪器误差是指仪器不能满足设计理论要求而产生的误差。包括：

1）由于仪器制造和加工不完善而引起的误差。

2）由于仪器检校不完善而引起的误差。

消除或减弱上述误差的具体方法如下：

1）采用盘左、盘右观测取平均值的方法，可以消除视准轴不垂直于水平轴、水平轴不垂直于竖轴和水平度盘偏心差的影响。

2）采用在各测回间变换度盘位置观测，取各测回平均值的方法，可以减弱由于水平度盘刻划不均匀给测角带来的影响。

3）仪器竖轴倾斜引起的水平角测量误差，无法采用一定的观测方法来消除。因此，在经纬仪使用之前应严格检校，确保水准管轴垂直于竖轴；同时，在观测过程中，应特别注意仪器的严格整平。

3.6.2 观测误差

1. 仪器对中误差

在安置仪器时，由于对中不准确，使仪器中心与测站点不在同一铅垂线上，称为对中误差。如图 3-15 所示，A、B 为两目标点，O 为测站点，O'为仪器中心，OO'的长度称为测站偏心距，用 e 表示，其方向与 OA 之间的夹角 θ 称为偏心角。β 为正确角值，β'为观测角值，由对中误差引起的角度误差 $\Delta\beta$ 为：

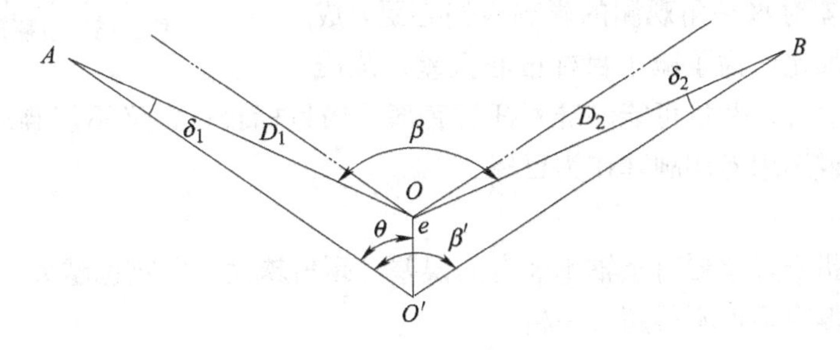

图 3-15 仪器对中误差

$$\Delta\beta = \beta - \beta' = \delta_1 + \delta_2$$

因 δ_1 和 δ_2 很小，故

$$\delta_1 \approx \frac{e\sin\theta}{D_1}\rho$$

$$\delta_2 \approx \frac{e\sin(\beta' - \theta)}{D_2}\rho$$

$$\Delta\beta = \delta_1 + \delta_2 = e\rho\left[\frac{\sin\theta}{D_1} + \frac{\sin(\beta' - \theta)}{D_2}\right] \tag{3-12}$$

分析上式可知，对中误差对水平角的影响有以下特点：

1）$\Delta\beta$ 与偏心距 e 成正比，e 越大，$\Delta\beta$ 越大。

2）$\Delta\beta$ 与测站点到目标的距离 D 成反比，距离越短，误差越大。

3）$\Delta\beta$ 与水平角 β'和偏心角 θ 的大小有关，当 $\beta'=180°$，$\theta=90°$时，$\Delta\beta$ 最大。

$$\Delta\beta = e\rho\left[\frac{1}{D_1} + \frac{1}{D_2}\right]$$

例如，当 $\beta'=180°$，$\theta=90°$，$e=0.003\text{m}$，$D_1=D_2=100\text{m}$ 时

$$\Delta\beta = 0.003\text{m} \times 206265'' \times \left(\frac{1}{100\text{m}} + \frac{1}{100\text{m}}\right) = 12.4''$$

对中误差引起的角度误差不能通过观测方法消除，所以观测水平角时应仔细对中，当边长较短或两目标与仪器接近在一条直线上时，要特别注意仪器的对中，避免引起较大的误差。一般规定对中误差不超过3mm。

2. 目标偏心误差

水平角观测时，常用测钎、测杆或觇牌等立于目标点上作为观测标志，当观测标志倾斜或没有立在目标点的中心时，将产生目标偏心误差。如图3-16所示，O为测站，A为地面目标点，$A'A$为测杆，测杆长度为L，倾斜角度为α，则目标偏心距e为：

$$e = L\sin\alpha \tag{3-13}$$

目标偏心对观测方向影响为：

$$\delta = \frac{e}{D}\rho = \frac{L\sin\alpha}{D}\rho \tag{3-14}$$

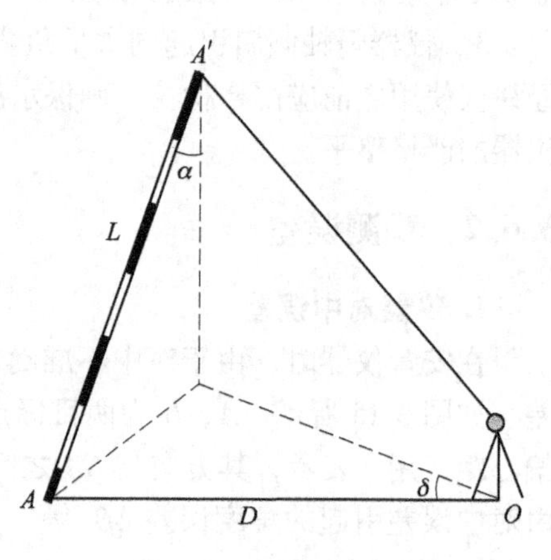

图3-16 目标偏心误差

目标偏心误差对水平角观测的影响与偏心距e成正比，与距离成反比。为了减小目标偏心误差，瞄准测杆时，测杆应立直，并尽可能瞄准测杆的底部。当目标较近，又不能瞄准目标的底部时，可采用悬吊垂线或选用专用觇牌作为目标。

3. 整平误差

整平误差是指安置仪器时竖轴不竖直的误差。倾角越大，影响也越大。一般规定在观测过程中，水准管偏离零点不得超过一格。

4. 瞄准误差

瞄准误差主要与人眼的分辨能力和望远镜的放大倍率有关，人眼分辨两点的最小视角一般为60″。设经纬仪望远镜的放大倍率为V，则用该仪器观测时，其瞄准误差为：

$$m_V = \pm\frac{60''}{V} \tag{3-15}$$

一般DJ_6型光学经纬仪望远镜的放大倍率V为25~30倍，因此瞄准误差m_V一般为2.0″~2.4″。

另外，瞄准误差与目标的大小、形状、颜色和大气的透明度等也有关。因此，在观测中应尽量消除视差，选择适宜的照准标志，熟练操作仪器，掌握瞄准方法，并仔细瞄准以减小误差。

5. 读数误差

读数误差主要取决于仪器的读数设备，同时也与照明情况和观测者的经验有关。对于DJ_6型光学经纬仪，用分微尺测微器读数，一般估读误差不超过分微尺最小分划的十分之一，即不超过±6″，对于DJ_2型光学经纬仪一般不超过±1″。如果反光镜进光情况不佳，读数显微镜调焦不好，以及观测者的操作不熟练，则估读的误差可能会超过上述数值。因此，读数时必须仔细调节读数显微镜，使度盘与测微尺影像清晰，也要仔细调整反光镜，使影像亮度适中，然后再仔细读数。使用测微轮时，一定要使度盘分划线位于双指标线正中央。

3.6.3 外界条件的影响

外界条件的影响很多，如大风、松软的土质会影响仪器的稳定，地面的辐射热会引起物象的跳动，观测时大气透明度和光线的不足会影响瞄准精度，温度变化影响仪器的正常状态等，这些因素都直接影响测角的精度。因此，要选择有利的观测时间和避开不利的观测条件，使这些外界条件的影响降低到较小的程度。

3.7 经纬仪的检验与校正

3.7.1 经纬仪的轴线及各轴线间应满足的几何条件

如图3-17所示，经纬仪的主要轴线有竖轴 VV_1、横轴 HH_1、视准轴 CC_1 和水准管轴 LL_1。经纬仪各轴线之间应满足以下几何条件：

1）水准管轴 LL_1 应垂直于竖轴 VV_1。

2）十字丝纵丝应垂直于横轴 HH_1。

3）视准轴 CC_1 应垂直于横轴 HH_1。

4）横轴 HH_1 应垂直于竖轴 VV_1。

5）竖盘指标差为零。

经纬仪应满足上述几何条件，在使用前或使用一段时间后，应进行检验，如发现上述几何条件不满足，则需要进行校正。

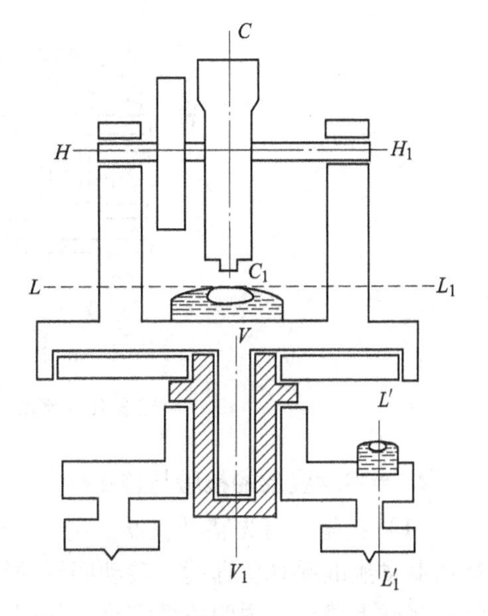

图3-17 经纬仪的主要轴线

3.7.2 经纬仪的检验与校正

1. 水准管轴 LL_1 垂直于竖轴 VV_1 的检验与校正

（1）检验 首先利用圆水准器粗略整平仪器，然后转动照准部使水准管平行于任意两个脚螺旋的连线方向，调节这两个脚螺旋使水准管气泡居中，再将仪器旋转180°，如水准管气泡仍居中，说明水准管轴与竖轴垂直；若气泡不再居中，则说明水准管轴与竖轴不垂直，需要校正。

（2）校正 如图3-18a所示，设水准管轴与竖轴不垂直，倾斜了 α 角，当水准管气泡居中时，竖轴与铅垂线的夹角为 α。将仪器绕竖轴旋转180°后，竖轴位置不变，而水准管轴与水平线的夹角为 2α，如图3-18b所示。

校正时，先相对旋转这两个脚螺旋，使气泡向中心移动偏离值的一半，如图3-18c所示，此时竖轴处于竖直位置。然后用校正针拨动水准管一端的校正螺钉，使气泡居中，如图3-18d所示，此时水准管轴处于水平位置。

此项检验与校正比较精细，应反复进行，直至照准部旋转到任何位置，气泡偏离零点不超过半格为止。

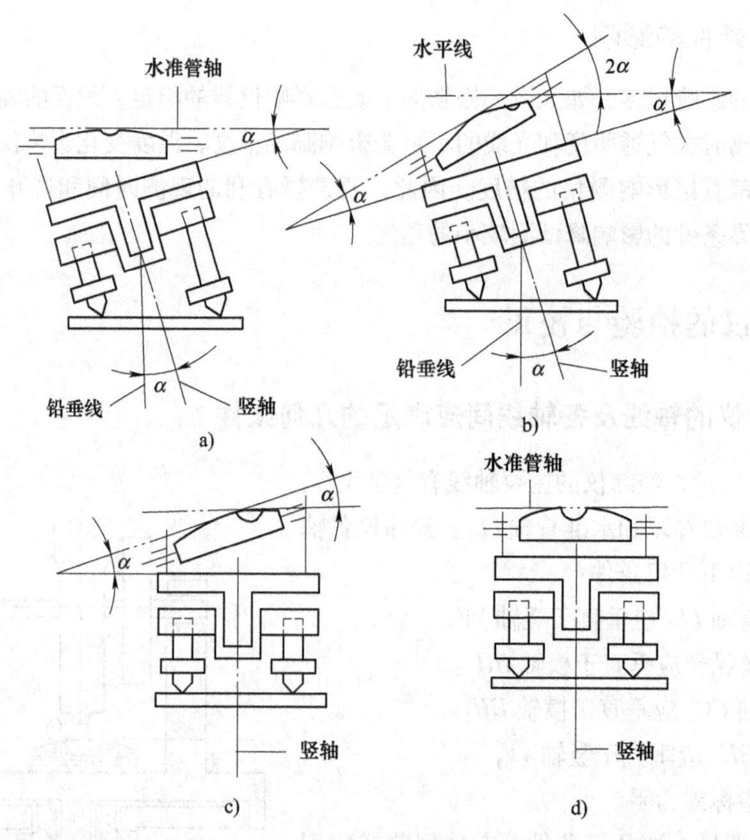

图 3-18 水准管轴垂直于竖轴的检验与校正

2. 十字丝竖丝的检验与校正

（1）检验 首先整平仪器，用十字丝交点精确瞄准一明显的点状目标，如图 3-19 所示，然后制动照准部和望远镜，转动望远镜微动螺旋使望远镜绕横轴做微小俯仰，如果目标点始终在竖丝上移动，说明条件满足，如图 3-19a 所示；否则需要校正，如图 3-19b 所示。

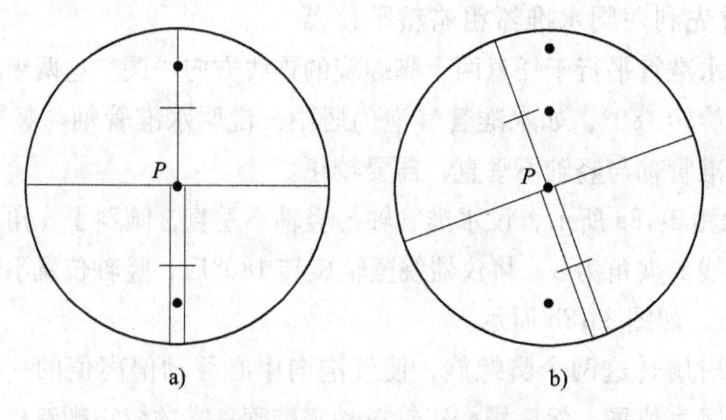

图 3-19 十字丝竖丝的检验

（2）校正 与水准仪中横丝应垂直于竖轴的校正方法相同，此处只是应使纵丝竖直。如图 3-20 所示，校正时，先打开望远镜目镜端护盖，松开十字丝环的四个固定螺钉，按竖丝偏离的反方向微微转动十字丝环，使目标点在望远镜上下俯仰时始终在十字丝纵丝上移动为止，最后旋紧固定螺钉拧紧，旋上护盖。

3. 视准轴 CC_1 垂直于横轴 HH_1 的检验与校正

视准轴不垂直于水平轴所偏离的角值 c 称为视准轴误差。具有视准轴误差的望远镜绕水平轴旋转时，视准轴将扫过一个圆锥面，而不是一个平面。

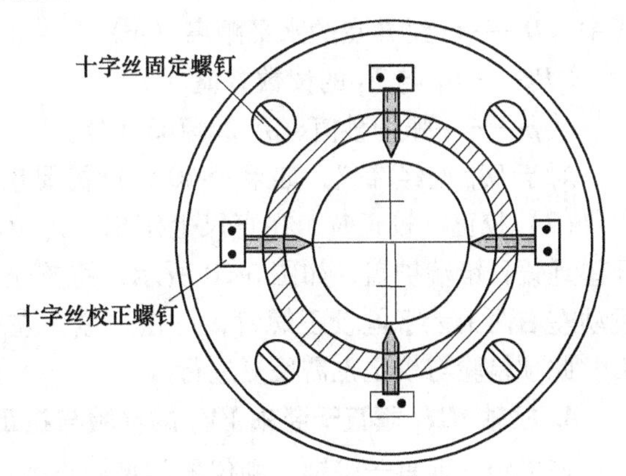

图 3-20 十字丝纵丝的校正

（1）检验 视准轴误差的检验方法有盘左盘右读数法和四分之一法两种，下面具体介绍四分之一法的检验方法。

1）在平坦地面上，选择相距约 100m 的 A、B 两点，在 AB 连线中点 O 处安置经纬仪，如图 3-21 所示，并在 A 点设置一瞄准标志，在 B 点横放一根刻有毫米分划的直尺，使直尺垂直于视线 OB，A 点的标志、B 点横放的直尺应与仪器大致同高。

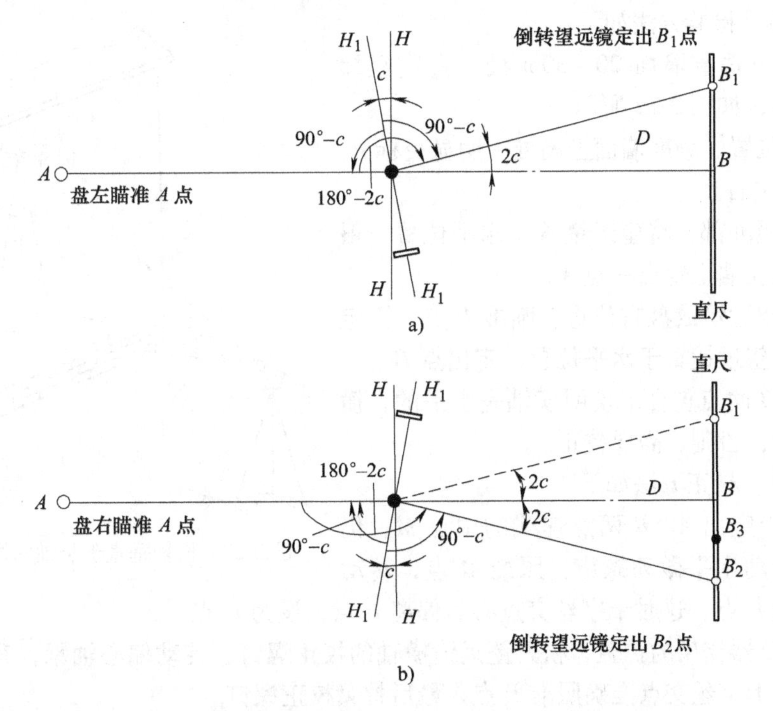

图 3-21 视准轴误差的检验（四分之一法）

2）用盘左位置瞄准 A 点，制动照准部，然后纵转望远镜，在 B 点尺上读得 B_1，如图 3-21a所示。

3）用盘右位置再瞄准 A 点，制动照准部，然后纵转望远镜，再在 B 点尺上读得 B_2，如图 3-21b 所示。

如果 B_1 与 B_2 两读数相同，说明视准轴垂直于横轴。如果 B_1 与 B_2 两读数不相同，由图

3-21b 可知，$\angle B_1OB_2=4c$，由此算得

$$c=\frac{B_1B_2}{4D}\rho$$

式中 D——O 到 B 点的水平距离（m）；

B_1B_2——B_1 与 B_2 的读数差值（m）；

ρ——弧度秒值，$\rho=206265$（″）。

对于 DJ_6 型经纬仪，如果 $c>60''$，则需要校正。

（2）校正　校正时，在直尺上定出一点 B_3，使 $B_2B_3=B_1B_2/4$，OB_3 便与横轴垂直。打开望远镜目镜端护盖，如图 3-20 所示，用校正针先松十字丝上、下的十字丝校正螺钉，再拨动左右两个十字丝校正螺钉，一松一紧，左右移动十字丝分划板，直至十字丝交点对准 B_3。此项检验与校正也需反复进行。

4. 横轴 HH_1 垂直于竖轴 VV_1 的检验与校正

若横轴不垂直于竖轴，则仪器整平后竖轴虽已竖直，横轴并不水平，因而视准轴绕倾斜的横轴旋转所形成的轨迹是一个倾斜面。这样，当瞄准同一铅垂面内高度不同的目标点时，水平度盘的读数并不相同，从而产生测角误差，影响测角精度，因此必须进行检验与校正。

（1）检验　检验方法如下：

1）在距一垂直墙面 20～30m 处，安置经纬仪，整平仪器，如图 3-22 所示。

2）盘左位置，瞄准墙面上高处一明显目标 P，仰角宜在 30°左右。

3）固定照准部，将望远镜置于水平位置，根据十字丝交点在墙上定出一点 A。

4）倒转望远镜成盘右位置，瞄准 P 点，固定照准部，再将望远镜置于水平位置，定出点 B。

如果 A、B 两点重合，说明横轴是水平的，横轴垂直于竖轴；否则，需要校正。

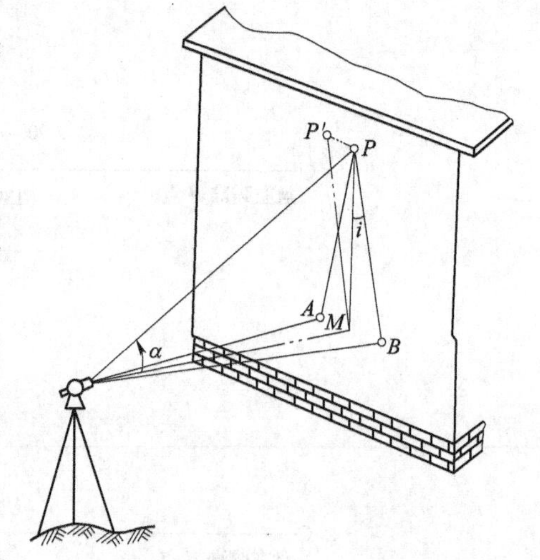

图 3-22　横轴垂直于竖轴的检验与校正

（2）校正　校正方法如下：

1）在墙上定出 A、B 两点连线的中点 M，仍以盘右位置转动水平微动螺旋，照准 M 点，转动望远镜，仰视 P 点，这时十字丝交点必然偏离 P 点，设为 P' 点。

2）打开仪器支架的护盖，松开望远镜横轴的校正螺钉，转动偏心轴承，升高或降低横轴的一端，使十字丝交点准确照准 P 点，最后拧紧校正螺钉。

此项检验与校正也需反复进行。

由于光学经纬仪密封性好，仪器出厂时又经过严格检验，一般情况下横轴不易变动。但测量前仍应加以检验，如有问题，最好送专业修理单位检修。近代高质量的经纬仪，设计制造时保证了横轴与竖轴垂直，故无须校正。

5. 竖盘水准管的检验与校正

（1）检验　安置经纬仪，仪器整平后，用盘左、盘右观测同一目标点 A，分别使竖盘指标水准管气泡居中，读取竖盘读数 L 和 R，用式（3-11）计算竖盘指标差 x，若 x 值超过 1′

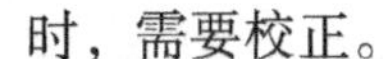
时，需要校正。

（2）校正 先计算出盘右位置时竖盘的正确读数 $R_0=R-x$，原盘右位置瞄准目标 A 不动，然后转动竖盘指标水准管微动螺旋，使竖盘读数为 R_0，此时竖盘指标水准管气泡不再居中了，用校正针拨动竖盘指标水准管一端的校正螺钉，使气泡居中。

此项检校需反复进行，直至指标差小于规定的限度为止。

3.8 电子经纬仪简介

电子经纬仪是在光学经纬仪的基础上发展起来的新一代的测角仪器，是利用光电转换原理和微处理器自动测量度盘的读数，并将测量结果显示在仪器显示窗上，如将其与电子手簿连接，可以自动存储测量结果。其主要特点是：

1）采用电子测角系统，能自动显示测量结果，减轻外业劳动强度，提高工作效率。

2）可与电磁波测距仪组合成全站型电子速测仪，配合适当的接口，可将观测的数据输入计算机，实现数据处理和绘图自动化。电子测角仍然是采用度盘，与光学测角不同的是，电子测角是从度盘上取得电信号，然后再转换成角度，并以数字的形式显示在显示器上。

3.8.1 电子经纬仪的测角系统

电子经纬仪的测角系统有以下几种：编码度盘测角系统、光栅度盘测角系统和动态测角系统。

1. 编码度盘测角系统

如图 3-23 所示，光电编码度盘是在光学度盘刻度圈圆周设置等间隔的透光与不透光区域，称为白区与黑区，由它们组成的分度圈称为码道，一个编码度盘有很多同心的码道，码道越多，编码度盘的角度分辨率越高。电子计数采用二进制编码方法，码盘上的白区与黑区分别表示二进制代码“0”和“1”。为了读取编码，需在编码度盘的每一个码道的一侧设置发光二极管，另一侧设置光敏二极管，它们严格地沿度盘半径方向成一直线。发光二极管发出的光通过码盘产生透光或不透光信号，由光敏二极管转换成电信号，经处理后以十进制或六十进制自动显示。

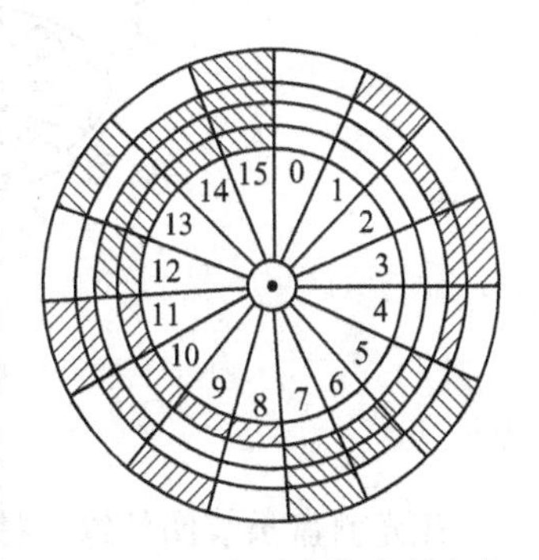

图 3-23 4 个码道的编码度盘

2. 光栅度盘测角系统

如图 3-24 所示，在圆盘上均匀地刻有许多等间隔的狭缝，称为光栅。光栅的线条处为不透光区，缝隙处为透光区。在光栅盘上下对应位置设置发光二极管和光敏二极管，则可使计数器累计求得所移动的栅距数，从而得到转动的角度值。

为了提高测角精度，在光栅测角系统中采用了莫尔条纹技术，如图 3-25 所示。产生莫尔条纹的方法是：取一小块与光栅盘具有相同密度和栅距的光栅，与光栅盘以微小的间距重叠，并使其刻线互成一微小夹角 θ，这时就会出现放大的明暗交替的莫尔条纹（栅距由 d 放大到 W）。

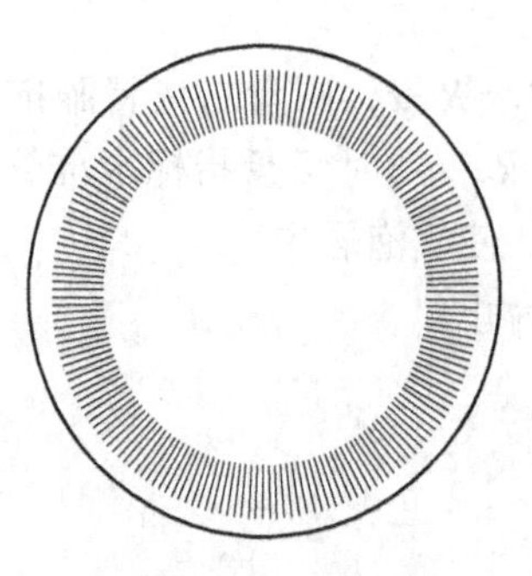

图 3-24 径向光栅

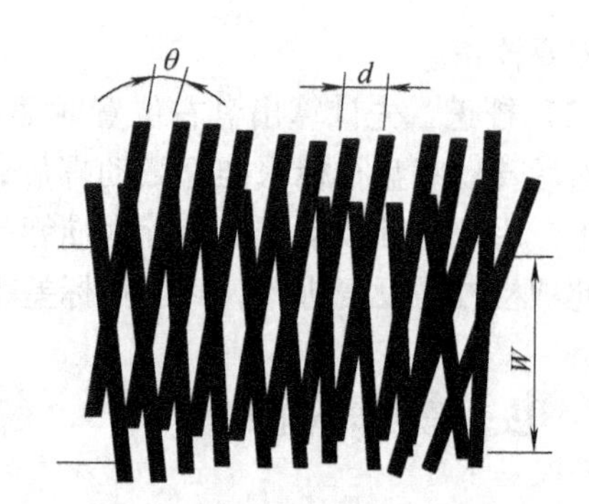

图 3-25 光栅莫尔条纹

测角过程中，转动照准部时，产生的莫尔条纹也随之移动。设栅距和纹距的分划值均为 δ，移动条纹的个数 n 和计数不足整条纹距的小数 $\Delta\delta$，则角度值 φ 可写为

$$\varphi = n\delta + \Delta\delta \tag{3-16}$$

3. 动态测角系统

如图 3-26 所示，在度盘上刻有 1024 个分划，两条分划条纹的角距为φ_0，则有：

$$\varphi_0 = \frac{360°}{1024} = 21'05.625''$$

式中 φ_0——光栅盘的单位角度。

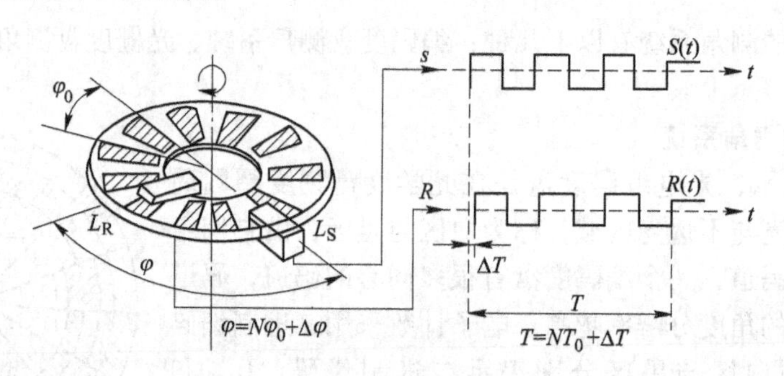

图 3-26 动态测角原理

在光栅盘条纹圈外缘，按对径设置一对固定检测光栅 L_S，在靠近内缘处设置一对与照准部相固连的活动检测光栅 L_R（图 3-26 中仅画出其中的一个）。对径设置的检测光栅可用来消除光栅盘的偏心差。φ 表示望远镜照准某方向后 L_S 和 L_R 之间的角度。

由图 3-26 可以看出：

$$\varphi = N\varphi_0 + \Delta\varphi \tag{3-17}$$

式中 N——φ 角内所包含的条纹间隔数；

$\Delta\varphi$——角内所包含的条纹间隔数。

测角时，光栅盘由电动机驱动绕中心轴做匀速旋转，记取分划信息，经过粗测、精测处理后，从显示器中显示所测角度。

3.8.2 电子经纬仪使用

电子经纬仪品牌型号众多，下面以南方 DT 系列（激光）电子经纬仪为例，介绍电子经纬仪的使用。

1. 电子经纬仪部件名称

南方 DT 系列（激光）电子经纬仪构造如图 3-27 所示。

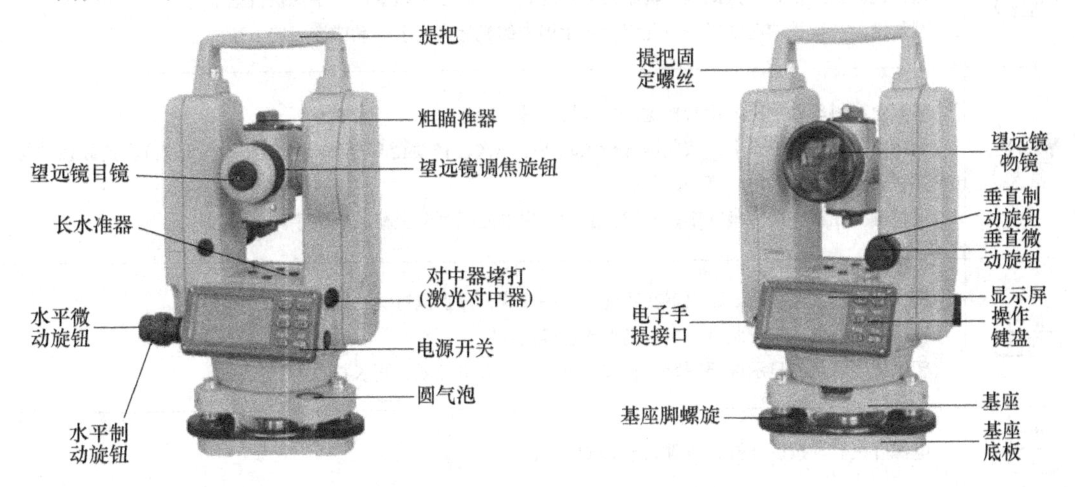

图 3-27 （激光）电子经纬仪构造

2. 键盘功能与信息显示

（激光）电子经纬仪屏幕如图 3-28 所示。

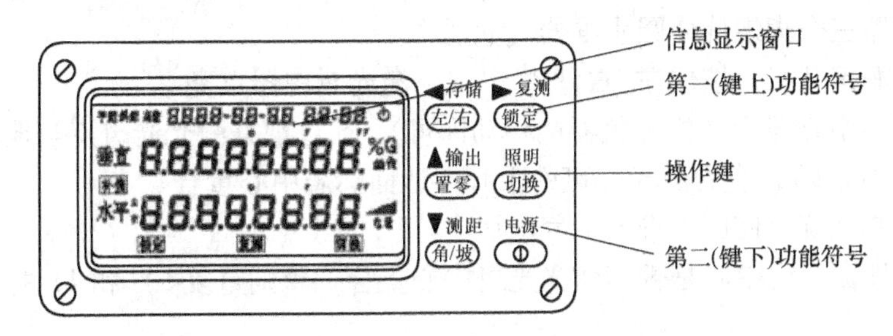

图 3-28 （激光）电子经纬仪屏幕

本仪器键盘具有一键双重功能，一般情况下仪器执行按键上所标示的是第一（基本）功能，当按下**切换**键后再按其余键上方面板上所标示的第二（扩展）功能，见表 3-5。

表 3-5 （激光）电子经纬仪键盘符号与功能

按键	功能
◀存储 (左/右)	显示左旋/右旋水平角选择键。连续按此键，两种角值交替显示。长按（3s）后，此时有激光对中器功能的仪器激光点亮起。再长按（3s）后熄灭 存储键。切换模式下按此键，当前角度闪烁两次，然后当前角度数据存储到内存中。在特种功能模式中按此键，显示屏中的光标左移
▶复测 (锁定)	水平角锁定键。按此键两次，水平角锁定；再按一次则解除。长按（3s）后，此时是激光经纬仪的仪器，激光指向功能亮起。再长按（3s）后熄灭 复测键。切换模式下按此键进入复测状态。在特种功能模式中按此键，显示屏中的光标右移

（续）

▲输出 置零	水平角置零键。按此键两次，水平角置零 输出键。切换模式下按此键，输出当前角度到串口，也可以令电子手簿执行记录 减量键。在特种功能模式中按此键，显示屏中的光标可向上移动或数字向下减少
▼测距 角/坡	竖直角和斜率百分比显示转换键。连续按此键交替显示 测距键。在切换模式下，按此键每秒跟踪测距一次，精度至 0.01m（连接测距仪有效）。连续按此键则交替显示斜距，平距，高差，角度 增量键。在特种功能模式中按此键，显示屏中的光标可向上移动或数字向上增加
照明 切换	模式转换键。连续按键，仪器交替进入一种模式，分别执行键上或面板标示功能 在特种功能模式中按此键，可以退出或者确定 望远镜十字丝和显示屏照明键。长按（3s）切换开灯照明；再长按（3s）则关
电源 ⏻	电源开关键。按键开机；按键大于 2s 则关机

3. 角度测量

（1）仪器安置、对中和整平　仪器架设步骤同光学经纬仪。对于激光经纬仪在对中时，采用激光对中，步骤如下：

1）调整仪器三个脚螺旋使圆水准器气泡居中。

2）按住电源键开机，按住**左/右**键 3s 以上，激光对中器点亮。

3）松开脚架中心螺栓（松至仪器能移动即可），通过观察激光光斑点与地面标志，小心地平移仪器（勿旋转），直到激光光斑的中心与地面标志中心重合。

4）再调整脚螺旋，使圆水准器的气泡居中。

5）再观察地面标志中心是否与激光光斑中心重合，否则重复 3）和 4）操作，直至重合为止。

6）确认仪器对中后，将中心螺栓旋紧固定好仪器。

7）按住**左/右**键 3s 以上，激光对中器熄灭。

（2）水平角与竖直角测量　“盘左”是指观测者用望远镜观测时，竖盘在望远镜的左边；“盘右”指的是观测者用望远镜观测时，竖盘在望远镜的右边（如图 3-27 所示）。取盘左和盘右读数的平均数作为观测值，可以有效地消除仪器相应的系统误差对成果的影响。因此，在进行水平和竖直角观测时，要在完成盘左观测之后，中转望远镜 180° 再完成盘右观测。

1）水平角置“0”（置零）。将望远镜十字丝中心照准目标 A 后，按**置零**键两次，使水平角读数为 0°00′00″。如：

照准目标 A 水平角显示为 25°16′19″→按两次**置零**键→显示目标 A 水平角为 0°00′ 00″。

① **置零**键只对水平角有效。

② 除已锁定**锁定**键状态外，任何时候水平角均可置“0”。若在操作过程中误按**置零**键盘，只要不按第二次就没关系，当鸣响停止，便可继续以后的操作。

2）水平角和竖直角观测。

① 顺时针方向转动照准部，以十字丝中心照准目标 A，按两次**置零**键，目标 A 的水平角度设置为 0°00′00″，作为水平角起算的零方向。照准目标 A 时的具体步骤及显示为：

显示	操作	显示	说明
垂直 93°20′30″ 水平右 99°50′16″	按两次 → 置零 →	垂直 93°20′30″ 水平右 00°00′00″	A 方向竖盘读数 A 方向水平角已置“0”

顺时针方向转动照准部，以十字丝中心照准目标 B 时显示为：

显示	说明
垂直 91°06′10″	B 方向竖盘读数
水平右 51°43′20″	AB 方向间右旋水平角值

② 按**左/右**键后，水平角设置成左旋测量方式。逆时针方向转动照准部，以十字丝中心照准目标 A，按两次**置零**键将 A 方向水平角置“0”。步骤和显示结果与①之 A 目标相同。逆时针方向转动照准部，以十字丝中心照准目标 B 时显示为：

显示	说明
垂直 91°06′10″	B 方向竖直角值
水平右 308°16′40″	AB 方向间左旋水平角值

3）平角锁定与解除（锁定）。在观测水平角过程中，若需保持所测（或对某方向需予置）水平角时，按锁定键两次即可。水平角被锁定后，显示“锁定”符号，再转动仪器水平角也不发生变化。当照准至所需方向后，再按锁定键一次，解除锁定功能，此时仪器照准方向的水平角就是原锁定的水平角值。

① 锁定键对竖直角或距离无效。

② 若在操作过程中误按锁定键，只要不按第二次就没有关系，当鸣响停止便可继续以后的操作。

小　结

在本章中，我们首先学习了角度测量的基本概念。通过对经纬仪的构造与原理的说明，引出了角度测量的方法（测回法与方向观测法），并对测量成果的计算与整理进行了分析。接着讨论了角度测量过程中容易出现误差的环节与因素，最后介绍了经纬仪的检验与校正。

思 考 题

1. 何谓水平角？若某测站点与两个不同高度的目标点位于同一铅垂面内，那么其构成的水平角是多少？
2. DJ_6 型光学经纬仪由哪几个部分组成？各部分有什么功能？
3. 经纬仪观测之前时，为什么要进行对中、整平？如何对中、整平？
4. 试述测回法观测水平角的操作步骤。
5. 试述方向法观测水平角的操作步骤。
6. 竖直角观测时，在读取竖盘读数前一定要使竖盘指标水准管的气泡居中，为什么？
7. 何谓竖盘指标差？如何消除竖盘指标差？
8. 角度观测有哪些误差影响？如何消除或减弱这些误差的影响？

习　题

1. 地面上两相交直线的水平角是（　　）的夹角。

A. 这两条直线的空间实际线　　B. 这两条直线在水平面的投影线
C. 这两条直线在竖直面的投影线　　D. 这两条直线在某一倾斜面的投影线

2. 当经纬仪的望远镜上下转动时，竖直度盘（　　）。
A. 与望远镜一起转动　　B. 与望远镜相对转动
C. 不动　　D. 有时一起转动有时相对转动

3. 当经纬仪竖轴与目标点在同一竖面时，不同高度的水平度盘读数（　　）。
A. 相等　　B. 不相等
C. 盘左相等，盘右不相等　　D. 盘右相等，盘左不相等

4. 采用盘左、盘右的水平角观测方法，可以消除（　）误差。
A. 对中　　B. 十字丝的竖丝不铅垂
C. 整平　　D. $2C$

5. 用测回法观测水平角，测完上半测回后，发现水准管气泡偏离 2 格多，在此情况下应（　　）。
A. 继续观测下半测回　　B. 整平后观测下半测回
C. 继续观测或整平后观测下半测回　　D. 整平后全部重测

6. 测量竖直角时，采用盘左、盘右观测，其目的之一是可以消除（　）误差的影响。
A. 对中　　B. 视准轴不垂直于横轴
C. 整平　　D. 指标差

7. 用经纬仪观测水平角时，尽量照准目标的底部，其目的是为了消除（　　）误差对测角的影响。
A. 对中　　B. 照准
C. 目标偏离中心　　D. 整平

8. 用测回法观测水平角，若右方目标的方向值 $\alpha_{右}$ 小于左方目标的方向值 $\alpha_{左}$ 时，水平角 β 的计算方法是（　　）。
A. $\beta = \alpha_{左} - \alpha_{右}$　　B. $\beta = \alpha_{右} - 180° - \alpha_{左}$
C. $\beta = \alpha_{右} + 360° - \alpha_{左}$　　D. $\beta = \alpha_{右} + 180° - \alpha_{左}$

9. 经纬仪安置时，整平的目的是使仪器的（　　）。
A. 竖轴位于铅垂位置，水平度盘水平　　B. 水准管气泡居中
C. 竖盘指标处于正确位置　　D. 水平度盘位于铅垂位置

10. 经纬仪的竖盘按顺时针方向注记，当视线水平时，盘左竖盘读数为 90°用该仪器观测一高处目标，盘左读数为 75°10′24″，则此目标的竖角为（　　）。
A. 57°10′24″　　B. −14°49′36″
C. 104°49′36″　　D. 14°49′36″

11. 经纬仪在盘左位置时将望远镜置平，使其竖盘读数为 90°，望远镜物镜端抬高时读数减少，其盘左的竖直角公式为（　　）。
A. $\alpha_{左} = 90° - L$　　B. $\alpha_{左} = L - 90°$
C. $\alpha_{左} = 180° - L$　　D. $\alpha_{左} = L - 180°$

12. 在全圆测回法的观测中，同一盘位起始方向的两次读数之差称为（　　）。

A. 归零差　　B. 测回差

C. $2C$ 互差　　D. 指标差

13. 在全圆测回法中，同一测回不同方向之间的 $2C$ 值为 $-18''$、$+2''$、$0''$、$+10''$，其 $2C$ 互差应为（　　）。

A. $-18''$　　B. $-6''$

C. $1.5''$　　D. $28''$

14. 竖角也称倾角，是指在同一垂直面内倾斜视线与水平线之间的夹角，其角值范围为（　　）。

A. $0°\sim360°$　　B. $0°\sim\pm180°$

C. $0°\sim\pm90°$　　D. $0°\sim90°$

15. 在测量学科中，水平角的角值范围是（　　）。

A. $0°\sim360°$　　B. $0°\sim\pm180°$

C. $0°\sim\pm90°$　　D. $0°\sim90°$

16. 在经纬仪水平角观测中，若某个角需要观测几个测回，为了减少度盘分划误差的影响，各测回间应根据测回数 n，按（　　）变换水平度盘位置。

A. $90°/n$　　B. $180°/n$

C. $270°/n$　　D. $360°/n$

实训三　测回法观测水平角

一、实训目标

（1）进一步掌握经纬仪的技术操作。

（2）重点掌握观测程序和计算方法。

（3）要求每人观测 1~2 个角，计算出半测回值较差或一测回较差不超过±40″，角度闭合差 $f_\beta \leqslant f_{\beta容} = \pm 60\sqrt{n}$。

二、实训要求

（1）设一台仪器以 O 为测站，对中、整平后，以盘左（正镜）位置瞄准目标 A，读取水平度盘读数 a_L，记入手簿；松开水平和望远镜制动螺旋，顺时针方向转动照准部瞄准目标 B，读取水平读盘读数 b_L 记入手簿。完成上半测回观测，计算半测回值 $\beta_L = b_L - a_L$。

（2）纵转望远镜以盘右（倒镜）位置，先瞄准目标 B 读取水平度盘读数 b_R，记入手簿；再逆时针方向旋转照准部瞄准目标 A 读取水平度盘读数 a_R，记入手簿。完成上半测回观测，计算半测回值 $\beta_R = b_R - a_R$。

（3）以上完成一个测回，若较差 $\Delta\beta = \beta_L - \beta_R$ 不超过±40″，则取其平均值作为一测回值。

测回法观测记录表

日期：　　　　　　　观测：　　　　　　　记录：

测站	目标	竖盘位置	水平角盘读数	半测回角值	一测回角值	备注
			° ′ ″	° ′ ″	° ′ ″	

实训四　方向法观测水平角

一、实训目标

（1）进一步掌握经纬仪的技术操作。

（2）重点掌握观测程序和计算方法。

（3）要求每人观测 4 个方向。

二、实训要求

（1）在 O 点安置经纬仪，选 A 方向作为起始零点方向。

（2）盘左位置照准 A 方向，并拨动水平度盘变换手轮或重置起始读数，将 A 方向的水平度盘配置在$0°02'00''$ 附近，然后顺时针转动照准部 1~2 周，重新照准 A 方向，并读取水平度盘读数，记入方向观测法记录表中。

（3）按顺时针方向依次照准 B、C、D 方向，并读取水平度盘读数，将读数值分别记入记录表中。

（4）继续旋转照准部至 A 方向，再读取水平度盘读数，检查归零差是否合格。

（5）盘右位置观测前，先逆时针旋转照准部 1~2 周后，再照准 A 方向，并读取水平度盘读数，记入记录表中。

（6）按逆时针方向依次照准 D、C、B 方向，并读取水平度盘读数，将读数值分别记入记录表中。

（7）逆时针继续旋转至 A 方向，读取零方向 A 的水平度盘读数，并检查归零差 $2c$ 互差。

方向观测法观测记录表

日期：　　天气：　　仪器型号：　　观测：　　记录：　　复核：

测回	测站	目标	水平度盘读数						2c	平均方向值	归零方向值	各测回归零方向值之平均值
			盘左			盘右						
			°	′	″	°	′	″	″	° ′ ″	° ′ ″	° ′ ″
1	O	A										
		B										
		C										
		D										
		A										
2		A										
		B										
		C										
		D										
		A										

实训五 竖直角观测

一、实训目标

（1）熟悉竖直角测量原理。

（2）初步掌握用经纬仪观测竖直角的操作过程。

（3）进一步掌握正确使用经纬仪的方法。

二、实训要求

（1）各组选择一块有一定坡度的泥地，打下木桩，作为测站 A，将三脚架在 A 点上放好，架头水平、高度及张开的角度要符合要求，安装好经纬仪，进行对中整平工作。

（2）盘左位置用望远镜照准 B 点：

1）转动目镜，使十字丝清晰。

2）转动照准部，用粗瞄准器照准目标，制紧制动螺旋，调节物镜对光螺旋，使目标的像清晰。

3）转动微动螺旋，使十字丝竖丝准确照准目标，并读取竖直度盘的度数。设为 L，做好记录。计算盘左时的竖直角角值。竖直角 $\alpha_{左}=90°-L$。

（3）纵转望远镜成盘右位置，再用望远镜照准水准尺 B 上的同一点位置目标：照准目标 B 直接读数，设为 R，做好记录。计算盘右时的竖直角角值。竖直角 $\alpha_{右}=R-270°$。

（4）再取平均得出竖直角角值 α。

竖直角测量记录表

日期：　　　天气：　　　观测者：

班组：　　　仪器：　　　记录者：

测站	目标	竖盘	竖盘读数 /° ′ ″	半测回竖直角 /° ′ ″	指标差 /″	一测回角值 /° ′ ″	各测回平均竖直角 /° ′ ″

第4章 距离测量与直线定向

知识目标

了解钢尺检定及其改正算法，熟悉距离测量的方法、记录和计算，掌握方位角坐标及距离计算。

能力目标

能进行距离测量、记录及计算。

重点与难点

重点为钢尺距离及视距测量等方法；难点为方位角、坐标计算。

4.1 钢尺量距

4.1.1 量距的工具

1. 钢尺

钢尺是用薄钢片制成的带状尺，可卷入金属圆盒内，故又称钢卷尺。尺宽10~15mm，长度有20m、30m和50m等几种。根据尺的零点位置不同，有端点尺和刻线尺之分。

钢尺的优点：钢尺抗拉强度高，不易拉伸，所以量距精度较高，在工程测量中常用钢尺量距。

钢尺的缺点：钢尺性脆，易折断，易生锈，使用时要避免扭折、防止受潮。

2. 测杆

测杆多用木料或铝合金制成，直径约3cm、全长有2m、2.5m及3m等几种规格。杆上用油漆涂成红、白相间的20cm色段，非常醒目，测杆下端装有尖头铁脚，便于插入地面，作为照准标志。

3. 测钎

测钎一般用钢筋制成，上部弯成小圆环，下部磨尖，直径3~6mm，长度30~40cm。钎上可用油漆涂成红、白相间的色段。通常6根或11根系成一组。量距时，将测钎插入地面，用以标定尺端点的位置，也可作为近处目标的瞄准标志。

4. 锤球、弹簧秤和温度计等

锤球用金属制成，上大下尖呈圆锥形，上端中心系一细绳，悬吊后，锤球尖与细绳在同一垂线上。锤球常用于在斜坡上丈量水平距离。

弹簧秤和温度计等在精密量距中应用。

4.1.2 钢尺量距的一般方法

1. 平坦地面上的量距方法

此方法为量距的基本方法。丈量前，先将待测距离的两个端点用木桩（桩顶钉一小钉）标志出来，清除直线上的障碍物后，一般由两人在两点间边定线边丈量，具体做法如下：

1）如图 4-1 所示，量距时，先在 A、B 两点上竖立测杆（或测钎），标定直线方向，然后，后尺手持钢尺的零端位于 A 点，前尺手持尺的末端并携带一束测钎，沿 AB 方向前进，至一尺段长处停下，两人都蹲下。

距离平量法和斜量法

2）后尺手以手势指挥前尺手将钢尺拉在 AB 直线方向上；后尺手以尺的零点对准 A 点，两人同时将钢尺拉紧、拉平、拉稳后，前尺手喊“预备”，后尺手将钢尺零点准确对准 A 点，并喊“好”，前尺手随即将测钎对准钢尺末端

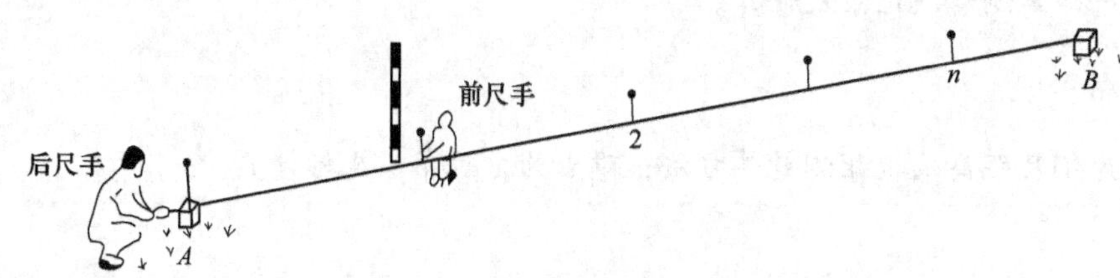

图 4-1 平坦地面上的量距方法

刻划竖直插入地面（在坚硬地面处，可用铅笔在地面画线做标记），得 1 点。这样便完成了第一尺段 A1 的丈量工作。

3）接着后尺手与前尺手共同举尺前进，后尺手走到 1 点时，即喊“停”。同法丈量第二尺段，然后后尺手拔起 1 点上的测钎。如此继续丈量下去，直至最后量出不足一整尺的余长 q。则 A、B 两点间的水平距离为

$$D_{AB} = nl + q \tag{4-1}$$

式中 n——整尺段数（即在 A、B 两点之间所拔测钎数）；

l——钢尺长度（m）；

q——不足一整尺的余长（m）。

为了防止丈量错误和提高精度，一般还应由 B 点量至 A 点进行返测，返测时应重新进行定线。取往、返测距离的平均值作为直线 AB 最终的水平距离。

$$D_{av} = \frac{1}{2}(D_f + D_b) \tag{4-2}$$

式中 D_{av}——往、返测距离的平均值（m）；

D_f——往测的距离（m）；

D_b——返测的距离（m）。

量距精度通常用相对误差 K 来衡量，相对误差 K 化为分子为 1 的分数形式。即

$$K=\frac{|D_{\mathrm{f}}-D_{\mathrm{b}}|}{D_{\mathrm{av}}}=\frac{1}{\dfrac{D_{\mathrm{av}}}{|D_{\mathrm{f}}-D_{\mathrm{b}}|}} \tag{4-3}$$

相对误差分母越大，则 K 值越小，精度越高；反之，精度越低。在平坦地区，钢尺量距一般方法的相对误差不应大于1/3000；在量距较困难的地区，其相对误差也不应大于1/1000。

2. 倾斜地面上的量距方法

（1）平量法　在倾斜地面上量距时，如果地面起伏不大，可将钢尺拉平进行丈量。如图4-2所示，丈量时，后尺手以尺的零点对准地面 A 点，并指挥前尺手将钢尺拉在 AB 直线方向上，同时前尺手抬高尺子的一端，并目估使尺水平，将锤球绳紧靠钢尺上某一分划，用锤球尖投影于地面上，再插以插钎，得1点。此时钢尺上分划读数即为 A、1两点间的水平距离。同法继续丈量其余各尺段。当丈量至 B 点时，应注意锤球尖必须对准 B 点。各测段丈量结果的总和就是 A、B 两点间的往测水平距离。为了方便起见，返测也应由高向低丈量。若精度符合要求，则取往返测的平均值作为最后结果。

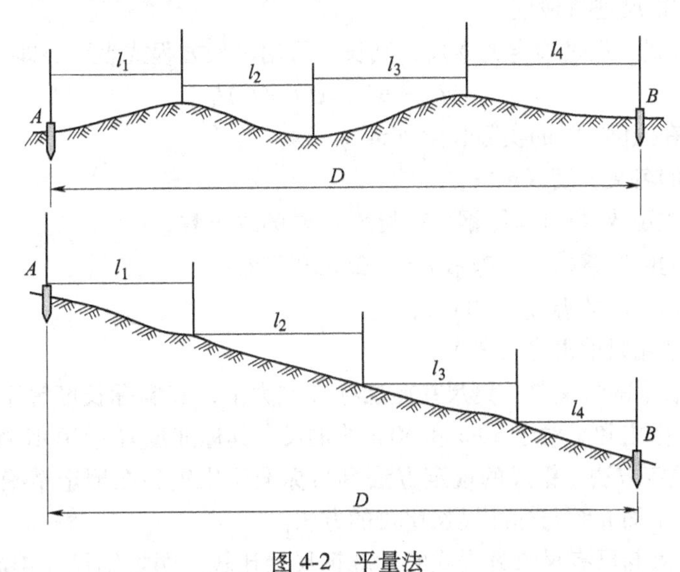

图4-2　平量法

（2）斜量法　当倾斜地面的坡度比较均匀时，如图4-3所示，可以沿倾斜地面丈量出 A、B 两点间的斜距 L，用经纬仪测出直线 AB 的倾斜角 α，或测量出 A、B 两点的高差 h_{AB}，然后计算 AB 的水平距离 D_{AB}，即

$$D_{\mathrm{AB}}=L_{\mathrm{AB}}\cos\alpha \tag{4-4}$$

或

$$D_{\mathrm{AB}}=\sqrt{L_{\mathrm{AB}}^{2}+h_{\mathrm{AB}}^{2}} \tag{4-5}$$

4.1.3　钢尺量距的精密方法

前面介绍的钢尺量距的一般方法，精度不高，相对误差通常为1/2000~1/5000。但在实际测量工作中，有时量距精度要求很高，如有时量距精度要求在1/10000以上。这时应采用

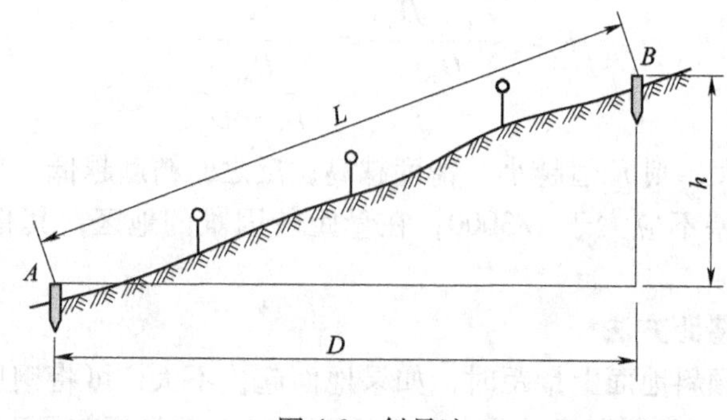

图 4-3 斜量法

钢尺量距的精密方法。

测距精密方法

1. 钢尺检定

钢尺由于材料原因、刻划误差、长期使用的变形以及丈量时温度和拉力不同的影响，其实际长度往往不等于尺上所标注的长度即名义长度，因此，量距前应对钢尺进行检定。

（1）尺长方程式 经过检定的钢尺，其长度可用尺长方程式表示。即

$$l_t = l_0 + \Delta l + \alpha(t - t_0)l_0 \tag{4-6}$$

式中 l_t——钢尺在温度 t 时的实际长度（m）；

l_0——钢尺的名义长度（m）；

Δl——尺长改正数（m），即钢尺在温度 t_0 时的改正数；

α——钢尺的膨胀系数，一般取 $\alpha = 1.25\times10^{-5}/℃$；

t_0——钢尺检定时的温度（20℃）；

t——钢尺使用时的温度（℃）。

式（4-6）所表示的含义是：钢尺在施加标准拉力下，其实际长度等于名义长度与尺长改正数和温度改正数之和。对于 30m 和 50m 的钢尺，其标准拉力为 100N 和 150N。

（2）钢尺的检定方法 钢尺的检定方法有与标准尺比较和在测定精确长度的基线场进行比较两种方法。下面介绍与标准尺长比较的方法。

可将被检定钢尺与已有尺长方程式的标准钢尺相比较。两根钢尺并排放在平坦地面上，都施加标准拉力，并将两根钢尺的末端刻划对齐，在零分划附近读出两尺的差数。这样就能够根据标准尺的尺长方程式计算出被检定钢尺的尺长方程式。这里认为两根钢尺的膨胀系数相同。检定宜选在阴天或背阴的地方进行，使气温与钢尺温度基本一致。

2. 钢尺量距的精密方法步骤

（1）准备工作 包括清理场地、直线定线和测桩顶间高差。

1）清理场地。在欲丈量的两点方向线上，清除影响丈量的障碍物，必要时要适当平整场地，使钢尺在每一尺段中不致因地面障碍物而产生挠曲。

2）直线定线。精密量距用经纬仪定线。如图 4-4 所示，安置经纬仪于 A 点，照准 B 点，固定照准部，沿 AB 方向用钢尺进行概量，按稍短于一尺段长的位置，由经纬仪指挥打下木桩。桩顶高出地面 10~20cm，并在桩顶钉一小钉，使小钉在 AB 直线上；或在木桩顶上划十字线，使十字线其中的一条在 AB 直线上，小钉或十字线交点即为丈量时的标志。

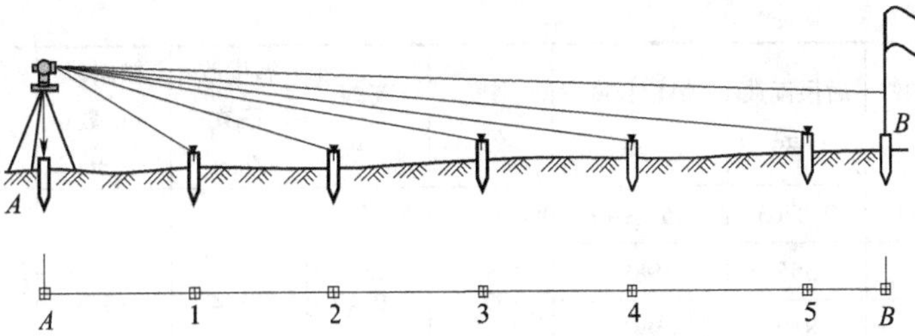

图 4-4　经纬仪定线

3）测桩顶间高差。利用水准仪，用双面尺法或往、返测法测出各相邻桩顶间高差。所测相邻桩顶间高差之差，一般不超过±10mm，在限差内取其平均值作为相邻桩顶间的高差。以便将沿桩顶丈量的倾斜距离改算成水平距离。

（2）丈量方法　人员组成：两人拉尺，两人读数，一人测温度兼记录，共 5 人。

丈量时，后尺手挂弹簧秤于钢尺的零端，前尺手执尺子的末端，两人同时拉紧钢尺，把钢尺有刻划的一侧贴切于木桩顶十字线的交点，达到标准拉力时，由后尺手发出“预备”口令，两人拉稳尺子，由前尺手喊“好”。在此瞬间，前、后读尺员同时读取读数，估读至 0.5mm，记录员依次记入，并计算尺段长度，记录表见表 4-1。

表 4-1　精密量距记录计算表

钢尺号码：No：12　　钢尺膨胀系数：125×10^{-5}　　钢尺检定时温度 t_0：20℃

钢尺名义长度 l_0：30m　　钢尺检定长度 l'：30.005m　　钢尺检定时拉力：100N

尺段编号	实测次数	前尺读数/m	后尺读数/m	尺段长度/m	温度/℃	高差/m	温度改正数/mm	倾斜改正数/mm	尺长改正数/mm	改正后尺段长/m
A~1	1	29.4350	0.0410	29.3940	+25.5	+0.36	+1.9	-2.2	+4.9	29.3976
	2	510	580	930						
	3	025	105	920						
	平均			29.3930						
1~2	1	29.9360	0.0700	29.8660	+26.0	+0.25	+2.2	-1.0	+5.0	29.8714
	2	400	755	645						
	3	500	850	650						
	平均			29.8652						
2~3	1	29.9230	0.0175	29.9055	+26.5	-0.66	+2.3	-7.3	+5.0	29.9057
	2	300	250	050						
	3	380	315	065						
	平均			29.9057						
3~4	1	29.9253	0.0185	29.9050	+27.0	-0.54	+2.5	-4.9	+5.0	29.9083
	2	305	255	050						
	3	380	310	070						
	平均			29.9057						

（续）

尺段编号	实测次数	前尺读数/m	后尺读数/m	尺段长度/m	温度/℃	高差/m	温度改正数/mm	倾斜改正数/mm	尺长改正数/mm	改正后尺段长/m
4~B	1	15.9755	0.0765	15.8990	+27.5	+0.42	+1.4	-5.5	+2.6	15.8975
	2	540	555	985						
	3	805	810	995						
	平均			15.8990						
总和				134.9686			+10.3	-20.9	+22.5	134.9805

前、后移动钢尺一段距离，同法再次丈量。每一尺段测三次，读三组读数，由三组读数算得的长度之差要求不超过2mm，否则应重测。如在限差之内，取三次结果的平均值，作为该尺段的观测结果。同时，每一尺段测量应记录温度一次，估读至0.5℃。如此继续丈量至终点，即完成往测工作。

完成往测后，应立即进行返测。

（3）成果计算　将每一尺段丈量结果经过尺长改正、温度改正和倾斜改正改算成水平距离，并求总和，得到直线往测、返测的全长。往、返测较差符合精度要求后，取往、返测结果的平均值作为最后成果。

1）尺段长度计算。根据尺长改正、温度改正和倾斜改正，计算尺段改正后的水平距离。

尺长改正：

$$\Delta l_{d} = \frac{\Delta l}{l_{0}} l \tag{4-7}$$

温度改正：

$$\Delta l_{t} = \alpha(t - t_{0})\, l \tag{4-8}$$

倾斜改正：

$$\Delta l_{h} = -\frac{h^{2}}{2l} \tag{4-9}$$

尺段改正后的水平距离：

$$D = l + \Delta l_{d} + \Delta l_{t} + \Delta l_{h} \tag{4-10}$$

式中　Δl_{d}——尺段的尺长改正数（mm）；

Δl_{t}——尺段的温度改正数（mm）；

Δl_{h}——尺段的倾斜改正数（mm）；

h——尺段两端点的高差（m）；

l——尺段的观测结果（m）；

D——尺段改正后的水平距离（m）。

2）计算全长。将各个尺段改正后的水平距离相加，便得到直线AB的往测水平距离。

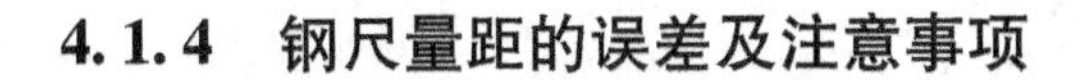

4.1.4　钢尺量距的误差及注意事项

1. 尺长误差

钢尺的名义长度和实际长度不符，产生尺长误差。尺长误差是积累性的，它与所量距离成正比。

2. 定线误差

丈量时钢尺偏离定线方向，将使测线成为一折线，导致丈量结果偏大，这种误差称为定线误差。

3. 拉力误差

钢尺有弹性，受拉会伸长。钢尺在丈量时所受拉力应与检定时拉力相同。如果拉力变化±2.6kg，尺长将改变±1mm。一般量距时，只要保持拉力均匀即可。精密量距时，必须使用弹簧秤。

4. 钢尺垂曲误差

钢尺悬空丈量时中间下垂，称为垂曲，由此产生的误差为钢尺垂曲误差。垂曲误差会使量得的长度大于实际长度，故在钢尺检定时，也可按悬空情况检定，得出相应的尺长方程式。在成果整理时，按此尺长方程式进行尺长改正。

5. 钢尺不水平的误差

用平量法丈量时，钢尺不水平，会使所量距离增大。对于30m的钢尺，如果目估尺子水平误差为0.5m（倾角约1°），由此产生的量距误差为4mm。因此，用平量法丈量时应尽可能使钢尺水平。

精密量距时，测出尺段两端点的高差，进行倾斜改正，可消除钢尺不水平的影响。

6. 丈量误差

钢尺端点对不准、测钎插不准、尺子读数不准等引起的误差都属于丈量误差。这种误差对丈量结果的影响可正可负，大小不定。在量距时应尽量认真操作，以减小丈量误差。

7. 温度改正

钢尺的长度随温度变化，丈量时温度与检定钢尺时温度不一致，或测定的空气温度与钢尺温度相差较大，都会产生温度误差。所以，精度要求较高的丈量，应进行温度改正，并尽可能用点温计测定尺温，或尽可能在阴天进行，以减小空气温度与钢尺温度的差值。

4.2　视距测量

视距测量是利用经纬仪、水准仪望远镜内的视距丝装置，根据光学原理同时测定距离和高差的一种方法。视距测量具有操作方便、速度快、一般不受地形限制等优点。普通视距测量精度较低，仅能达到1/200~1/300的精度。但能满足测定碎部点位置的精度要求，所以视距测量被广泛地应用于地形测图中。

进行视距测量，要用到视距丝和视距尺。视距丝即望远镜内十字丝分划板上的上下两根短丝，它与中丝平行且等距离，如图4-5所示。

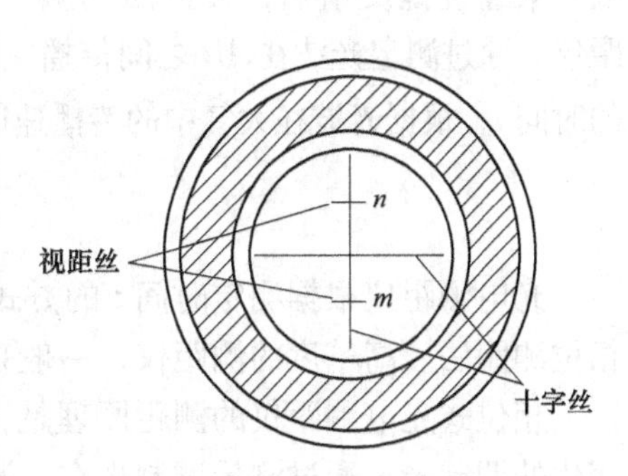

图4-5　视距测量原理

当视线水平时，有如下的关系，如图 4-6 所示。

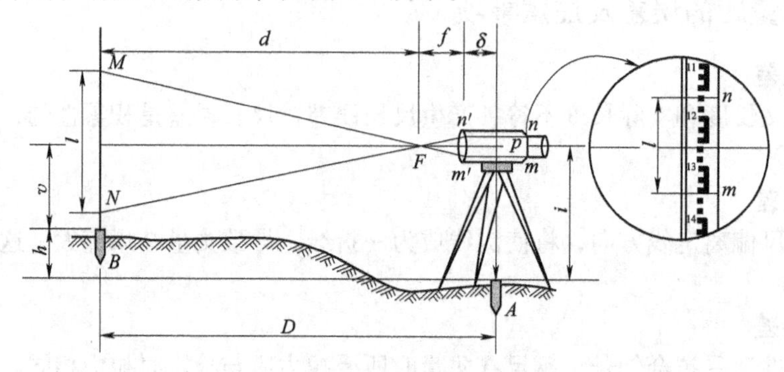

图 4-6 视线水平时视距测量

$$D = \frac{f}{p}l + f + \delta \tag{4-11}$$

令 $K = \frac{f}{p}$，$c = f + \delta$，则有

$$D = Kl + c \tag{4-12}$$

式中 K——视距乘常数，通常 $K = 100$；

c——视距加常数，常数 c 值接近零；

l——视距间隔，上下丝读数之差，$l = n - m$。

故水平距离为

$$D = Kl = 100l \tag{4-13}$$

4.3 光电测距

4.3.1 光电测距原理

如图 4-7 所示，欲测定 A、B 两点间的距离 D，可在 A 点安置能发射和接收光波的光电测距仪，在 B 点设置反射棱镜，光电测距仪发出的光束经棱镜反射后，又返回到测距仪。通过测定光波在 AB 之间传播的时间 t，根据光波在大气中的传播速度 c，按下式计算距离 D：

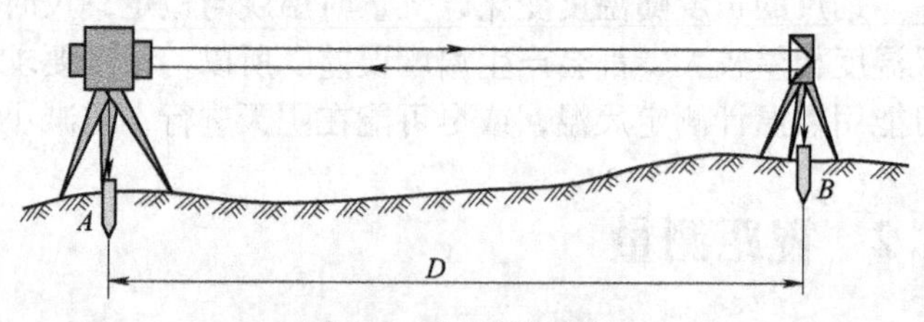

图 4-7 光电测距原理

$$D = \frac{1}{2}ct \tag{4-14}$$

光电测距仪根据测定时间 t 的方式，分为直接测定时间的脉冲测距法和间接测定时间的相位测距法。高精度的测距仪，一般采用相位式。

相位式光电测距仪的测距原理是：由光源发出的光通过调制器后，成为光强随高频信号变化的调制光。通过测量调制光在待测距离上往返传播的相位差 φ 来解算距离。

相位法测距相当于用“光尺”代替钢尺量距，而 $\lambda/2$ 为光尺长度。

相位式测距仪中，相位计只能测出相位差的尾数 ΔN，测不出整周期数 N，因此对大于光尺的距离无法测定。为了扩大测程，应选择较长的光尺。为了解决扩大测程与保证精度的矛盾，短程测距仪上一般采用两个调制频率，即两种光尺。例如：长光尺（称为粗尺）$f_1=150\text{kHz}$，$\lambda_1/2=1000\text{m}$，用于扩大测程，测定百米、十米和米；短光尺（称为精尺）$f_2=15\text{MHz}$，$\lambda_2/2=10\text{m}$，用于保证精度，测定米、分米、厘米和毫米。

4.3.2 光电测距仪及其使用方法

1. 仪器结构

主机通过连接器安置在经纬仪上部，经纬仪可以是普通光学经纬仪，也可以是电子经纬仪。利用光轴调节螺旋，可使主机的发射——接收器光轴与经纬仪视准轴位于同一竖直面内。另外，测距仪横轴到经纬仪横轴的高度与觇牌中心到反射棱镜高度一致，从而使经纬仪瞄准觇牌中心的视线与测距仪瞄准反射棱镜中心的视线保持平行。

配合主机测距的反射棱镜，根据距离远近，可选用单棱镜（1500m 内）或三棱镜（2500m 内），棱镜安置在三脚架上，根据光学对中器和长水准管进行对中整平。

2. 仪器主要技术指标及功能

短程红外光电测距仪的最大测程为2500m，测距精度可达$\pm(3\text{mm}+2\times10^{-6}\times D)$（其中 D 为所测距离）；最小读数为1mm；仪器设有自动光强调节装置，在复杂环境下测量时也可人工调节光强；可输入温度、气压和棱镜常数自动对结果进行改正；可输入垂直角自动计算出水平距离和高差；可通过距离预置进行定线放样；若输入测站坐标和高程，可自动计算观测点的坐标和高程。测距方式有正常测量和跟踪测量，其中正常测量所需时间为3s，还能显示数次测量的平均值；跟踪测量所需时间为0.8s，每隔一定时间间隔自动重复测距。

3. 仪器操作与使用

（1）安置仪器　先在测站上安置好经纬仪，对中、整平后，将测距仪主机安装在经纬仪支架上，用连接器固定螺钉锁紧，将电池插入主机底部、扣紧。在目标点安置反射棱镜，对中、整平，并使镜面朝向主机。

（2）观测垂直角、气温和气压　用经纬仪十字横丝照准觇板中心，测出垂直角 α。同时，观测和记录温度和气压计上的读数。观测垂直角、气温和气压，目的是对测距仪测量出的斜距进行倾斜改正、温度改正和气压改正，以得到正确的水平距离。

（3）测距准备　按电源开关键“PWR”开机，主机自检并显示原设定的温度、气压和棱镜常数值，自检通过后将显示“good”。

若修正原设定值，可按“TPC”键后输入温度、气压值或棱镜常数（一般通过“ENT”键和数字键逐个输入）。一般情况下，只要使用同一类的反光镜，棱镜常数不变，而温度、气压每次观测均可能不同，需要重新设定。

（4）距离测量　调节主机照准轴水平调整手轮（或经纬仪水平微动螺旋）和主机俯仰微动螺旋，使测距仪望远镜精确瞄准棱镜中心。在显示“good”状态下，精确瞄准也可根据蜂鸣器声音来判断，信号越强声音越大，上下左右微动测距仪，使蜂鸣器的声音最大，便完成了精确瞄准，出现“*”。

精确瞄准后，按“MSR”键，主机将测定并显示经温度、气压和棱镜常数改正后的斜距。在测量中，若光速受挡或大气抖动等，测量将暂被中断，此时“*”消失，待光强正

常后继续自动测量；若光束中断30s，须光强恢复后，再按“MSR”键重测。

斜距到平距的改算，一般在现场用测距仪进行，方法是：按“*V/H*”键后输入垂直角值，再按“SHV”键显示水平距离。连续按“SHV”键可依次显示斜距、平距和高差。

4.3.3 光电测距的注意事项

1）气象条件对光电测距影响较大，微风的阴天是观测的良好时机。

2）测线应尽量离开地面障碍物1.3m以上，避免通过发热体和较宽水面的上空。

3）测线应避开强电磁场干扰的地方，例如测线不宜接近变压器、高压线等。

4）镜站的后面不应有反光镜和其他强光源等背景的干扰。

5）要严防阳光及其他强光直射接收物镜，避免光线经镜头聚焦进入机内，将部分元件烧坏，阳光下作业应撑伞保护仪器。

4.4 直线定向

确定地面上两点之间的相对位置，除了需要测定两点之间的水平距离外，还需确定两点所连直线的方向。一条直线的方向，是根据某一标准方向来确定的。确定直线与标准方向之间的关系，称为直线定向。

4.4.1 标准方向

1. 真子午线方向

通过地球表面某点并指向地球南北极的方向，称为该点的真子午线方向。真子午线方向可用天文测量方法或陀螺经纬仪测定。

2. 磁子午线方向

磁子午线方向是在地球磁场作用下，磁针在某点自由静止时其轴线所指的方向。磁子午线方向可用罗盘仪测定。

3. 坐标纵轴方向

在高斯平面直角坐标系中，坐标纵轴线方向就是地面点所在投影带的中央子午线方向。在同一投影带内，各点的坐标纵轴线方向是彼此平行的。

4.4.2 方位角

测量工作中，常采用方位角表示直线的方向。从直线起点的标准方向北端起，顺时针方向量至该直线的水平夹角，称为该直线的方位角。方位角取值范围是0°~360°。因标准方向有真子午线方向、磁子午线方向和坐标纵轴方向之分，对应的方位角分别称为真方位角（用A表示）、磁方位角（用A_m表示）和坐标方位角（用α表示）。

4.4.3 三种方位角之间的关系

因标准方向选择的不同，使得一条直线有不同的方位角，如图4-8所示。过1点的真北方向与磁北方向之间的夹角称为磁偏角，用δ表示。过1点的真北方向与坐标纵轴北方向之间的夹角称为子午线收敛角，用 γ 表示。

δ 和 γ 的符号规定相同：当磁北方向或坐标纵轴北方向在真北方向东侧时，δ 和 γ 的符号为"+"；当磁北方向或坐标纵轴北方向在真北方向西侧时，δ 和 γ 的符号为"−"。同一直线的三种方位角之间的关系为：

$$A = A_m + \delta \qquad (4\text{-}15)$$

$$A = \alpha + \gamma \qquad (4\text{-}16)$$

$$\alpha = A_m + \delta - \gamma \qquad (4\text{-}17)$$

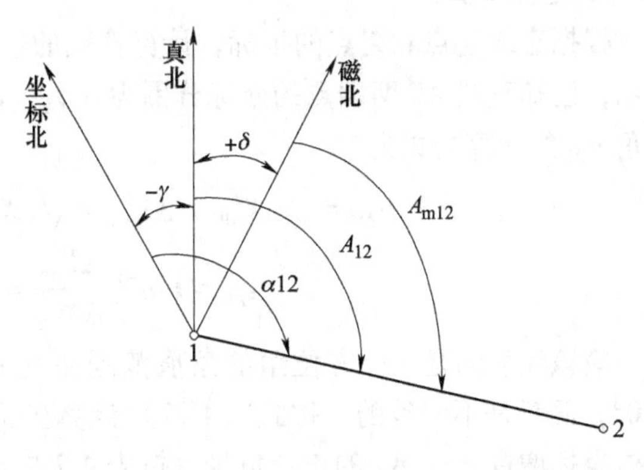

图 4-8　三种方位角之间的关系

4.5　坐标正反计算

1. 坐标正算

根据已知点的坐标、直线长度及其坐标方位角计算直线终点的坐标，称为坐标正算。如图 4-9 所示，已知直线 AB 起点 A 的坐标为（x_A，y_A），AB 边的边长及坐标方位角分别为 D_{AB} 和 α_{AB}，计算直线终点 B 的坐标。

直线两端点 A、B 的坐标值之差，称为坐标增量，用 Δx_{AB}、Δy_{AB} 表示。由图 4-9 可知：

$$X_B = X_A + \Delta X_{AB}$$
$$Y_B = Y_A + \Delta Y_{AB} \qquad (4\text{-}18)$$

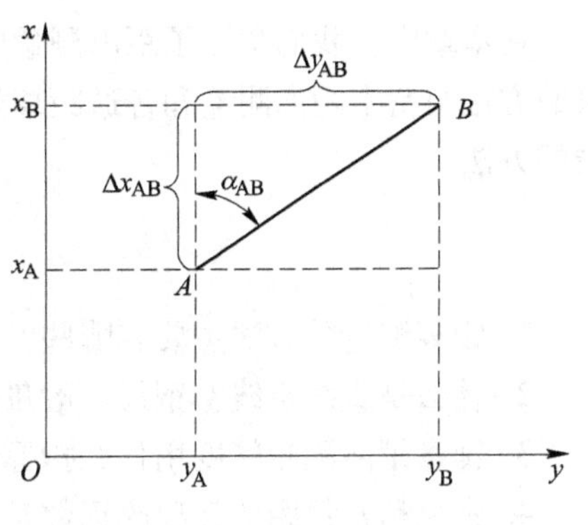

图 4-9　坐标正反计算示意

其中

$$\Delta X_{AB} = D_{AB}\cos\alpha_{AB}$$
$$\Delta Y_{AB} = D_{AB}\sin\alpha_{AB} \qquad (4\text{-}19)$$

于是得：

$$X_B = X_A + D_{AB}\cos\alpha_{AB}$$
$$Y_B = Y_A + D_{AB}\sin\alpha_{AB} \qquad (4\text{-}20)$$

根据式（4-19）计算坐标增量时，sin 和 cos 函数值随着 α 角所在象限而有正负之分，因此算得的坐标增量同样具有正、负号。坐标增量正、负号的规律见表 4-2。

表 4-2　坐标增量正、负号的规律

象限	坐标方位角 α	Δx	Δy
Ⅰ	0°~90°	+	+
Ⅱ	90°~180°	−	+
Ⅲ	180°~270°	−	−
Ⅳ	270°~360°	+	−

2. 坐标反算

根据直线起点和终点的坐标，计算直线的边长和坐标方位角，称为坐标反算。如图 4-9 所示，已知直线 AB 两端点的坐标分别为（x_A，y_A）和（x_B，y_B），则直线边长 D_{AB} 和坐标方位角 α_{AB} 的计算公式为

$$D_{AB}=\sqrt{\Delta X_{AB}^2+\Delta Y_{AB}^2}=\sqrt{(X_B-X_A)^2+(Y_B-Y_A)^2} \tag{4-21}$$

$$\alpha_{AB}=\tan^{-1}\frac{\Delta Y_{AB}}{\Delta X_{AB}}=\tan^{-1}\frac{Y_B-Y_A}{X_B-X_A} \tag{4-22}$$

应该注意的是坐标方位角的角值范围在 0°～360°，而 arctan 函数的角值范围在－90°～+90°，两者是不一致的。按式（4-22）计算坐标方位角时，计算出的是象限角，因此，应根据坐标增量 Δx、Δy 的正、负号，按表 4-2 决定其所在象限，再把象限角换算成相应的坐标方位角。

小　结

在本章中，我们学习了距离测量的原理，介绍了距离测量的工具，进一步指出了距离测量的方法与精密距离测量和普通距离测量。最后介绍了光电测距的原理与方法，以及直线定线的方法。

思 考 题

1. 距离测量的方法主要有哪些？
2. 什么是直线定线？钢尺一般量距和精密量距各用什么方法定线？
3. 衡量距离测量精度用什么指标？如何计算？
4. 钢尺精密量距的三项改正数是什么？如何计算？
5. 简述电子波测距的基本原理。
6. 测距仪测得斜距后，一般还需要哪几项改正？
7. 测量的标准方向有哪些？并分别解释其含义。
8. 什么是真方位角、磁方位角、坐标方位角？它们之间有何关系？
9. 什么是象限角？说明它与坐标方位角之间的关系？
10. 什么是坐标正算和坐标反算？

习　题

一、选择题

1. 在测量学科中，距离测量的常用方法有钢尺量距、电磁波测距和（　　）测距。

A. 视距法　　B. 经纬仪法　　C. 水准仪法　　D. 罗盘仪法

2. 为方便钢尺量距工作，有时要将直线分成几段进行丈量，这种把多根标杆标定在直线上的工作，称为（　　）。

A. 定向　　B. 定线　　C. 定段　　D. 定标

3. 某段距离的平均值为 100mm，其往返较差为+20mm，则相对误差为（　　）。

A. 0.02/100　　B. 0.002　　C. 1/5000　　D. 1/10000

4. 钢尺检定后，给出的尺长变化的函数式，通常称为（　　）。

A. 检定方程式　B. 温度方程式　C. 尺长方程式　D. 变化方程式

5. 已知直线 AB 的坐标方位角为 186°，则直线 BA 的坐标方位角为（　　）。

A. 96°　B. 276°　C. 86°　D. 6°

6. 在距离丈量中衡量精度的方法是用（　　）。

A. 往返较差　B. 相对误差　C. 闭合差　D. 绝对误差

7. 坐标方位角是以（　　）为标准方向，顺时针转到测线的夹角。

A. 真子午线方向　B. 磁子午线方向　C. 假定纵轴方向　D. 坐标纵轴方向

8. 距离丈量的结果是求得两点间的（　　）。

A. 斜线距离　B. 水平距离　C. 折线距离　D. 坐标差值

9. 往返丈量直线 AB 的长度为：$D_{AB}=126.72$m，$D_{BA}=126.76$m，其相对误差为（　　）。

A. $K=1/3100$　B. $K=1/3500$　C. $K=0.000315$　D. $K=0.00315$

10. 已知直线 AB 的坐标方位角 $\alpha_{AB}=207°15'45''$，则直线 BA 的坐标方位角 α_{BA} 为（　　）。

A. 117°15′45″　B. 297°15′45″　C. 27°15′45″　D. 207°15′45″

11. 精密钢尺量距，一般要进行的三项改正是尺长改正、（　　）改正和倾斜改正。

A. 比例　B. 高差　C. 气压　D. 温度

12. 精密钢尺量距中，所进行的倾斜改正量（　　）。

A. 不会出现正值　B. 不会出现负值

C. 不会出现零值　D. 会出现正值、负值和零值

13. 直线方位角的角值范围是（　　）。

A. 0°~360°　B. 0°~±180°　C. 0°~±90°　D. 0°~ 90°

14. 电磁波测距的基本原理是（　　）（说明：c 为光速，t 为时间差，D 为空间距离）。

A. $D=ct$　B. $D=\frac{1}{2}ct$　C. $D=\frac{1}{4}ct$　D. $D=2ct$

15. 在测距仪及全站仪的仪器说明上的标称精度，常写成$\pm(A+B\times D)$，其中，B 称为（　　）。

A. 固定误差　B. 固定误差系数　C. 比例误差　D. 比例误差系数

二、计算分析题

1. 丈量 A、B 两点水平距离，用 30m 长的钢尺，丈量结果为往测 4 尺段，余长为 10.250m，返测 4 尺段，余长为 10.210m，试进行精度校核，若精度合格，求出水平距离。（精度要求 $K_P=1/2000$）

2. 设丈量了两段距离，结果为：$D_{11}=528.46\text{m}\pm0.21\text{m}$；$D_{12}=517.25\text{m}\pm0.16\text{m}$。试比较这两段距离的测量精度。

3. 设拟测设 AB 的水平距离 $D_0=18$m，经水准测量得相邻桩之间的高差 $h=0.115$m。精密丈量时所用钢尺的名义长度 $L_0=30$m，实际长度 $L=29.997$m，膨胀系数 $\alpha=1.25\times10^{-5}$，检定钢尺时的温度 $t=20$℃。求在 4℃环境下测设时在地面上应量出的长度 D。

4. 视距测量中，已知测站点 $H_0=65.349$m，量得仪器高 $i=1.457$m，测点为 P 点，观测得：视距读数为 0.492m，中丝读数为 1.214m，竖盘读数为 95°06′（顺时针注记），竖盘指

标差为+1′，计算平距和 P 点的高程。

5. 用钢尺丈量一条直线，往测丈量的长度为 217.30m，返测为 217.38m，今规定其相对误差不应大于 1/2000，试问：（1）此测量成果是否满足精度要求？（2）按此规定，若丈量 100m，往返丈量最大可允许相差多少毫米？

6. 用钢尺往、返丈量了一段距离，其平均值为 232.64m，要求量距的相对误差为 1/3000，则往、返丈量距离之差不能超过多少？

7. 某钢尺的尺长方程式为 $l = 30 + 0.007 + 12 \times 10^{-6} \times 30(t - 20℃)$。用此钢尺在 10℃ 条件下丈量一段坡度均匀，长度为 220.360m 的距离。丈量时的拉力与钢尺检定拉力相同，并测得该段距离两端点高差为-2.4m，试求其水平距离。

8. 已知 A 点的磁偏角为西偏 21′，过 A 点的真子午线与中央子午线的收敛角为+3′，直线 AB 的坐标方位角为 30°42′，试求 AB 直线的真方位角与磁方位角。

9. 已知 A 点坐标为（1342.264，2548.325），AB 两点之间的距离为 124.864m，直线 AB 的坐标方位角为 172°28′36″，试求 B 点的坐标。

10. 已知 A 点坐标为（3843.834，2876.987），B 点坐标为（3694.258，2932.886），试求直线 AB 距离和坐标方位角。

11. 根据下图所给出的数据推算 CD 边的坐标方位角。

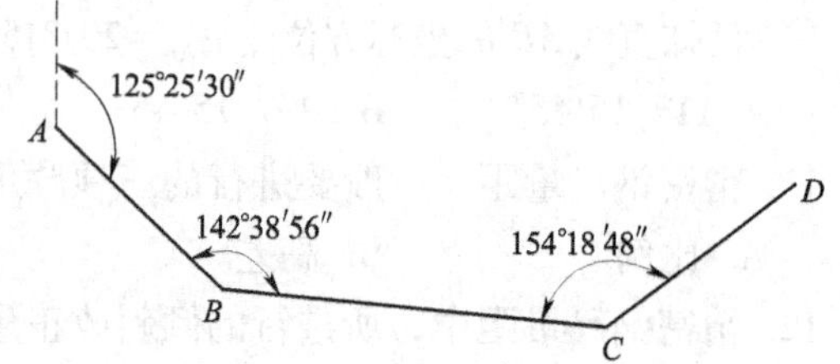

实训六　视距测量

一、实训目标

（1）熟悉视距测量原理。

（2）初步掌握用经纬仪进行视距测量的操作过程。

（3）进一步掌握正确使用经纬仪的方法。

二、实训要求

（1）在 A 点安置经纬仪，量取仪器高，在 B 点竖立视距尺。

（2）盘左（或盘右）位置，转动照准部瞄准 B 点视距尺，分别读取上、下、中三丝读数，并算出视距间隔 l。

（3）转动竖盘指标水准管微动螺旋，使竖盘指标水准管气泡居中，读取竖盘读数，并计算竖直角 α。

（4）求出水平距离 $D = kl\cos\alpha^2$。

（5）求出高差 $h_{AB} = D\tan\alpha + (i - v)$，$v$ 为中丝读数。

视距测量记录表

日期：　　年　　月　　日 天气：　　仪器型号：　　组号：

观测者：　　立尺者：　　记录者：

测站点	仪器高 i/m	目标	下丝 上丝	视距间隔/m	中丝读数/m	竖盘读数/°′	竖直角/°′	水平距离/m	高差/m

第5章 全站仪及其应用

知识目标

了解全站仪的基本原理；熟悉全站仪的构造和操作要领；掌握全站仪的测角、测距、测坐标及放样测量技能。

能力目标

能用全站仪进行测角、测距、测坐标及放样。

重点与难点

重点为全站仪测角、测距、测坐标及放样；难点为全站仪测坐标及放样。

5.1 概述

全站仪即全站型电子速测仪（Electronic Total Station），是一种集光、机械、电子部件为一体的高技术测量仪器，是由电子测角、电子测距、电子计算和数据存储等系统组成的三维坐标测量系统。因其一次安置仪器就可完成该测站上全部测量工作，所以称之为全站仪。全站仪是测量结果能够自动显示、存储，并能与外围设备交换信息的多功能测量仪器。全站仪的出现以及计算机技术的飞速发展，为实现测绘工作的无纸化、自动化、信息化、数字化、网络化提供了技术和物质上的保障。全站仪从结构上分为组合式和整体式两种。

近年来，随着微电子技术、电子计算技术、电子记录技术的迅速发展和广泛应用，全世界众多测绘仪器制造厂家不断推出各种型号的全站仪，以满足各类用户各种用途的需要。特别是新一代的智能型全站仪，不仅测量速度快、精度高，还内置有微处理器和存储器，以及功能强大的系统软件和丰富多彩的应用程序，可实现设计、计算、放样等许多高级功能，将全站仪的发展推向了一个崭新的阶段。

5.1.1 全站仪的应用

全站仪的应用范围已不仅局限于测绘工程、建筑工程、交通与水利工程、地籍与房地产测量，而且在大型工业生产设备和构件的安装调试、船体设计施工、大桥水坝的变形观测、地质灾害监测及体育竞技等领域中都得到了广泛应用。

5.1.2　全站仪的特性和功能

新一代的集成式智能型全站仪一般具有下列特性和功能：

1）电子水准器、激光对点器使整平、对中更为简便。

2）友好的用户界面可指导和提示作业人员应进行的操作。

3）强大的系统软件能自动进行仪器调校、参数设置、气象改正等。

4）丰富的应用软件可实现面积计算、导线测量、交会测量、道路放样等复杂操作流程和数据处理。

5）三轴补偿器可自动测定竖轴误差、横轴误差和视准轴误差并加以改正，提高了半测回测角精度。

6）动态电子测角系统可自动消除度盘偏心误差和分划误差的影响，而无需在测回间配置水平度盘。

7）通过主机或电子记录器上的标准通信接口，可实现全站仪与计算机之间的数据通信，从而使得测量数据的采集、处理与绘图等实现无缝连接，形成内外业一体化的高效率测量系统。

5.2　全站仪的结构与功能

5.2.1　全站仪的基本组成

全站仪由电源部分、测角系统、测距系统、数据处理部分、通信接口及显示屏、键盘等组成。它本身就是一个带有特殊功能的计算机控制系统，其微机处理装置由微处理器、存储器、输入部分和输出部分组成。由微处理器对获取的倾斜距离、水平角、竖直角、垂直轴倾斜误差、视准轴误差、垂直度盘指标差、棱镜常数、气温、气压等信息加以处理，从而获得各项改正后的观测数据和计算数据。在仪器的只读存储器中固化了测量程序，测量过程由程序完成。

5.2.2　全站仪构造简介

全站仪的种类很多，各种型号仪器的基本构造大致相同。以南方全站仪 NTS-350 为例，仪器各部件的名称如图 5-1 所示。

5.2.3　键盘功能与信息显示符号

这里以 NTS-350 为例介绍全站仪的键盘及信息显示，屏幕键盘如图 5-2 所示；功能键见表 5-1，显示信息符号见表 5-2。

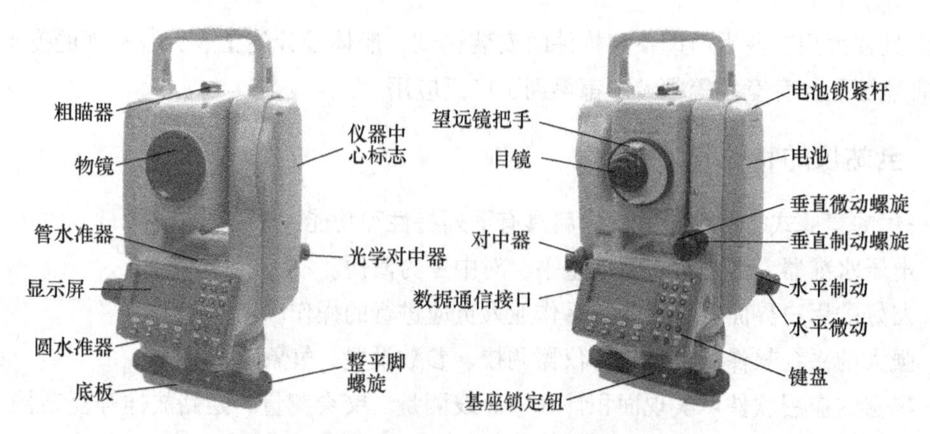

图 5-1　全站仪 NTS-350 构造

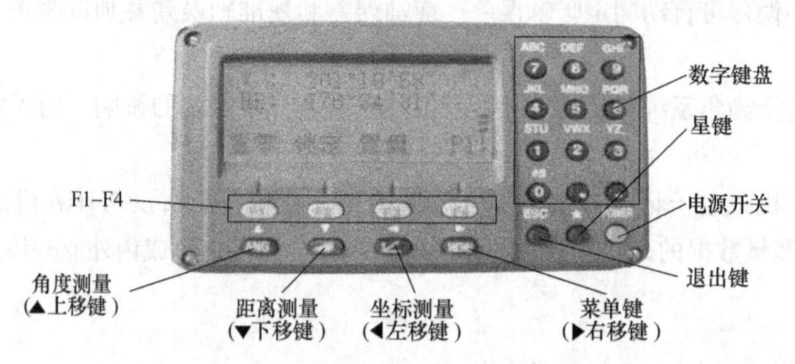

图 5-2　全站仪 NTS-350 屏幕键盘

表 5-1　功能键

按键	名称	功　能
ANG	角度测量键	进入角度测量模式（▲上移键）
◢	距离测量键	进入距离测量模式（▼下移键）
⟋	坐标测量键	进入坐标测量模式（◀左移键）
MENU	菜单键	进入菜单模式（▶右移键）
ESC	退出键	返回上一级状态或返回测量模式
POWER	电源开关键	电源开关
F1 - F4	软键（功能键）	对应于显示的软键信息
0 - 9	数字键	输入数字和字母、小数点、负号
★	星键	进入星键模式

注：星键模式按下星键可以对以下项目进行设置：

(1) 对比度调节　按星键后，通过按［▲］或［▼］键，可以调节液晶显示对比度。

(2) 照明　按星键后，通过按 F1 选择“照明”，按 F1 或 F2 选择开关背景光。

(3) 倾斜　按星键后，通过按 F2 选择“倾斜”，按 F1 或 F2 选择开关倾斜改正。

(4) S/A　按星键后，通过按 F4 选择“S /A”，可以对棱镜常数和温度气压进行设置。

表 5-2　显示信息符号

显示符号	内容	显示符号	内容
V%	垂直角（坡度显示）	E	东向坐标
HR	水平角（右角）	Z	高程
HL	水平角（左角）	*	EDM（电子测距）正在进行
HD	水平距离	m	以米为单位
VD	高差	ft	以英尺为单位
SD	倾斜	fi	以英尺与英寸为单位
N	北向坐标		

5.3　全站仪 NTS-350 使用简介

5.3.1　安置仪器

将仪器安装在三脚架上，精确整平和对中，以保证测量成果的精度，应使用专用的中心连接螺旋的三脚架。具体操作参考经纬仪安置方法。

5.3.2　安装反射棱镜

全站仪在进行测量距离等作业时，须在目标处放置反射棱镜。反射棱镜有单（叁）棱镜组，可通过基座连接器将棱镜组连接在基座上安置到三脚架上，也可直接安置在对中杆上。棱镜组由用户根据作业需要自行配置，棱镜配置如图 5-3 所示。

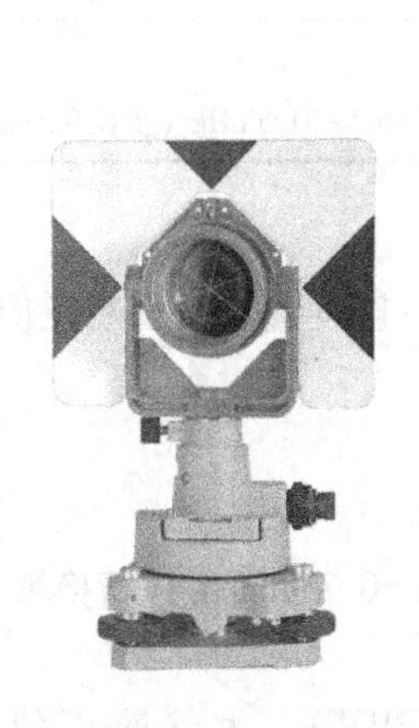

图 5-3　棱镜配置

5.3.3 参数设置

全站仪使用前需进行温度、气压、大气改正值（PPM）和棱镜常数改正值（PSM）等参数设置。

1. 设置温度和气压

预先测得测站周围的温度和气压，例：温度+25.0℃，气压 101.75KPa，温度和气压设置见表 5-3。

表 5-3 温度和气压设置

步骤	操作	操作过程	显示
第 1 步	按键[◢]	进入距离测量模式	HR: 170°30′20″ HD: 235.343m VD: 36.551m 测量 模式 S/A P1↓
第 2 步	按键[F3]	进入设置 由距离测量或坐标测量模式预先测得测站周围的温度和气压	设置音响模式 PSM: 0.0 PPM: 2.0 信号: [| | | | |] 棱镜: PPM T-P ---
第 3 步	按键[F3]	按键[F3]执行［T-P］	温度和气压设置 温度: ->15.0℃ 气压: 1013.2hPa 输入 --- --- 回车
第 4 步	按键[F1] 输入温度 按键[F4] 输入气压	按键[F1]执行［输入］输入温度与气压。 按[F4]执行［回车］确认输入	温度和气压设置 温度: ->25.0℃ 气压: 1 017.5hPa 输入 --- --- 回车

温度输入范围：−30°~+60℃（步长 0.1℃）或 −22~+140℉（步长 0.1℉）
气压输入范围：560~1066hPa（步长 0.1hPa）或 420~800mmHg（步长 0.1mmHg）或 16.5~31.5inHg（步长 0.1inHg）

2. 设置大气改正值（PPM）

全站仪发射红外光的光速随大气的温度和压力而改变，仪器一旦设置了大气改正值即可自动对测距结果实施大气改正。

大气改正计算公式如下：(计算单位为 m)

$$PPM = 273.8 - 0.2900P/(1 + 0.00366T) \tag{5-1}$$

式中 P——气压（hPa)，若使用的气压单位是 mmHg 时，按：1hPa=0.75mmHg 进行换算；
T——温度（℃）。

测定温度和气压，然后根据改正公式求得大气改正值（PPM）。大气改正值设置见表 5-4。

表 5-4　大气改正值设置

步骤	操作	操作过程	显示
第 1 步	按键[F3]	由距离测量或坐标测量模式按[F3]	设置音响模式 PSM: 0.0　PPM: 0.0 信号: [						] 棱镜 PPM　T-P ---
第 2 步	按键[F2]	按[F2]键，显示当前设置值	PPM　设置 PPM:　0.0 ppm 输入 ---　---　回车
第 3 步	按键[F1] 输入数据 按键[F4]	输入大气改正值，返回到设置模式	PPM　设置 PPM:　4.0 ppm 输入 ---　---　回车 设置音响模式 PSM: 0.0　PPM: 4.0 信号: [						] 棱镜 PPM　T-P ---
输入范围：-999.9PPM 至+999.9，步长 0.1PPM			

3. 设置反射棱镜常数

南方全站仪的棱镜常数的出厂设置为-30，若使用棱镜常数不是-30 的配套棱镜，则必须设置相应的棱镜常数。一旦设置了棱镜常数，则关机后该常数仍被保存。反射棱镜常数设置见表 5-5。

表 5-5　反射棱镜常数设置

步骤	操作	操作过程	显示
第 1 步	[F3]	由距离测量或坐标测量模式按 F3（S/A）键	设置音响模式 PSM:-30.0 PPM: 0.0 信号: [						] 棱镜 PPM　T-P ---
第 2 步	[F1]	按[F1]（棱镜）键	棱镜常数设置 棱镜:　0.0 mm 输入 ---　---　回车
第 3 步	按键[F1] 输入数据 按键[F4]	按[F1]（输入）键输入棱镜常数改正值，按[F4]确认，显示屏返回到设置模式	设置音响模式 PSM: 0.0　PPM: 0.0 信号: [						] 棱镜 PPM　T-P ---
输入范围：-99.9mm 至+99.9mm，步长 0.1mm			

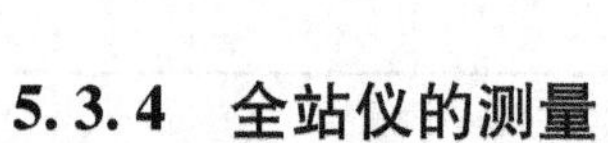

5.3.4 全站仪的测量

1. 角度测量

水平角和垂直角的测量：点击角度测量键[ANG]，进入测角模式，见表5-6。

表5-6 角度测量

操作过程	操作	显示
照准第一个目标 *A*	照准 A	V: 82°09′30″ HR: 90°09′30″ 置零 锁定 置盘 P1↓
设置目标 *A* 的水平角为 0°00′00″ 按[F1]（置零）键和[F3]（是）键	按键[F1] 按键[F3]	水平角置零 >OK? --- ---[是] [否] V: 82°09′30″ HR: 0°00′00″ 置零 锁定 置盘 P1↓
照准第二个目标 *B*，显示目标 *B* 的 *V*/*H*	照准目标 B	V: 92°09′30″ HR: 67°09′30″ 置零 锁定 置盘 P1↓

2. 距离测量

点击距离测量键[◢]，进入测距模式，见表5-7。

表5-7 距离测量

操作过程	操作	显示
准棱镜中心	照准	V: 90°10′20″ HR: 170°30′20″ H-蜂鸣 R/L 竖角 P3↓
按[◢]键，距离测量开始	按键[◢]	HR: 170°30′20″ HD*[r] <<m VD: m 测量 模式 S/A P1↓ HR: 170°30′20″ HD* 235.343m VD: 36.551m 测量 模式 S/A P1↓

（续）

操作过程	操作	显示
显示测量的距离 再次按[◢]键，显示变为水平角（HR）、垂直角（V）和斜距（SD）	按键[◢]	V:　90°10′20″ HR:　170°30′20″ SD*241.551m 测量 模式 S/A　P1↓
说明：在仪器开机时，测量模式可设置为N次测量模式或者连续测量模式		

3. 放样

该功能可显示出测量的距离与输入的放样距离之差。测量距离-放样距离=显示值。

放样时可选择平距（HD）、高差（VD）和斜距（SD）中的任意一种放样模式，见表5-8。

表5-8　放样测量

操作过程	操作	显　示
距离测量模式下按[F4]（↓）键，进入第2页功能	按键[F4]	HR:　170°30′20″ HD:　566.346m VD:　89.678m 测量 模式 S/A　P1↓ 偏心 放样　m/f/i P2↓
按[F2]（放样）键，显示出上次设置的数据	按键[F2]	放样 HD:　0.000　m 平距 高差 斜距　---
通过按[F1]-[F3]键选择测量模式 F1：平距，　F2：高差，F3：斜距 例：水平距离	按键[F1]	放样 HD:　0.000　m 输入　---　---　回车
输入放样距离350m	按键[F1] 输入350 按键[F4]	放样 HD:　350.000　m 输入　---　---　回车
照准目标（棱镜）测量开始，显示出测量距离与放样距离之差	照准P	HR:　120°30′20″ dHD*[r]　<<m VD:　m 输入　---　---　回车
移动目标棱镜，直至距离差等于0m为止	移动目标棱镜	HR:　120°30′20″ dHD*[r]　25.688m VD:　2.876m 测量 模式 S/A　P1↓

4. 坐标测量

通过输入仪器高和棱镜高后测量坐标时，可直接测定未知点的坐标。坐标测量示意图如图 5-4 所示。

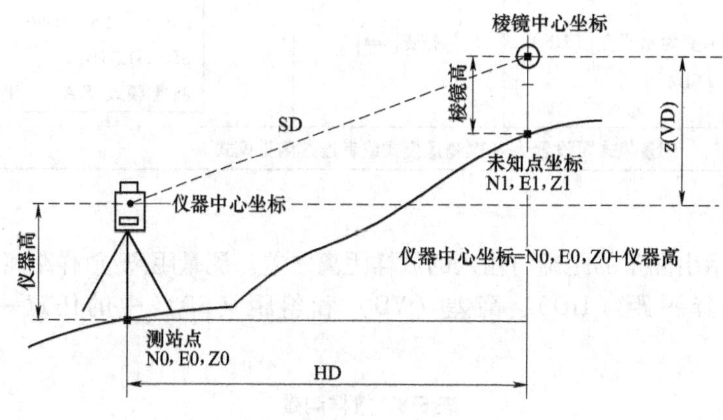

图 5-4　坐标测量示意图

未知点的坐标由下面公式计算并显示出来：

测站点坐标：(N0，E0，Z0)，相对于仪器中心点的棱镜中心坐标：(n，e，z)。

仪器高：仪高未知点坐标：(N1，E1，Z1)。

棱镜高：镜高高差：Z(VD)。

$$N1 = N0 + n$$

$$E1 = E0 + e$$

$$Z1 = Z0 + 仪高 + Z - 镜高 \tag{5-2}$$

仪器中心坐标 (N0，E0，Z0+仪器高)。

在进行坐标测量时，要先设置测站坐标、仪高、棱镜高及后视方位角。具体坐标测量操作见表 5-9。

表 5-9　坐标测量

操作过程	操作	显　示
坐标测量模式下，按 F4（↓）键，转到第二页功能	按键 F4	N:　286.245　m E:　76.233　m Z:　14.568　m 测量 模式　S/A　P1↓ 镜高 仪高 测站 P2↓
按 F3（测站）键	按键 F3	N->　0.000　m E:　0.000　m Z:　0.000　m 输入　---　---　回车
输入 N 坐标	按键 F1 输入数据 按键 F4	N:　36.976　m E->　0.000　m Z:　0.000　m 输入　---　---　回车

（续）

操作过程	操作	显　示
按同样方法输入E和Z坐标，输入数据后，显示屏返回坐标测量显示	按键[F1] 输入数据 按键[F4]	N:　36.976　m E:　298.578　m Z:　45.330　m 测量 模式　S/A　P1↓
在坐标测量模式下，按[F4]（↓）键，转到第2页功能	按键[F4]	N:　286.245　m E:　76.233　m Z:　14.568　m 测量 模式　S/A　P1↓ 镜高 仪高 测站 P2↓
按[F2]（仪高）键，显示当前值	按键[F2]	仪器高 输入 仪高　0.000　m 输入--- --- 回车
输入仪器高	按键[F1] 输入仪器高 按键[F4]	N:　286.245　m E:　76.233　m Z:　14.568　m 测量 模式　S/A　P1↓
在坐标测量模式下，按[F4]键，进入第2页功能	按键[F4]	N:　286.245　m E:　76.233　m Z:　14.568　m 测量 模式　S/A　P1↓ 镜高 仪高 测站 P2↓
按[F1]（镜高）键，显示当前值	按键[F1]	镜高 输入 镜高　0.000 m 输入--- --- 回车
输入棱镜高	按键[F1] 输入棱镜高 按键[F4]	N:　286.245　m E:　76.233　m Z:　14.568　m 测量 模式　S/A　P1↓
设置已知点A的方向角	设置方向角	V:　122°09′30″ HR:　90°09′30″ 置零 锁定 置盘　P1↓

（续）

操作过程	操作	显示
照准目标 *B*	照准棱镜	N: << m E: m Z: m 测量 模式 S/A P1↓
按[F1]（测量）键，开始测量	按键[F1]	N* 286.245 m E: 76.233 m Z: 14.568 m 测量 模式 S/A P1↓
说明：在测站点的坐标未输入的情况下，（0，0，0）作为缺省的测站点坐标，当仪器高未输入时，仪器高以0计算；当棱镜高未输入时，棱镜高以0计算		

5.4 仪器使用注意事项

1）开箱：轻轻地放下箱子，让其盖朝上，打开箱子的锁栓，开箱盖，取出仪器。

2）作业前应仔细全面检查仪器，确定仪器各项指标、功能、电源、初始设置和改正参数均符合要求时再进行作业。

3）日光下测量应避免将物镜直接瞄准太阳。若在太阳下作业应安装滤光器。

4）仪器安装至三脚架或拆卸时，要一只手先握住仪器，以防仪器跌落。

5）仪器使用完毕后，用绒布或毛刷清除仪器表面灰尘。仪器被雨水淋湿后，切勿通电开机，应用干净软布擦干并在通风处放一段时间。

6）装箱：盖好望远镜镜盖，使照准部的垂直制动手轮和基座的圆水准器朝上将仪器平卧（望远镜物镜端朝下）放入箱中，轻轻旋紧垂直制动手轮，盖好箱盖并关上锁栓。

7）仪器长期不使用时，应将仪器上的电池卸下分开存放。电池应每月充电一次。

8）避免在高温和低温下存放仪器（使用时气温变化除外）。仪器应置于干燥处，注意防振、防尘和防潮。

9）若仪器工作处的温度与存放处的温度差异太大，应先将仪器留在箱内，直至它适应环境温度后再使用仪器。

10）外露光学件需要清洁时，应用脱脂棉或镜头纸轻轻擦净，切不可用其他物品擦拭。

11）仪器运输应将仪器装于箱内进行，运输时应小心避免挤压、碰撞和剧烈振动，长途运输最好在箱子周围使用软垫。

12）即使发现仪器功能异常，非专业维修人员不可擅自拆开仪器，以免发生不必要的损坏。

小 结

全站仪是由电子测角、电子测距、电子计算和数据存储等系统组成的三维坐标测量系统。一次安置仪器就可完成该测站上全部测量工作，其测量结果能够自动显示、存储，并能与外围设备交换信息的多功能测量仪器。

本章以南方全站仪 NTS-350 为例，详细介绍了全站仪的构造、测量过程及使用注意事项。在全站仪测量中，详细介绍了从仪器安装、参数设置到角度测量、距离测量、放样及坐标测量的详细操作。

随着测绘工作的全面开展，全站仪越来越多地应用在地形测量、施工测量、导线测量、交会测量、数字化测图工作中，大大提高测绘工作的质量和效率。

思考题

1. 全站仪名称的含义是什么？仪器主要由哪些部分组成？
2. 试述全站仪安置的过程？
3. 简述放样测量步骤？
4. 简述坐标测量步骤？

习题

一、填空题

1. 全站仪由________、________、________、________四大部分组成。

2. 全站仪按其结构可分为________和________两种。

3. 全站仪所显示的数据中 S 表示__________、V 表示__________、N 表示__________、E 表示__________、Z 表示__________。

二、选择题

1. 用全站仪进行距离或坐标测量前，需设置正确的大气改正数，设置的方法可以是直接输入测量时的气温和（　　）。

A. 气压　　B. 湿度　　C. 海拔　　D. 风力

2. 用全站仪进行距离或坐标测量前，不仅要设置正确的大气改正数，还要设置（　　）。

A. 乘常数　　B. 湿度　　C. 棱镜常数　　D. 温度

3. 根据全站仪坐标测量的原理，在测站点瞄准后视点后，方向值应设置为（　　）。

A. 测站点至后视点的方位角　　B. 后视点至测站点的方位角

C. 测站点至前视点的方位角　　D. 前视点至测站点的方位角

4. 若某全站仪的标称精度为± $(3+2\times10^{-6}D)$mm，则用此全站仪测量 2km 长的距离，其误差的大小为（　　）。

A. ±7mm　　B. ±5mm　　C. ±3mm　　D. ±2mm

5. 下列关于全站仪使用时注意事项的叙述，错误的是（　　）。

A. 全站仪的物镜不可对着阳光或其他强光源

B. 全站仪的测线应远离变压器、高压线等

C. 全站仪应避免测线两侧及镜站后方有反光物体

D. 一天当中，上午日出后一小时至两小时，下午日落前三小时到半小时为最佳观测时间

6. 全站仪在测站上的操作步骤主要包括安置仪器、开机自检、（　）、选定模式、后视已知点、观测前视欲求点位及应用程序测量。

A. 输入风速　B. 输入参数　C. 输入距离　D. 输入仪器名称

7. 用全站仪进行点位放样时，若棱镜高和仪器高输入错误，（　）放样点的平面位置。

A. 影响　B. 不影响

C. 盘左影响，盘右不影响　D. 盘左不影响，盘右影响

实训七　全站仪的操作与使用

一、实训目标

（1）了解全站仪的构造。

（2）熟悉全站仪的操作界面及作用。

（3）掌握全站仪的基本使用。

二、仪器和工具

全站仪1台，棱镜2块，卷尺1把。

三、方法与步骤

1. 全站仪的认识

全站仪由照准部、基座、水平度盘等部分组成，读数方式为电子显示。有功能操作键及电源，还配有数据通信接口。

2. 全站仪的使用（以南方全站仪为例进行介绍）

（1）测量前的准备工作

1）电池的安装（注意：测量前电池需充足电）。

① 把电池盒底部的导块插入装电池的导孔。

② 按电池盒的顶部直至听到“咔嚓”响声。

③ 向下按解锁钮，取出电池。

2）仪器的安置。

① 在实验场地上选择一点，作为测站，另外两点作为观测点。

② 将全站仪安置于点，对中、整平。

③ 在两点分别安置棱镜。

3）调焦与照准目标。操作步骤与一般经纬仪相同，注意消除视差。

（2）角度测量

1）首先从显示屏上确定是否处于角度测量模式，如果不是，则按操作键转换为测角模式。

2）盘左瞄准左目标 A，按置零键，使水平度盘读数显示为 $0°00'00''$，顺时针旋转照准部，瞄准右目标 B，读取显示读数。

3）同样方法可以进行盘右观测。

4）如果测竖直角，可在读取水平度盘的同时读取竖盘的显示读数。

（3）距离测量

1）首先从显示屏上确定是否处于距离测量模式，如果不是，则按操作键转换为测距模式。

2）照准棱镜中心，这时显示屏上显示 HD 为水平距离，VD 为垂直距离，SD 为倾斜距离。

（4）坐标测量

1）首先从显示屏上确定是否处于坐标测量模式，如果不是，则按操作键转换为坐标模式。

2）输入本站点 O 点及后视点坐标，以及仪器高、棱镜高。

3）瞄准棱镜中心，这时显示屏上能显示箭头前进的动画，前进结束则完成坐标测量，得出点的坐标。

四、注意事项

（1）运输仪器时，应采用原装的包装箱运输、搬动。

（2）近距离将仪器和脚架一起搬动时，应保持仪器竖直向上。

（3）拔出插头之前应先关机。在测量过程中，若拔出插头，则可能丢失数据。

（4）换电池前必须关机。

（5）仪器只能存放在干燥的室内。充电时，周围温度应在 10~30℃。

（6）全站仪是精密贵重的测量仪器，要防日晒、防雨淋、防碰撞振动。严禁仪器直接照准太阳。

五、应交成果

上交全站仪测量记录表。

全站仪测量记录表

组员名单：　　　　　　　　　　　　　　仪器号码：　　　　　　年　月　日

测站	测回	仪器高/m	棱镜高/m	竖盘位置	水平角观测		竖直角观测		距离高差观测			坐标测量		
					水平度盘读数/° ′ ″	方向值或角值/° ′ ″	竖直度盘读数/° ′ ″	竖直角/° ′ ″	斜距/m	平距/m	高程/m	x/m	y/m	H/m

第6章 小区域控制测量

知识目标

了解国家平面控制网和高程控制网，掌握导线测量和三角高程测量外业施测方法及内业计算。

能力目标

能够根据施工现场情况布设控制网。

重点与难点

重点为导线的布设形式、导线外业测量及内业计算，三角高程测量方法及内业计算；难点为导线内业计算。

6.1 控制测量概述

在工程规划设计中，需要一定比例尺的地形图和其他测绘资料，工程施工中也需要进行施工测量。为了保证测图和施工测量的精度与速度，必须遵循“从整体到局部，先控制后碎部”的原则，即在测区内先进行控制测量，然后再进行碎部测量。这样既可以把各部分测量工作联系起来，使测量工作同时展开，又可以控制误差的传播和积累。

在全国范围内建立的控制网称为国家控制网。在小范围（面积一般在 $15km^2$ 以内）建立的控制网称为小区域控制网，它是满足大比例尺测图和建设工程需要而建立的控制网。小区域控制网应尽可能与国家或城市控制网联测，若不联测，也可以建立独立控制网。直接为测图建立的控制网称为图根控制网。

控制测量分为平面控制测量和高程控制测量，平面控制测量确定控制点的平面位置（X、Y），高程控制测量确定控制点的高程（H）。

6.1.1 平面控制测量

平面控制网常规的布设方法有三角网、三边网和导线网。三角网是测定三角形的所有内角以及少量边，通过计算确定控制点的平面位置。三边网则是测定三角形的所有边长，各内角是通过计算求得。导线网是把控制点连成折线多边形，测定各边长和相邻边夹角，计算它们的相对平面位置。

1. 三角形网测量

在全国范围内布设的平面控制网称为国家平面控制网。国家平面控制网采用"逐级控制、分级布网"的原则，分一、二、三、四等。一等三角锁沿经线和纬线布设成纵横交叉的三角锁系，由近似于等边的三角形组成，是国家平面控制的骨干。二等三角网是国家平面控制网的全面基础，布设在一等三角锁环内。因为一等三角锁的两端和二等三角网的中间都要测定起算边长、天文经纬度和方位角，所以国家一、二等网合称为天文大地网（图6-1）。我国天文大地网于1951年开始布设，1961年基本完成，1975年修补测工作全部结束，全网约有5万个大地点。

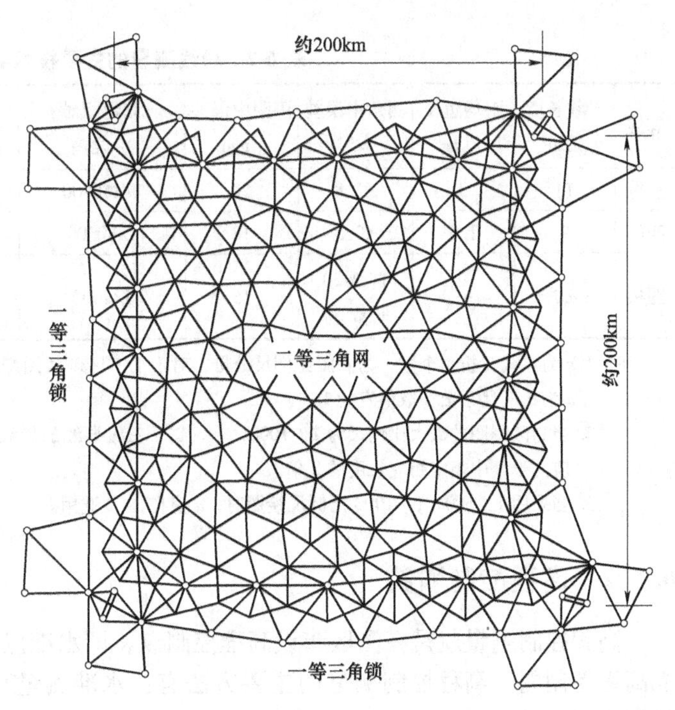

图 6-1　国家一、二等三角网

在城市地区为满足大比例尺测图和城市建设施工的需要，布设城市平面控制网。城市平面控制网在国家控制网的控制下布设，按城市范围大小布设不同等级的平面控制网，分为二、三、四等三角网，一、二级及图根小三角网或三、四等三角网，一、二、三级和图根导线网。《工程测量规范》（GB 50026—2007）中规定了三角形网测量的主要技术要求，见表6-1。

表 6-1　三角形网测量的主要技术要求

等级	平均边长/km	测角中误差/″	起始边相对中误差	最弱边边长相对中误差	测回数			三角形最大闭合差/″
					DJ_1	DJ_2	DJ_6	
二等	9.0	±1.0	≤1/250000	1/120000	12	—	—	±3.5
三等	4.5	±1.8	≤1/150000	1/70000	6	9	—	±7.0
四等	2.0	±2.5	≤1/100000	1/40000	4	6	—	±9.0
一级	1.0	±5.0	≤1/40000	1/20000	—	2	4	±15.0
二级	0.5	±10.0	≤1/20000	1/10000	—	1	2	±30.0

注：当最大测图比例尺为1∶1000时，一、二级小三角边长可适当放长，但最长不大于表中规定的2倍。

2. 导线测量

在全国范围内建立三角形网时，在某些局部地区采用三角测量有困难的情况下，也可采用同等级的导线测量来代替。导线测量分为四个等级，即一、二、三、四等，其中一、二等导线又称为精密导线测量。《工程测量规范》（GB 50026—2007）中规定了三、四等导线测量的主要技术要求，见表6-2。

表 6-2 导线测量的主要技术要求

等级	导线长度/km	平均边长/km	测角中误差/″	测距中误差/mm	测距相对中误差	测回数			方位角闭合差/″	导线全长相对闭合差
						DJ_1	DJ_2	DJ_6		
三等	14	3	±1.8	20	1/150000	6	10	—	$3.6\sqrt{n}$	≤1/55000
四等	9	1.5	±2.5	18	1/80000	4	6	—	$5\sqrt{n}$	≤1/35000
图根	aM	—	首级 20 一般 30	15	1/4000	—	1	1	$40\sqrt{n}$ $60\sqrt{n}$	≤1/(2000a)

注：1. n 为导线转折角个数，为测图比例尺分母，对于工矿区现状图测量，不论测量比例尺大小，均应取值为 500；a 为比例尺系数，取值宜为 1。

2. 当测区测图的最大比例尺为 1∶1000，一、二、三级导线的导线长度、平均边长可适当放长，但最大长度不应大于表中规定相应长度的 2 倍。

3. 当采用 1∶500、1∶1000 比例尺绘图时，n 值在 1~2 选用。

6.1.2 高程控制测量

高程控制测量就是在测区布设高程控制点，即水准点，用精确方法测定它们的高程，构成高程控制网。高程控制测量的主要方法有：水准测量和三角高程测量、GPS 高程测量和气压高程测量。

国家高程控制网是用精密水准测量方法建立的，所以又称国家水准网。国家水准网的布设也是采用从整体到局部，由高级到低级，分级布设逐级控制的原则。国家水准网分为四个等级。一等水准网是精度最高的高程控制网，它是国家高程控制的骨干，也是地学科研工作的主要依据。二等水准网是布设在一等水准环线内，它是国家高程控制网的全面基础。三、四等级水准网是直接为地形测图或工程建设提供高程控制点。三等水准一般布置成附合在高级点间的附合水准路线，长度不超过 300km。四等水准均为附合在高级点间的附合水准路线，长度不超过 80km。各等水准测量的技术指标见表 6-3。

表 6-3 水准测量的技术指标

等级	水准网环线周长/km	附合路线长度/km	每千米往返测高差中数		线路闭合差
			偶然中误差/mm	全中误差/mm	
一	1600~2000	—	±0.5	±1.0	$\pm 2\sqrt{L}$
二	750（山区酌情）	—	±1.0	±2.0	$\pm 4\sqrt{L}$
三	200	150	±3.0	±6.0	$\pm 12\sqrt{L}$
四	100	80	±5.0	±10.0	$\pm 20\sqrt{L}$

6.1.3 小区域平面控制测量

为满足小区域测图和施工需要而建立的平面控制网，称为小区域控制网。小区域控制网应尽可能与国家控制网联测，将国家控制点的坐标和高程作为小区域控制网的起算和校核数据。如果测区内或测区周围无控制点，也可建立测区内独立平面控制网。

小地区平面控制网应根据测区面积的大小按精度要求分级建立。在测区范围内建立的统一精度最高的控制网称为首级控制网。工程建设常需要大比例尺地形图，为了满足测绘地形图的需要，必须在首级控制网的基础上对控制点进一步加密，这种直接为测图建立的控制网称为图根控制网。图根控制网中的控制点称为图根控制点。《工程测量规范》（GB 50026—2007）中规定一般地区解析图根控制点的数量（见表6-4）。图根控制网可采用导线、小三角、交会法等形式建立。控制网可以符合于国家高级控制点上，形成统一坐标系统；也可布设成独立控制网，采用假定坐标系统。由于图根控制测量的范围小、边长较短、精度要求低等特点，因而图根控制点标志一般为木桩或埋设简易混凝土标石。

表6-4　一般地区解析图根控制点的数量

测图比例尺	图幅尺寸/cm	解析图根控制点数量/个		
		全站仪测图	GPS-RTK 测图	平板测图
1∶500	50×50	2	1	8
1∶1000	50×50	3	1~2	12
1∶2000	50×50	4	2	15
1∶5000	40×40	6	3	30

6.2　导线测量

6.2.1　导线的布设形式

将测区内相邻控制点用直线连接而构成的折线图形称为导线。构成导线的控制点称为导线点。导线测量就是依次测定各导线边的长度和各转折角值，再根据起算数据，推算出各边的坐标方位角，从而求出各导线点的坐标。

导线测量是建立小地区平面控制网常用的一种方法，特别是在地物分布复杂的建筑区、视线障碍较多的隐蔽区和带状地区，多采用导线测量的方法。

用经纬仪测量转折角，用钢尺测定导线边长的导线，称为经纬仪导线；若用光电测距仪测定导线边长，则称为光电测距导线。

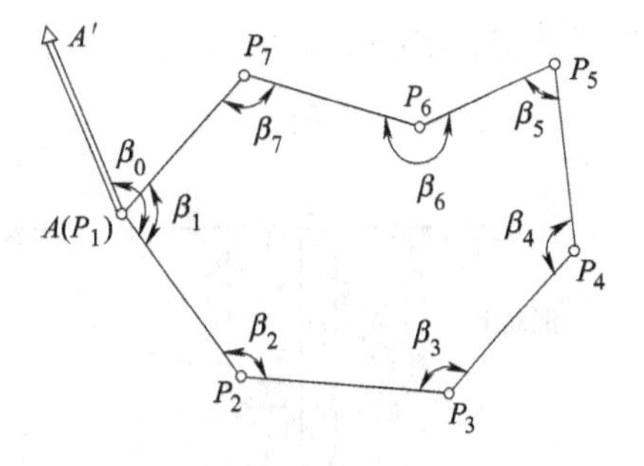

图6-2　闭合导线

1. 导线

如图6-2所示，由一个已知控制点出发，最后仍旧回到这一点，形成一个闭合多边形，这样的导线称为闭合导线。在闭合导线的已知控制点上必须有一条边的坐标方位角是已知的。闭合导线本身存在着严密的几何条件，具有检核作用。

2. 附合导线

如图6-3所示，导线起始于一个已知控制点，而终止于另一个已知控制点，这样的导线称为附合导线。这种布设形式，附合导线具有检核观测成果的作用。控制点上可以有一条边或几条边是已知坐标方位角的边，也可以没有已知坐标方位角的边。

3. 支导线

如图6-4所示，从一个已知控制点出发，既不附合到另一个控制点，也不回到原来的导线，称为支导线。由于支导线没有检核条件，故一般只限于地形测量的图根导线中采用。

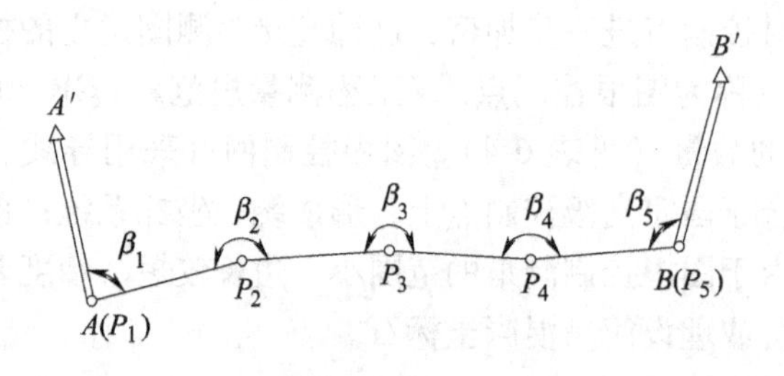

图 6-3 附合导线

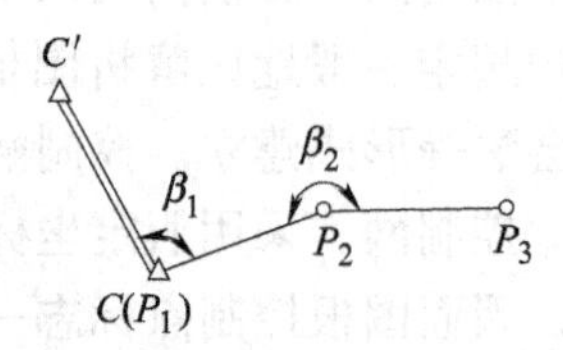

图 6-4 支导线

6.2.2 导线测量的外业工作

导线测量的外业工作包括踏勘、选点、埋石、造标、测角、测边、测定方向。

1. 踏勘、选点及埋设标志

踏勘是为了了解测区范围，地形及控制点情况，以便确定导线的形式和布置方案；选点应考虑便于导线测量、地形测量和施工放样。选点的原则为：

1）相邻导线点间必须通视良好。

2）等级导线点应便于加密图根点，导线点应选在地势高、视野开阔、便于碎步测量的地方。

3）导线边长大致相同。

4）密度适宜、点位均匀、土质坚硬、易于保存和寻找。

选好点后应直接在地上打入木桩。桩顶钉一小钢钉或划"+"作点的标志。必要时在木桩周围灌上混凝土。如导线点需要长期保存，则应埋设混凝土桩或标石。埋桩后应统一进行编号。为了今后便于查找，应量出导线点至附近明显地物的距离。绘出草图，注明尺寸，称为点之记，如图 6-5 所示。

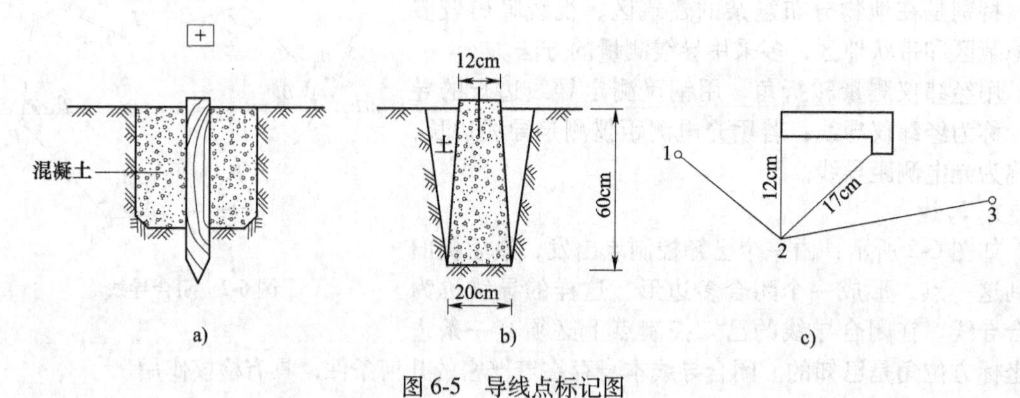

图 6-5 导线点标记图

2. 测角

导线转折角是指在导线点上由相邻导线边构成的水平角。导线转折角分为左角和右角，在导线前进方向左侧的水平角称为左角，右侧的水平角称为右角。可测左角，也可测右角，闭合导线测内角，精度要求见表 6-2。如果观测没有误差，在同一个导线点测得的左角与右角之和应等于 360°。图根导线的转折角可以用 DJ_6 经纬仪测回法观测一测回，应统一地观测左角或测右角，对于闭合导线，一般是观测闭合多边形的内角。

3. 测边

测边可用电磁波测距仪或全站仪单向施测完成，也可采用钢尺丈量的方法。钢尺量距宜采用双次丈量方法，图根导线其测距相对中误差不应大于 1/4000。钢尺量距时平均尺温与检定时温度相差大于±10℃时，应进行温度改正；尺面倾斜大于 1.5%时，应进行倾斜改正。

4. 测定方向

测区内有国家高级控制点时，可与控制点联测推求方位，包括测定联测角和联测边；当联测有困难时，也可采用罗盘仪测磁方位或陀螺经纬仪测定方向。

6.2.3 导线计算

导线内业计算的目的，就是根据已知的起始数据和外业观测成果，通过误差调整，计算出各导线点的平面坐标。计算之前，首先对外业观测成果进行检查和整理，然后绘制导线略图，并把各项数据标注在略图上，如图 6-6 所示。

1. 闭合导线计算

现以图 6-6 所示的图根导线为例，介绍闭合导线计算步骤，可参见表 6-5。

（1）在表中填入已知数据　将导线略图中的点号、观测角、边长、起始点坐标、起始边方位角填入“闭合导线坐标计算表”中，见表 6-5。

（2）计算、调整角度闭合差　n 边形闭合导线的内角和其理论值为

$$\sum\beta_{理} = (n-2) \times 180° \qquad (6\text{-}1)$$

在实际观测中，由于误差的存在，使实测的内角和不等于理论值，两者之差称为闭合导线角度闭合差。即

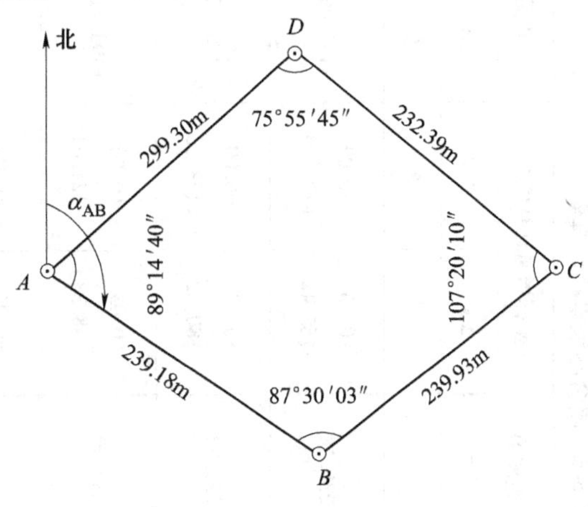

图 6-6　闭合导线

$$f_\beta = \sum\beta_{测} - \sum\beta_{理} \qquad (6\text{-}2)$$

各等级导线角度闭合差的容许值列于表 6-2 中。若 $f_\beta > f_{\beta允}$，则说明角度闭合差超限，应返工重测；若 $f_\beta < f_{\beta允}$，则说明所测角度满足精度要求，可将角度闭合差进行调整。角度闭合差的调整原则是：将 f_β 反符号平均分配到各观测角中，如果不能均分，则将余数分配给短边的夹角。调整后的内角和应等于理论值，见表 6-5。

（3）计算各边的坐标方位角　根据起始边的已知坐标方位角及调整后的各内角值，按下列公式计算各边坐标方位角。

$$\alpha_{前} = \alpha_{后} + 180° \pm \beta \qquad (6\text{-}3)$$

在计算时要注意以下几点：

1）上式中 $\pm\beta$，若是左角则取 $+\beta$，若是右角则取 $-\beta$。

2）计算出来的 $\alpha_{前}$，若大于 360°，应减去 360°；若小于 0°时，则加上 360°，即保证坐标方位在 0~360°的取值范围。

3）起始边的坐标方位角最后推算出来，其推算值应与已知值相等，见表 6-5，否则推算过程有错。

表 6-5 闭合导线坐标计算表

点号	观测角 β /° ′ ″	改正数 /″	改正后角值 /° ′ ″	坐标方位角 α/° ′ ″	距离 D /m	坐标增量计算值/m		改正后坐标增量/m		坐标值		点号
						$\Delta'x$	$\Delta'y$	Δx	Δy	X/m	Y/m	
1	2	3	4	5	6	7	8	9	10	11	12	13
A										500.00	500.00	A
				133 46 40	239.18	+0.03 −165.48	+0.00 +172.69	−165.45	+172.69			
B	87 30 03	−9	87 29 54							334.55	672.69	B
				41 16 34	239.93	+0.03 +180.32	+0.00 +158.28	+180.35	+158.28			
C	107 20 10	−10	107 20 00							514.90	830.97	C
				328 36 34	232.39	+0.03 +198.38	+0.00 −121.04	+198.41	−121.04			
D	75 55 45	−10	75 55 35							713.31	709.93	D
				224 32 09	299.30	+0.03 −213.34	−0.01 −209.92	−213.31	−209.93			
A	89 14 40	−9	89 14 31							500.00	500.00	A
				133 46 40								
B												B
Σ	360 00 38	−38	360 00 00		1010.80	−0.12	+0.01	0	0			

辅助计算：

$\sum\beta_{测} = 360°00'38''$　$\sum\beta_{理} = (n-2)\times180° = (4-2)\times180° = 360°$　$f_\beta = 360°00'38'' - 360° = +38''$

$f_{\beta允} = \pm60''\sqrt{n} = \pm120''$　$f_\beta \leqslant f_{\beta允}$

$f_x = -0.12$　$f_y = +0.01$　$f_D = \sqrt{f_x^2 + f_y^2} = 0.12$

$K = \dfrac{f_D}{\sum D} = \dfrac{0.12}{1010.80} \approx \dfrac{1}{8400}$　$K_{允} = \dfrac{1}{2000}$　$K \leqslant K_{允}$

(4) 坐标增量闭合差的计算与调整　如图 6-7 所示，设 1、2 两点之间的边长为 D_{12}，坐标方位角为 α_{12}。则 1 与 2 两点之间的坐标增量 Δx_{12}，Δy_{12}分别为：

$$\left.\begin{aligned}\Delta x_{12} &= D_{12}\cos\alpha_{12}\\ \Delta y_{12} &= D_{12}\sin\alpha_{12}\end{aligned}\right\} \tag{6-4}$$

根据闭合导线的定义，闭合导线纵、横坐标增量之和的理论值应为零，即：

$$\left.\begin{aligned}\sum\Delta x_{理} &= 0\\ \sum\Delta y_{理} &= 0\end{aligned}\right\} \tag{6-5}$$

实际上，测量边长的误差和角度闭合差调整后的残余误差，使纵、横坐标增量的代数和不能等于零，则产生了纵、横坐标增量闭合差，即：

$$\left.\begin{aligned}f_{x} &= \sum\Delta x_{测}\\ f_{y} &= \sum\Delta y_{测}\end{aligned}\right\} \tag{6-6}$$

由于坐标增量闭合差的存在，使导线不能闭合，如图 6-8 所示，1 - 1′ 这段距离f_{D}称为导线全长闭合差。按几何关系得：

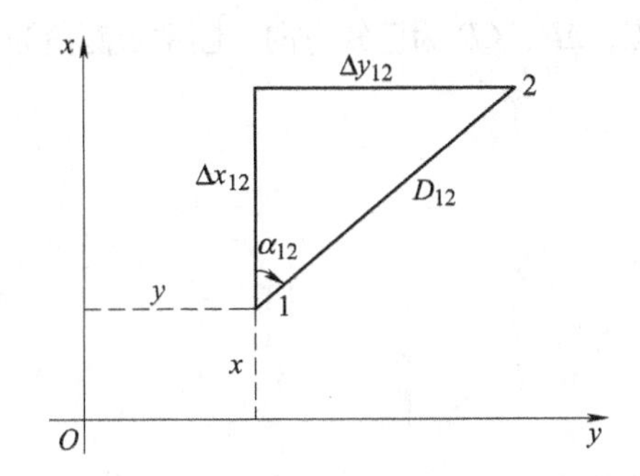

图 6-7　纵横坐标增量的表示方法

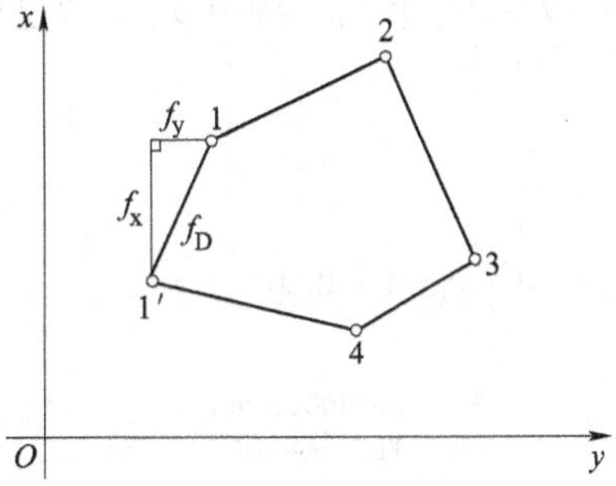

图 6-8　纵横坐标增量闭合差的表示方法

$$f_{D} = \sqrt{f_{x}^{2} + f_{y}^{2}} \tag{6-7}$$

故导线越长，误差累积越大，因此衡量导线的精度通常用导线全长相对闭合差来表示，即：

$$K = \frac{f_{D}}{\sum D} = \frac{1}{\dfrac{\sum D}{f_{D}}} \tag{6-8}$$

对于不同等级的导线全长相对闭合差的容许值 $K_{容}$可查阅表 6-2 的规定。若 $K \leqslant K_{容}$，则说明导线测量结果满足精度要求，可进行调整。坐标增量闭合差的调整原则是：将f_{x}、f_{y} 反符号按与边长成正比的方法分配到各坐标增量上去，则坐标增量的改正数为：

$$\left.\begin{aligned}v_{\Delta xi} &= -\frac{f_{x}}{\sum D}D_{i}\\ v_{\Delta yi} &= -\frac{f_{y}}{\sum D}D_{i}\end{aligned}\right\} \tag{6-9}$$

式中　$v_{\Delta xi}$——第 i 边的纵坐标增量（m）；

$v_{\Delta yi}$——第 i 边的横坐标增量（m）；

$\sum D$——导线边长总和（m）。

为做计算校核，坐标增量改正数之和应满足下式，即：

$$\left.\begin{aligned}\sum v_{\Delta x} &= -f_x \\ \sum v_{\Delta y} &= -f_y\end{aligned}\right\} \tag{6-10}$$

改正后的坐标增量为：

$$\left.\begin{aligned}\Delta x_{ij} &= \Delta x'_{ij} + v_{\Delta xij} \\ \Delta y_{ij} &= \Delta y'_{ij} + v_{\Delta yij}\end{aligned}\right\} \tag{6-11}$$

（5）导线点坐标计算　根据起始点的已知坐标和改正后的坐标增量，即可按下列公式依次计算各导线点的坐标，即：

$$\left.\begin{aligned}x_{前} &= x_{后} + \Delta x_{ij} \\ y_{前} &= y_{后} + \Delta y_{ij}\end{aligned}\right\} \tag{6-12}$$

用上式最后推算出起始点的坐标，推算值应与已知值相等，以此检核整个计算过程是否有错。

2. 附合导线计算

附合导线的坐标计算步骤与闭合导线相同。由于两者布置形式不同，从而使角度闭合差和坐标增量闭合差的计算方法也有所不同。下面仅介绍其不同之处。

如图6-9所示，附合导线中B、C为已知控制点，AB、CD为已知方向，图中观测角为左角。

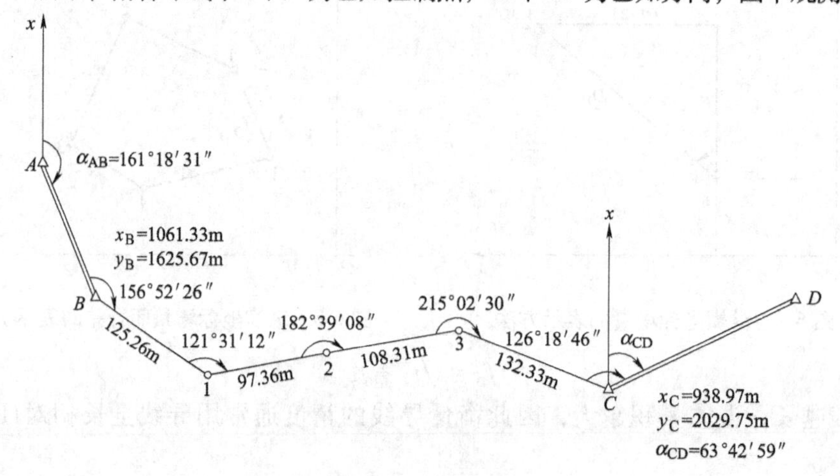

图6-9　附合导线

（1）角度闭合差计算　由于附合导线两端方向已知，则由起始边的坐标方位角和测定的导线各转折角，就可推算出导线终边的坐标方位角。但测角带有误差，致使导线终边坐标方位角的推算值$\alpha'_{终}$不等于已知终边坐标方位角$\alpha_{终}$，其差值即为附合导线的角度闭合差f_β，即

$$f_\beta = \alpha'_{终} - \alpha_{终} \tag{6-13}$$

上式中$\alpha'_{终}$的推算可参见式（6-3）。

（2）坐标增量闭合差计算　附合导线各边坐标增量代数和的理论值应等于终、始两已知点的坐标之差。若不等，其差值为坐标增量闭合差，即：

$$\left.\begin{aligned}f_x &= \sum\Delta x_{测} - \sum\Delta x_{理} = \sum\Delta x_{测} - (x_{终} - x_{始}) \\ f_y &= \sum\Delta y_{测} - \sum\Delta y_{理} = \sum\Delta y_{测} - (y_{终} - y_{始})\end{aligned}\right\} \tag{6-14}$$

附合导线全长闭合差、全长相对闭合差和容许相对闭合差的计算，以及坐标增量闭合差的调整，与闭合导线相同。附合导线的计算过程可参见表6-6。

表 6-6 附合导线坐标计算表

点号	观测角 β /° ′ ″	改正数 /″	改正后角值 /° ′ ″	坐标方位角 α /° ′ ″	距离 D /m	坐标增量计算值		改正后坐标值		坐标值		点号
						$\Delta'x$	$\Delta'y$	Δx	Δy	X/m	Y/m	
1	2	3	4	5	6	7	8	9	10	11	12	13
A												A
				161 18 31								
B	156 52 26	+5	156 52 31							1061.33	1625.67	B
				138 11 02	125.26	+0.02 −93.35	−0.02 +83.52	−93.33	+83.50			
1	121 31 12	+5	121 31 17							968.00	1709.17	1
				79 42 19	97.36	+0.02 +17.40	−0.01 +95.79	+17.42	+95.78			
2	182 39 08	+6	182 39 14							985.42	1804.95	2
				82 21 33	108.31	+0.02 +14.40	−0.01 +107.35	+14.42	+107.34			
3	215 02 30	+5	215 02 35							999.84	1912.29	3
				117 24 08	132.33	+0.03 −60.90	−0.02 +117.48	−60.87	+117.46			
C	126 18 46	+5	126 18 51							938.97	2029.75	C
				63 42 59								
D												D
Σ	802 24 02	+26	802 24 28		463.26	−122.45	+404.14	−122.36	+404.08			

辅助计算

$\alpha'_{CD} = \alpha_{AB} + n\sum\beta = 63°42'33''$　$f_\beta = \alpha'_{CD} - \alpha_{CD} = -26''$　$f_{\beta允} = \pm 60''\sqrt{n} = \pm 134''$　$f_\beta \leqslant f_{\beta允}$

$f_x = \sum\Delta'x - (x_C - x_B) = -0.09(\mathrm{m})$　$f_y = \sum\Delta'y - (y_C - y_B) = +0.06(\mathrm{m})$

$f_D = \sqrt{f_x^2 + f_y^2} = 0.10(\mathrm{m})$　$K = \dfrac{f_D}{\sum D} = \dfrac{0.10}{463.26} \approx \dfrac{1}{4600}$

$K_{允} = \dfrac{1}{2000}$　$K \leqslant K_{允}$

3. 支导线计算

由于支导线既不回到原起始点上，又不附合到另一已知点中，所以在支导线计算中也就不会出现两种矛盾：一是观测角的总和与导线几何图形的理论值不符的矛盾，即角度闭合差；二是以已知点出发，逐点计算各点坐标，最后闭合到原出发点或附合到另一个已知点时，其推算的坐标值与已知坐标值不符的矛盾，即坐标增量闭合差。支导线没有检核限制条件，也就不需要计算角度闭合差和坐标增量闭合差，只要根据已知边的坐标方位角和已知点的坐标，把外业测定的转折角和转折边长，直接代入式（6-3）和式（6-4）计算出各边方位角及各边坐标增量，最后推算出待定导线点的坐标。由此可知，支导线只适用于图根控制补点使用。

6.3 交会定点测量

在进行平面控制测量时，如果导线点的密度不能满足工程施工或测图要求，而且需要加密的控制点数量又不多时，可以采用交会法加密控制点，称为交会定点。交会定点的方法有角度前方交会、侧方交会、单三角形、后方交会和距离交会。本节仅介绍角度前方交会和距离交会的计算方法。

6.3.1 角度前方交会

如图 6-10 所示，A、B 为坐标已知的控制点，P 为待定点。在 A、B 点上安置经纬仪，观测水平角 α、β，根据 A、B 两点的已知坐标和 α、β 角，通过计算可得出 P 点的坐标，这就是角度前方交会。条件：$\alpha>30°$，$\beta<150°$，并且两边尽量为等边。

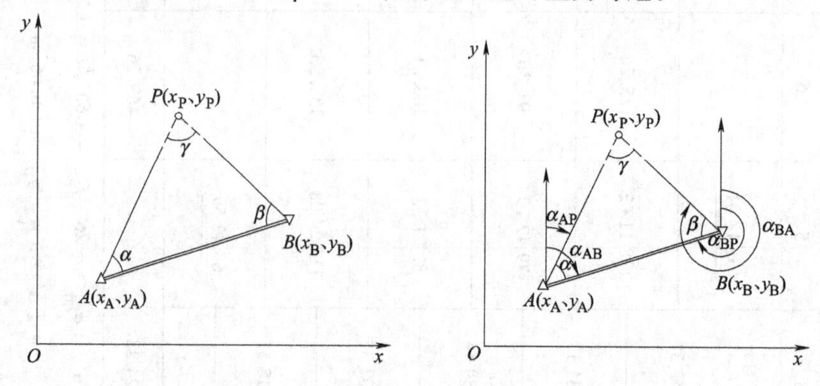

图 6-10 角度前方交会

1. 角度前方交会的计算方法

1）计算已知边 AB 的边长和方位角根据 A、B 两点坐标（x_A、y_A）、（x_B、y_B），按坐标反算公式计算两点间边长 D_{AB} 和坐标方位角 α_{AB}。

2）计算待定边 AP、BP 的边长，按三角形正弦定律，得：

$$\left.\begin{aligned} D_{AP} &= D_{AB}\sin\beta/\sin\gamma = D_{AB}\sin\beta/\sin(\alpha+\beta) \\ D_{BP} &= D_{AB}\sin\alpha/\sin\gamma = D_{AB}\sin\alpha/\sin(\alpha+\beta) \end{aligned}\right\} \quad (6\text{-}15)$$

3）计算待定边 AP、BP 的坐标方位角。

$$\begin{aligned} \alpha_{AP} &= \alpha_{AB} - \alpha \\ \alpha_{BP} &= \alpha_{BA} + \beta \end{aligned} \quad (6\text{-}16)$$

4）计算待定点 P 的坐标。

$$x_P = x_A + \Delta x_{AP} = x_A + D_{AP}\cos\alpha_{AP}$$
$$y_P = y_A + \Delta y_{AP} = y_A + D_{AP}\sin\alpha_{AP} \tag{6-17}$$

或

$$x_P = x_B + \Delta x_{BP} = x_B + D_{BP}\cos\alpha_{BP}$$
$$y_P = y_B + \Delta y_{BP} = y_B + D_{BP}\sin\alpha_{BP} \tag{6-18}$$

适用于计算器计算的公式：

$$x_P = \frac{x_A\cot\beta + x_B\cot\alpha + (y_B - y_A)}{\cot\alpha + \cot\beta}$$
$$y_P = \frac{y_A\cot\beta + y_B\cot\alpha + (x_A - x_B)}{\cot\alpha + \cot\beta} \tag{6-19}$$

在应用式（6-19）时，要注意已知点和待定点必须按 A、B、P 逆时针方向编号，在 A 点观测角编号为 α，在 B 点观测角编号为 β。

2. 角度前方交会的观测检核

在实际工作中，为了保证定点的精度，避免测角错误的发生，一般要求从三个已知点 A、B、C 分别向 P 点观测水平角 α_1、β_1、α_2、β_2，做两组前方交会。如图 6-11 所示，按式（6-17），分别在 $\triangle ABP$ 和 $\triangle BCP$ 中计算出 P 点的两组坐标 $P'(x_{P'}$、$y_{P'})$ 和 $P''(x_{P''}$、$y_{P''})$。当两组坐标较差符合规定要求时，取其平均值作为 P 点的最后坐标。

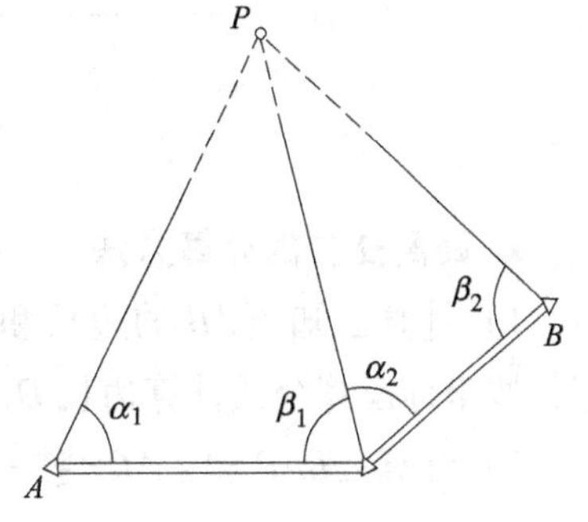

图 6-11　三点前方交会

一般规范规定，两组坐标较差 f_D 不大于两倍比例尺精度，用公式表示为：

$$f_D = \sqrt{\delta_x^2 + \delta_y^2} \leqslant f_{允} = 2 \times 0.1M(\text{mm}) \tag{6-20}$$

式中，$\delta_x = x_{P'} - x_{P''}$，$\delta_y = y_{P'} - y_{P''}$；$M$ 为测图比例尺分母。

3. 角度前方交会计算实例

详见表 6-7。

表 6-7　前方交会法坐标计算表

<table>
<tr><td rowspan="8">略图</td><td rowspan="8">C, y, β2, II, α2, B, β1, I, α1, A, O, x</td><td rowspan="4">已知数据</td><td>点号</td><td>x/m</td><td>y/m</td></tr>
<tr><td>A</td><td>116.942</td><td>683.295</td></tr>
<tr><td>B</td><td>522.909</td><td>794.647</td></tr>
<tr><td>C</td><td>781.305</td><td>435.018</td></tr>
<tr><td rowspan="4">观测数据</td><td>α1</td><td colspan="2">59°10′42″</td></tr>
<tr><td>β1</td><td colspan="2">56°32′54″</td></tr>
<tr><td>α2</td><td colspan="2">53°48′45″</td></tr>
<tr><td>β2</td><td colspan="2">57°33′33″</td></tr>
<tr><td>计算结果</td><td colspan="5">（1）由 I 计算得：$x_{P'}=398.151$m，$y_{P'}=413.249$m
（2）由 II 计算得：$x_{P''}=398.127$m，$y_{P''}=413.215$m
（3）两组坐标较差：$f_D = \sqrt{\delta_x^2 + \delta_y^2} = 0.042(\text{m}) \leqslant f_{允} = 2 \times 0.1 \times 1000 = 0.2(\text{m})$
（4）P 点最后坐标为：$x_P=398.139$m，$y_P=413.215$m</td></tr>
</table>

注：测图比例尺分母 $M=1000$。

6.3.2 距离交会

如图 6-12 所示，A、B 为已知控制点，P 为待定点，测量了边长 D_{AP} 和 D_{BP}，根据 A、B 点的已知坐标及边长 D_{AP} 和 D_{BP}，通过计算求出 P 点坐标，这就是距离交会。随着电磁波测距仪的普及应用，距离交会也成为加密控制点的一种常用方法。

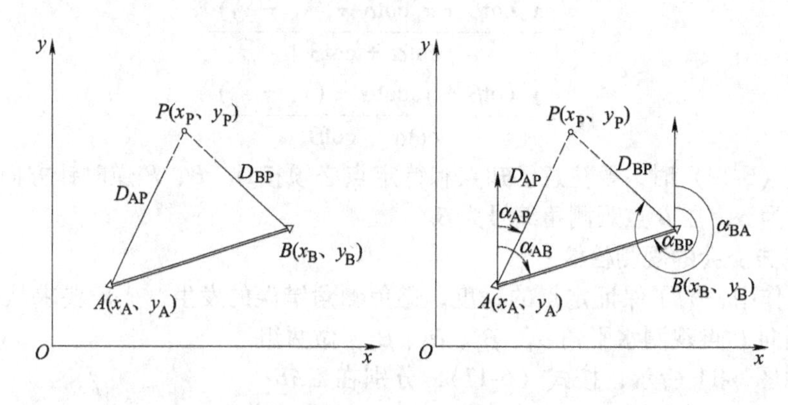

图 6-12 距离交会

1. 距离交会的计算方法

1）计算已知边 AB 的边长和坐标方位角与角度前方交会相同，根据已知点 A、B 的坐标，按坐标反算公式计算边长 D_{AB} 和坐标方位角 α_{AB}。

2）计算∠BAP 和∠ABP 按三角形余弦定理，得

$$\left.\begin{aligned}\angle BAP &= \mathrm{ARCCOS}\frac{D_{AB}^2 + D_{AP}^2 - D_{BP}^2}{2D_{AB}D_{AP}}\\ \angle ABP &= \mathrm{ARCCOS}\frac{D_{AB}^2 + D_{BP}^2 - D_{AP}^2}{2D_{AB}D_{BP}}\end{aligned}\right\} \tag{6-21}$$

3）计算待定边 AP、BP 的坐标方位角。

$$\left.\begin{aligned}\alpha_{AP} &= \alpha_{AB} - \angle BAP\\ \alpha_{BP} &= \alpha_{BA} - \angle ABP\end{aligned}\right\} \tag{6-22}$$

4）计算待定点 P 的坐标，同式（6-17）和式（6-18）。

以上两组坐标分别由 A、B 点推算，所得结果应相同，可作为计算的检核。

2. 距离交会的观测检核

在实际工作中，为了保证定点的精度，避免边长测量错误的发生，一般要求从三个已知点 A、B、C 分别向 P 点测量三段水平距离 D_{AP}、D_{BP}、D_{CP}，做两组距离交会。计算出 P 点的两组坐标，当两组坐标较差满足式（6-20）要求时，取其平均值作为 P 点的最后坐标。

3. 距离交会计算实例

详见表 6-8。

表 6-8 距离交会坐标计算表

略图					
略图	已知数据/m	x_A	1807.041	y_A	719.853
		x_B	1646.382	y_B	830.660
		x_C	1765.500	y_C	998.650
	观测值/m	D_{AP}	105.983	D_{BP}	159.648
		D_{CP}	177.491		

D_{AP} 与 D_{BP} 交会				D_{BP} 与 D_{CP} 交会			
D_{AB}/m		195.165		D_{BC}/m		205.936	
α_{AB}		145°24′21″		α_{BC}		54°39′37″	
∠*BAP*		54°49′11″		∠*CBP*		56°23′37″	
α_{AP}		90°35′10″		α_{BP}		358°16′00″	
Δx_{AP}/m	-1.084	Δy_{AP}/m	105.977	Δx_{BP}/m	159.575	Δy_{BP}/m	-4.829
$x_{P'}$/m	1805.957	$y_{P'}$/m	825.830	$x_{P''}$/m	1805.957	$y_{P''}$/m	825.831
x_P/m		1 805.957		y_P/m		825.830	
辅助计算	δ_x = 0mm, δ_y = -1mm, $f_D = \sqrt{\delta_x^2+\delta_y^2} = 0.001(\text{m}) \leqslant f_{允} = 2\times0.1\times1000 = 0.2(\text{m})$						

注：测图比例尺分母 M=1000。

6.4 三角高程控制测量

高程控制测量主要有两种方法：一种是直接测量高程，在精度上又区分为四等水准测量与等外水准测量（又称图根水准测量）；另一种是间接测量高程，即三角高程测量。其中四等水准测量内容详见第 2 章。

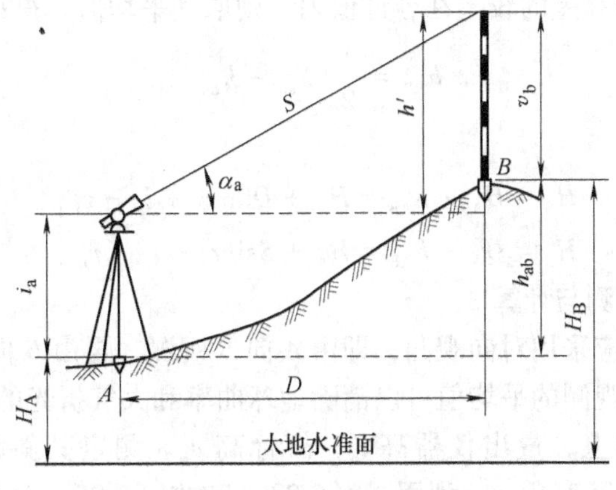

图 6-13 三角高程测量原理

三角高程测量的基本思想是根据由测站向目标点观测的竖直角和它们间的斜距 S 或水平距离 D，以及量取的仪器高、目标高，利用平面三角计算公式计算两点间的高差，推求待定点的高程，如图 6-13 所示。三角高程测量是加密图根高程的一种方法。在地形起伏较大的山区采用三角高程测量，既能保证一定的精度，又能迅速完成测量任务。但三角高程测量精度较低，只能满足图根高程控制要求。

1. 三角高程测量的主要技术要求

三角高程测量的主要技术要求，针对竖直角测量的技术要求，一般分为两个等级，即四、五等，其可作为测区的首级控制，电磁波测距三角高程测量的主要技术要求见表 6-9。

表 6-9 电磁波测距三角高程测量的主要技术要求

等级	仪器	测距边测回数	竖直角测回数		指标差较差/″	竖直角较差/″	对向观测高差较差/mm	附合或环形闭合差/mm
			三丝法	中丝法				
四等	DJ_2	往返各一次	—	3	≤7	≤7	$40\sqrt{D}$	$20\sqrt{\sum D}$
五等	DJ_2	1	1	2	≤10	≤10	$60\sqrt{D}$	$30\sqrt{\sum D}$

2. 三角高程测量原理

三角高程测量是根据两点间的水平距离和竖直角计算两点的高差，推求所求点的高程。

已知 A 点高程 H_A，欲求 B 点高程 H_B，在 A 点安置经纬仪或测距仪，仪器高为 i_a，在 B 点设置觇标或棱镜。其高度为 v_b，望远镜瞄准觇标或棱镜的竖直角为 α，则 AB 两点的高差为

$$h_{ab} = h' + i_a - v_b \tag{6-23}$$

式中，h'的计算因观测方法不同而异。利用平面控制已知的边长 D（视线倾斜时，水平距离 $D=kL\cos\alpha^2$），用经纬仪测量竖角 α，求两点高差，称为经纬仪三角高程测量，$h'=D\tan\alpha$；利用测距仪测定斜距 S 和 α，求算 h_{ab}，称为光电测距三角高程测量，它通常与测距仪导线一道进行，$h'=S\sin\alpha$。此外，当 AB 距离较长时，式（6-23）还须加上地球曲率和大气折光的合成影响，称为球气差。球气差公式为 $f=0.43\dfrac{D^2}{R}$。

为了消除或削弱球气差的影响，通常三角高程进行对向观测。由 A 向 B 观测得 h_{ab}，由 B 向 A 观测得 h_{ba}，当两高差的较差在容许值内，则取其平均值，得：

$$h_{AB} = \frac{1}{2}(h_{ab} - h_{ba}) \tag{6-24}$$

B 点的高程：

$$\left.\begin{aligned} H_B &= H_A + h_{AB} = H_A + D\tan\alpha + i_a - v_b \\ H_B &= H_A + h_{AB} = H_A + S\sin\alpha + i_a - v_b \end{aligned}\right\} \tag{6-25}$$

3. 三角高程测量观测与计算

三角高程测量一般应采用对向观测，即由 A 向 B 观测，再由 B 向 A 观测，也称为往返测。取双向观测的平均值可以消除地球曲率和大气折光的影响。

三角高程测量

将仪器安置于测站上，量出仪器高 i_a，觇标高 v_b。测定其斜距或水平距，用盘左、盘右观测竖直角 α。利用式（6-23）和式（6-25）计算高差和高程。

使用全站仪进行三角高程测量，输入仪器高和棱镜高等参数，利用仪器高差测量模式观测，其记录表及高差计算表见表 6-10。

表 6-10　三角高程测量记录表及高差计算表

项目	A、B 两点间的高差		B、C 两点间的高差		
	往	返	往	返	
水平距离 D	581.38	581.38	488.01	488.01	
竖直角 α	11°38′30″	−11°24′00″	6°52′15″	−6°34′30″	
仪器高 i	1.50	1.49	1.49	1.50	
目标高 v	2.50	3.00	3.00	2.50	
两差改正 f	0.02	0.02	0.02	0.02	
高差	118.71	−118.72	57.28	−57.30	
平均高差 h	+118.72		+57.29		

小　结

本章主要介绍了国家平面和高程控制网，按精度分为四个等级，即一、二、三、四等，按照“先高级后低级，逐级加密”的原则建立。它是全国各种比例尺测图的基本控制，并为确定地球形状和大小提供研究资料和信息。

导线测量是建立小区域平面控制网的一种常用方法，它适用于地物分布比较复杂的建筑区，可用经纬仪测量导线折角和钢尺丈量边长、测距仪或全站仪测量。本章还介绍了闭合导线、附合导线和支导线导线网的布设和外业观测，以及导线测量的内业计算。

在进行平面控制测量时，如果导线点的密度不能满足测图和工程要求，需进行加密。控制点加密可以采用导线测量，也可以采用交会定点法。根据测角量边的方法不同，有前方角度交会、距离交会等方法。

在山区或高程建筑物上，若用于精度较低的高程测量，可采用三角高程测量的方法来测点两点间的高差和点的高程。

思　考　题

1. 平面控制网的布设形式有哪些？各有什么优缺点？
2. 高程控制网的布设形式有哪些？
3. 导线有哪些形式？导线测量的外业工作包括哪些？
4. 闭合导线和附合导线测量有哪些异同点？
5. 交会测量的方法有哪些？
6. 什么是地球弯曲差？什么是大气折光差？它们对三角高程测量有哪些影响？
7. 三角高程的误差来源有哪些？如何减弱这些误差的影响？

习　题

一、选择题

1. 国家控制网是按（　　）建立的，它的低级点受高级点逐级控制。

A. 一至四等　　B. 一至四级　　C. 一至二等　　D. 一至二级

2. 导线点属于（　　）。

A. 平面控制点　　B. 高程控制点　　C. 坐标控制点　　D. 水准控制点

3. 导线的布置形式有（　　）。

A. 一级导线、二级导线、图根导线　　B. 单向导线、往返导线、多边形导线

C. 闭合导线、附合导线、支导线　　D. 经纬仪导线、电磁波导线、视距导线

4. 导线测量的外业工作是（　　）。

A. 选点、测角、量边　　B. 埋石、造标、绘草图

C. 距离丈量、水准测量、角度　　D. 测水平角、测竖直角、测斜距

5. 附合导线的转折角，一般用（　　）进行观测。

A. 测回法　　B. 红黑面法　　C. 三角高程法　　D. 二次仪器高法

6. 若两点 C、D 间的坐标增量 Δx 为正，Δy 为负，则直线 CD 的坐标方位角位于第（　　）象限。

A. 第一象限　　B. 第二象限　　C. 第三象限　　D. 第四象限

7. 某直线段 AB 的坐标方位角为 230°，其两端间坐标增量的正负号为（　　）。

A. $-\Delta x$，$+\Delta y$　　B. $+\Delta x$，$-\Delta y$　　C. $-\Delta x$，$-\Delta y$　　D. $+\Delta x$，$+\Delta y$

8. 导线全长闭合差 f_D 的计算公式是（　　）。

A. $f_D = f_X + f_Y$　　B. $f_D = f_X - f_Y$　　C. $f_D = \sqrt{f_X^2 + f_Y^2}$　　D. $f_D = \sqrt{f_X^2 - f_Y^2}$

9. 用导线全长相对闭合差来衡量导线测量精度的公式是（　　）。

A. $K=M/D$　　B. $K = 1/(D/|\Delta D|)$　　C. $K = 1/(\sum D/f_D)$　　D. $K = 1/(f_D/\sum D)$

10. 导线的坐标增量闭合差调整后，应使纵、横坐标增量改正数之和等于（　　）。

A. 纵、横坐标增量闭合差，其符号相同　　B. 导线全长闭合差，其符号相同

C. 纵、横坐标增量闭合差，其符号相反　　D. 导线全长闭合差，其符号相反

11. 导线的角度闭合差的调整方法是将闭合差反符号后（　　）。

A. 按角度大小成正比例分配　　B. 按角度个数平均分配

C. 按边长成正比例分配　　D. 按边长成反比例分配

12. 导线坐标增量闭合差的调整方法是将闭合差反符号后（　　）。

A. 按角度个数平均分配　　B. 按导线边数平均分配

C. 按边长成反比例分配　　D. 按边长成正比例分配

13. 在三角高程测量中，当两点间的距离较大时，一般要考虑地球曲率和（　　）的影响。

A. 大气折光　　B. 大气压强　　C. 测站点高程　　D. 两点间高差

二、计算分析题

1. 完成表 6-11 中的闭合导线计算。

表 6-11　闭合导线计算练习表

点号	观测角 /° ′ ″	改正后的角值 /° ′ ″	坐标方位角 /° ′ ″	距离 /m	坐标增量		坐标值	
					Δx/m	Δy/m	x/m	y/m
1	2	3	4	5	6	7	8	9
A								
			65 18 00	200. 370				
B	135 48 26							
				241. 041				
C	84 10 06							
				263. 390				
D	108 26 30							
				201. 579				
E	12127 24							
				231. 320				
A	90 07 06							
			65 18 00					
B								
Σ								
辅助计算								

2. 完成表 6-12 中的附合导线计算。

表 6-12　附合导线计算练习表

点号	观测角 /° ′ ″	改正后的角值 /° ′ ″	坐标方位角 /° ′ ″	距离 /m	坐标增量		坐标值	
					Δx/m	Δy/m	x/m	y/m
1	2	3	4	5	6	7	8	9
B								
			224 02 40				741. 97	1169. 52
A	114 17 06							
				182. 201				
1	146 58 54							
				121. 370				
2	135 12 12							
				189. 601				
3	145 38 06							
				150. 852			638. 43	1631. 50
E	158 02 48							
			24 10 48					
F								
Σ								
辅助计算								

实训八　全站仪导线测量

一、实训目标

（1）了解导线测量的基本概念、外业的操作方法、内业的计算方法。

（2）以闭合导线为例，使用全站仪完成外业测角、量边等工作；使用手工计算的方式进行内业处理。

二、仪器和工具

全站仪主机1台、三脚架1个、棱镜2个、记录板1个、对讲机2个、记号笔1支、函数计算器1个。

三、方法与步骤

（1）在一块比较开阔的场地上，选择A、1、2、3四个点，相邻点的距离大于100m。四个点的相对位置如图所示。

（2）在A点架设全站仪，对中整平。

（3）分别在1、3点架设反光棱镜，注意架设棱镜时，尽量使棱镜杆竖直。

（4）测边。测量直线A3、A1的水平距离。将全站仪的望远镜十字丝中心分别瞄准1、3点的棱镜镜面中心，按［测距］键，等待数秒后，屏幕上显示出平距（按3次测距，取平均值），将其结果记录到表6-13中。

（5）测角。以测回法测量β_A为例，首先，将全站仪架设在A点，对中整平后，盘左位置将望远镜十字丝照准3点的棱镜，按［置零］键，使得水平角读数显示为0°0′00″，并在表6-13中记录此时的读数。其次，顺时针转动照准部到1点，记录屏幕上显示的水平角读数。再次，倒转望远镜，切换成盘右位置，将望远镜十字丝照准1点的棱镜，并记录下此时的水平角读数，逆时针转动照准部到3点，记录屏幕上显示的水平角读数。最后，计算盘左、盘右角度的平均值。

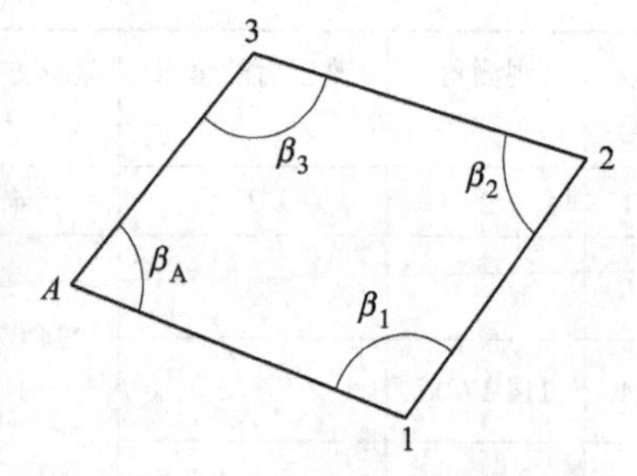

（6）在A点完成测距、测角任务后，将全站仪依次架设到1、2、3点，分别完成水平角β_1、β_2、β_3测量工作及直线1A、12、23、3A的测距工作。

（7）计算各导线点坐标。假定：导线边A1的坐标方位角$\alpha_{A1}=120°$，A点坐标：$X_A=500$，$Y_A=500$。分别推算1、2、3点的坐标，并填到表6-14里。

四、记录及计算表格

表 6-13　全站仪导线测量外业记录表

班级：　　　　小组人员：　　　　日期：　　　　天气：

测站	目标	竖盘位置	水平角读数 /° ′ ″	半测回角度值 /° ′ ″	一测回角度值 /° ′ ″	平距/m 精确到毫米
A	3	左				A3＝
	1					
A	1	右				A1＝
	3					
1	*A*	左				1A＝ A1 平均值：
	2					
1	2	右				12＝
	A					
2	1	左				21＝ 12 平均值：
	3					
2	3	右				23＝
	1					
3	2	左				32＝ 23 平均值：
	A					
3	*A*	右				3A＝ A3 平均值：
	2					

表 6-14　全站仪导线平面坐标计算表

班级：　　　　小组成员：　　　　日期：

点号	角度观测值	改正数	改正后角度	方位角	水平距离	坐标增量		改正后坐标增量		坐标		点号
	° ′ ″	″	° ′ ″	° ′ ″	m	ΔX/m	ΔY/m	ΔX/m	ΔY/m	X/m	Y/m	
A										1000	1000	
1												
2												
3												
A										1000	1000	
Σ												
辅助计算												

第 7 章 地形图的测绘与应用

知识目标

了解地形图的基本知识，了解地形图的绘制，掌握地形图在工程建设中的应用。

能力目标

能够识读并应用地形图于建筑工程中。

重点与难点

重点为地形图的应用；难点为土方计算。

7.1 地形图的基本知识

地面上自然形成或人工修建的有明显轮廓的物体称为地物，如道路、桥梁、房屋、耕地、河流、湖泊等。地面上高低起伏变化的地势，称为地貌，如平原、丘陵、山头、洼地等。地物和地貌合称为地形。

地形图是把地面上的地物和地貌形状、大小和位置，采用正射投影方法，运用特定符号、注记、等高线，按一定比例尺缩绘于平面的图形。它既表示了地物的平面位置，也表示了地貌的形态。如果图上只反映地物的平面位置，不反映地貌的形态，则称为平面图。

地形图上详细地反映了地面的真实面貌，人们可以在地形图上获得所需要的地面信息，例如：某一区域高低起伏、坡度变化、地物的相对位置、道路交通等状况，可以量算距离、方位、高程，了解地物属性。

7.1.1 比例尺的种类

地形图上某一直线段的长度 d 与地面相应距离的水平投影长度 D 之比，称为地形图比例尺。地形图比例尺可分为数字比例尺和直线比例尺（图示比例尺）。

1. 数字比例尺

数字比例尺以分子为 1，分母为正数的分数表示，即：

$$\frac{d}{D}=\frac{1}{M} \tag{7-1}$$

式中　M——比例尺分母。

如1/500、1/1000、1/2000，一般书写为比例式形式，如1：500、1：1000、1：2000。

当图上两点距离为1cm时，实地距离为10m，该图比例尺为1：1000；若图上1cm代表实地距离为5m，该图比例尺为1：500。分母越大，比例尺越小。反之分母越小，比例尺越大。比例尺的分母代表了实际水平距离缩绘在图上的倍数。

2. 直线比例尺（图示比例尺）

图示比例尺一般绘制在地形图下方，通过量取地形图上两点间的距离和图示比例尺相比较就可知实际地面点之间的距离，同时也可减少由于图样伸缩变形而引起的使用误差。如图7-1所示为1：1000的直线比例尺。取图上2cm长线段长度为基本单位，将左端的一个基本单位又分成十等份，以量取不足整数部分的数，在小格和大格的分界处注以0。

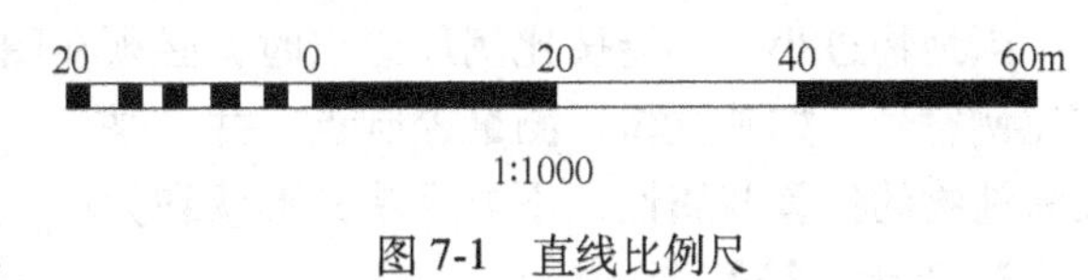

图7-1　直线比例尺

7.1.2　比例尺的精度

人们用肉眼在图上能分辨的最小距离为0.1mm，因此地形图上0.1mm所代表的实地水平距离称为比例尺精度，即：

$$\text{比例尺精度} = 0.1\text{mm} \times M \tag{7-2}$$

式中　M——比例尺分母。

比例尺大小不同，比例尺精度不同，常用大比例尺地形图的比例尺精度见表7-1。

比例尺精度的概念有两个作用：一是根据比例尺精度，确定实测距离应准确到什么程度。例如：选用1：2000比例尺测地形图时，比例尺精度为0.1mm×2000＝0.2m，测量实地距离最小为0.2m，小于0.2m的长度，图上就无法表示出来。二是按照测图需要表示的最小长度来确定采用多大的比例尺地形图。例如：要在图上表示出0.5m的实际长度，则选用的比例尺应不小于0.1/(0.5×1000)＝1/5000。

表7-1　常用大比例尺地形图的比例尺精度

比例尺	1：500	1：1000	1：2000	1：5000
比例尺精度/m	0.05	0.10	0.20	0.50

7.1.3　比例尺的分类

地形图比例尺通常分为大、中、小三类。

通常把1：500~1：10000比例尺的地形图，称为大比例尺。1：25000~1：100000比例尺的地形图，称为中比例尺，1：20万~1：100万比例尺地形图，称为小比例尺。

7.1.4　地物符号

在地形图上表示各种地物形状、大小和它们的位置的符号称为地物符号。在地形图上，地物用国家统一的图式符号表示，地形图的比例尺不同，各种地物符号的大小详略各有不同。表7-2是国家标准GB/T 20257所规定的部分地形图图示符号。

归纳起来，表示地物的符号有比例符号、非比例符号、半比例符号和地物注记。

1. 比例符号

地物的形状和大小，按测图比例尺进行缩绘，使图上的形状与实地形状相似，称为比例符号。如房屋、居民地、森林、湖泊等。比例符号能全面反映地物的主要特征、大小、形状、位置。

2. 非比例符号

当地物过小，不能按比例尺绘出时，必须在图上采用一种特定符号表示，这种符号称为非比例符号。如独立树、测量控制点、井、亭子、水塔等。非比例符号多表示独立地物，能反映地物的位置和属性，不能反映其形状和大小。

3. 半比例符号

地物的长度按比例尺表示，宽度不能按比例尺表示的狭长地物符号，称为半比例符号或线形符号。如电线、管线、小路、铁路、围墙等，这种符号能反映地物的长度和位置。

4. 地物注记

对于地物除了应用以上符号表示外，用文字、数字和特定符号对地物加以说明和补充，称为地物注记。如城镇、河流、道路、河流的流向、流速及深度、森林、楼房层数、点的高程等。

表 7-2　地形图图示符号

编号	符号名称	1∶500　1∶1000	1∶2000	编号	符号名称	1∶500　1∶1000	1∶2000
1	一般房屋混——房屋结构 3——房屋层数	混3	1.6	9	无看台的露天体育场	体育场	
2	简单房屋			10	游泳池	泳	
3	建筑中的房屋	建		11	过街天桥		
4	破坏房屋	破		12	高速公路 a. 收费站 0——技术等级代码	a　0　0.4	
5	棚房	45°　1.6		13	等级公路 2——技术等级代码 （G325）——国家路线编列	0.2　0.4　2(G325)	
6	架空房屋	1.0　混4　混　混4	1.0	14	乡村路 a. 依比例尺的 b. 不依比例尺的	a　4.0　1.0　0.2 b　8.0　2.0　0.3	
7	廊房	混3　1.0	1.0	15	小路	1.0　4.0　0.3	
8	台阶	0.6　1.0　1.0					

（续）

编号	符号名称	1∶500　1∶1000	1∶2000
16	内部道路	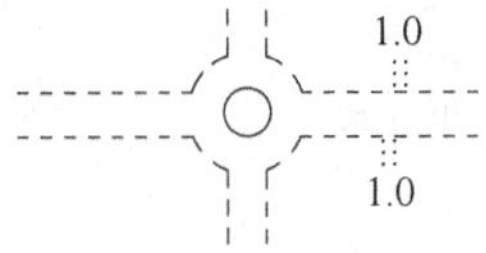1.0 1.0	
17	阶梯路	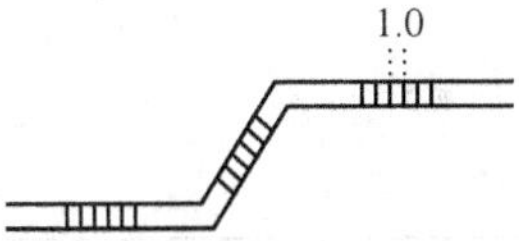1.0	
18	打谷场、球场	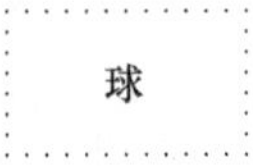球	
19	旱地	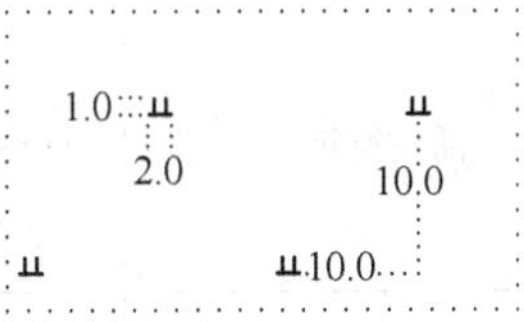1.0 2.0 10.0 10.0	
20	花圃	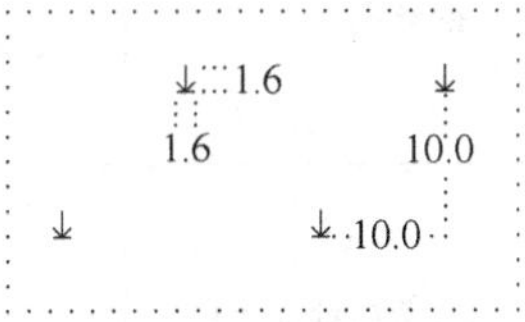1.6 1.6 10.0 10.0	
21	有林地	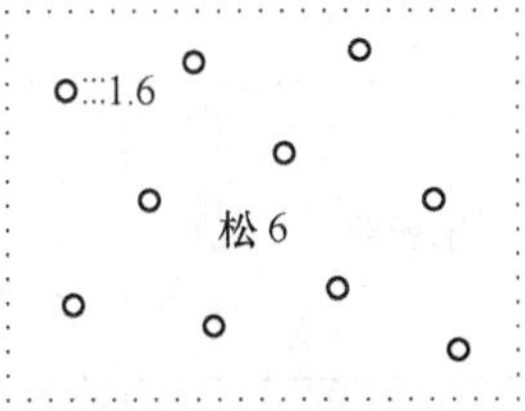1.6 松6	
22	人工草地	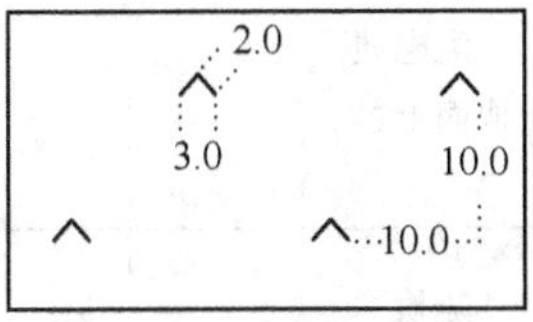2.0 3.0 10.0 10.0	
23	稻田	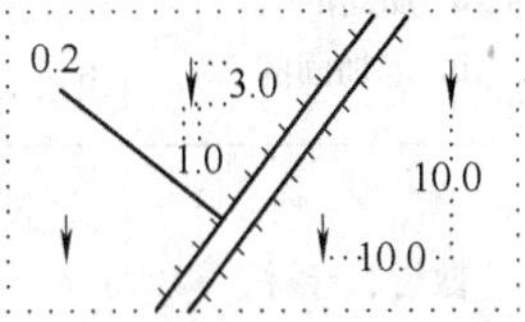0.2 3.0 1.0 10.0 10.0	
24	常年湖	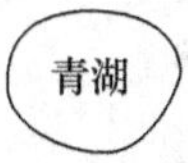青湖	

编号	符号名称	1∶500　1∶1000	1∶2000
25	池塘	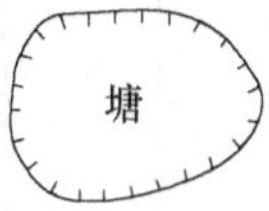塘	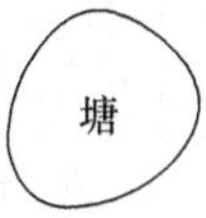塘
26	常年河 a. 水涯线 b. 高水界 c. 流向 d. 潮流向 ←⊥⊥⊥⊥ 涨潮 ——→落潮	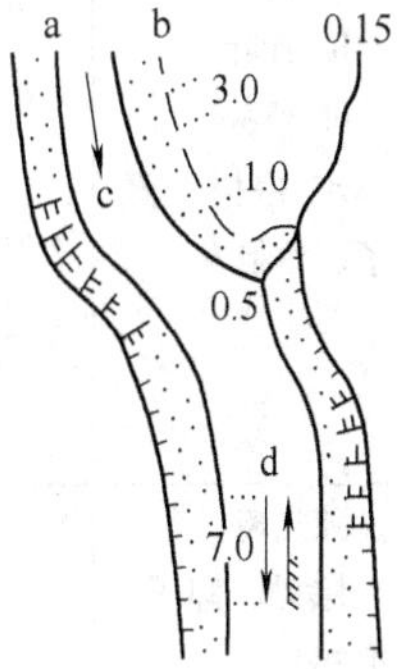a b 0.15 3.0 c 1.0 0.5 d 7.0	
27	喷水池	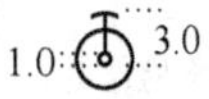1.0 3.0	
28	GPS 控制点	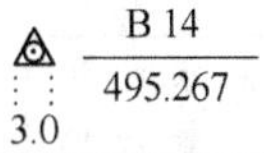B 14 495.267 3.0	
29	三角点 凤凰山——点名 394.468——高程	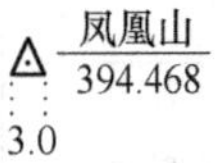凤凰山 394.468 3.0	
30	导线点 Ⅰ16——等级、点号 84.46——高程	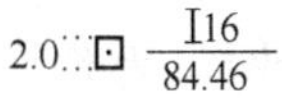2.0 Ⅰ16 84.46	
31	埋石图根点 16——点号 84.46——高程	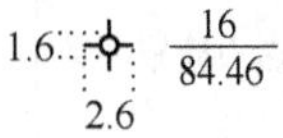1.6 16 84.46 2.6	
32	不埋石图根点 25——点号 62.74——高程	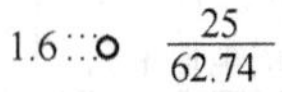1.6 25 62.74	
33	水准点 Ⅱ京石 5——等级、点名、点号 32.804——高程	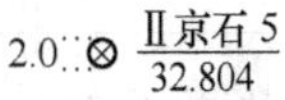2.0 Ⅱ京石 5 32.804	
34	加油站	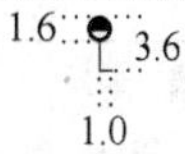1.6 3.6 1.0	
35	路灯	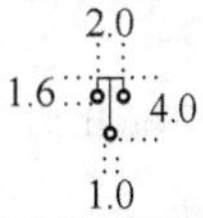2.0 1.6 4.0 1.0	

（续）

编号	符号名称	1∶500 1∶1000	1∶2000
36	独立树 a. 阔叶 b. 针叶 c. 果树 d. 棕树、椰子、槟榔	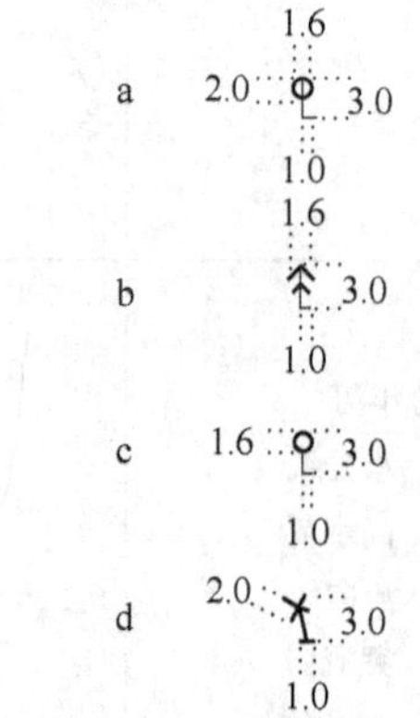 a 1.6 2.0 3.0 1.0 b 1.6 3.0 1.0 c 1.6 3.0 1.0 d 2.0 3.0 1.0	
37	独立树 棕树、椰子、槟榔	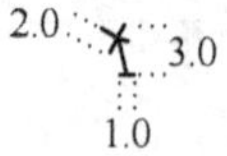 2.0 3.0 1.0	
38	上水检修井	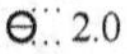 2.0	
39	下水（污水）、雨水检修井	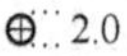 2.0	
40	下水暗井	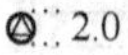 2.0	
41	煤气、天燃气检修井	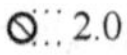 2.0	
42	热力检修井	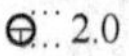 2.0	
43	电信检修井 a. 电信人孔 b. 电信手孔	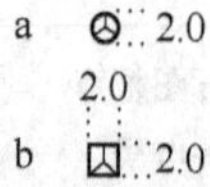 a 2.0 b 2.0 2.0	
44	电力检修井	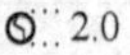 2.0	
45	地面下的管道	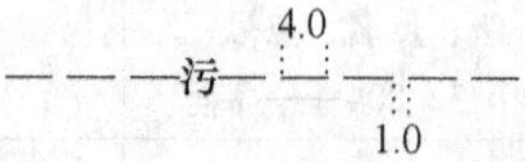 4.0 污 1.0	
46	围墙 a. 依比例尺的 b. 不依比例尺的	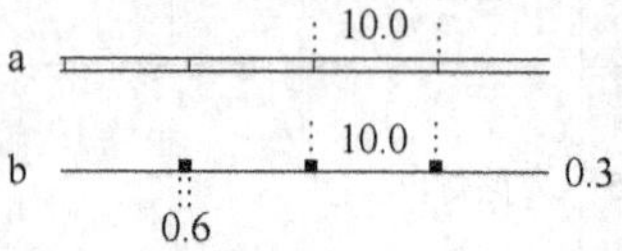 a 10.0 b 10.0 0.3 0.6	
47	挡土墙	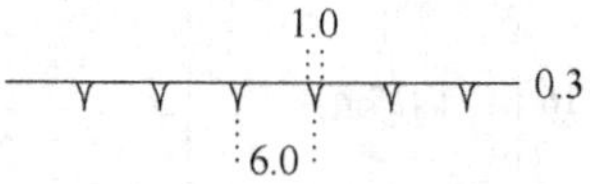 1.0 0.3 6.0	
48	栅栏、栏杆	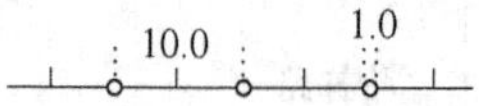 10.0 1.0	
49	篱笆	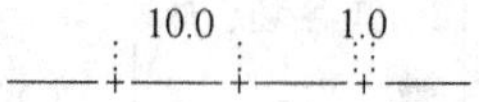 10.0 1.0	
50	活树篱笆	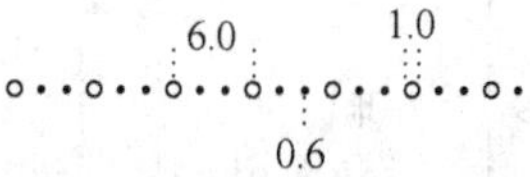 6.0 1.0 0.6	
51	钢丝网	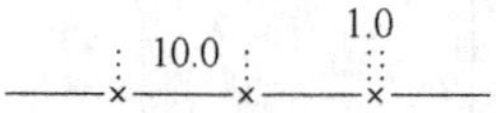 10.0 1.0	
52	通信线地面上的	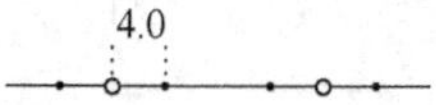 4.0	
53	电线架	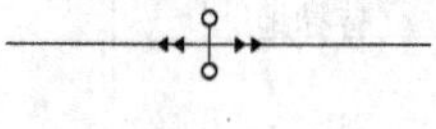	
54	配电线 地面上的	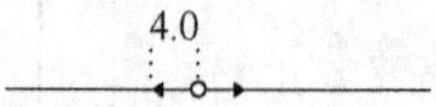 4.0	
55	陡坎 a. 加固的 b. 未加固的	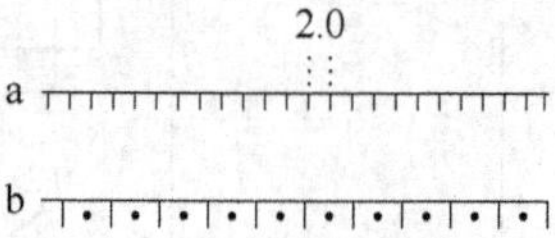 2.0 a b	
56	散树、行树 a. 散树 b. 行树	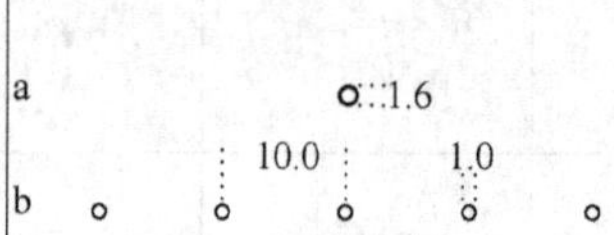 a 1.6 b 10.0 1.0	

（续）

编号	符号名称	1：500　1：1000	1：2000
57	一般高程点及注记 a. 一般高程点 b. 独立性地物的高程	a 0.5···•163.2　b 75.4	
58	名称说明注记	友谊路 中等线体 4.0(18k) 团结路 中等线体 3.5(15k) 胜利路 中等线体 2.75(12k)	
59	等高线 a. 首曲线 b. 计曲线 c. 间曲线	a 0.15 b 0.3 c 1.0 6.0 0.15	
60	等高线注记	25	
61	示坡线	0.8	
62	梯田坎	+55.4 1.2	

7.1.5　地貌的表示方法

地貌是指地表面的高低起伏形态，是地形图要表示的重要信息之一，地貌的基本形态可以归纳为几种典型地貌：①山丘；②洼地；③山脊；④山谷；⑤鞍部；⑥绝壁等。

在地形图上表示地貌的方法很多，而在测量上最常用的方法是等高线法。等高线又分为首曲线、计曲线、间曲线和助曲线。用等高线表示地貌不仅能表示出地面的起伏形态，而且能较好地反映地面的坡度和高程，因而得到广泛应用。

1. 等高线的概念

等高线是地面上高程相等的相邻各点所连成的封闭曲线。如图 7-2 所示，用一组高差间隔（h）相同的水平面与山头地面相截，其水平面与地面的截线就是等高线，按比例尺缩绘于图纸上，加上高程注记，就形成了表示地貌的等高线图。

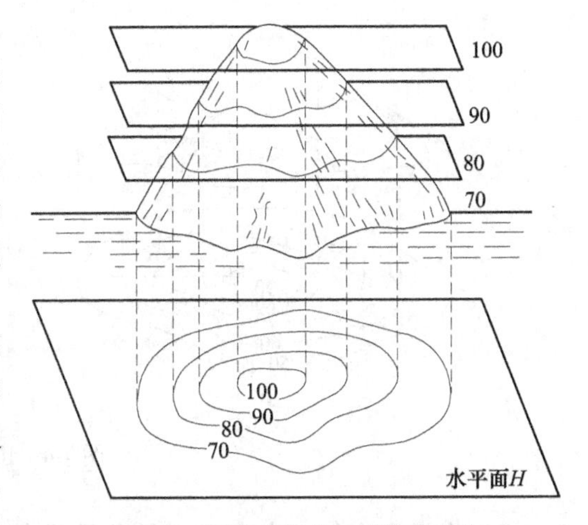

图 7-2　用等高线表示地貌的方法

如图 7-2 所示，地形图上相邻等高线的高差，称为等高距，用 h 表示。在同一幅图地形图中只能采用一种基本等高距。相邻等高线之间的水平距离，称为等高线平距，用 d 表示。同一幅图中平距越小，说明地面坡度越陡，平距越大，说明地面坡度越平缓。

用等高线来表示地貌，除能表示出地貌的形态外，还能反映出某地面点的平面位置及高程和地面坡度等信息。等高距选择过大就不能精确显示地貌；反之，选择过小，等高线密集，失去图面清晰度。

2. 等高线的分类

等高线绘制示意图

为了更详细地反映地貌的特征和便于读图及用图，地形图常采用以下几种等高线，如图 7-3 所示。

（1）基本等高线　又称首曲线，是按基本等高距绘制的等高线，用细实线表示。

（2）加粗等高线　又称计曲线，以高程起算面为 0m 等高线计，每隔四根首曲线用粗实线描绘的等高线。计曲线标注高程，其高程应等于五倍的等高距的整倍数。

（3）半距等高线　又称间曲线，是当首曲线不能显示地貌特征时，按二分之一等高距描绘的等高线。间曲线用长虚线描绘。

（4）辅助等高线　又称助曲线，是当首曲线和间曲线不能显示局部微小地形特征时，按四分之一等高距加绘的等高线。助曲线用短虚线描绘。

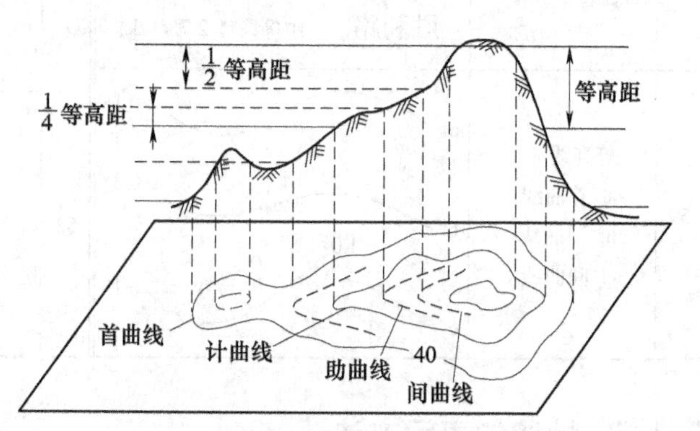

图 7-3　等高线的分类

7.1.6　基本地貌的等高线

1. 用等高线表示的基本地貌

（1）山头和洼地　图 7-4a 所示是山头等高线的形状，图 7-4b 所示是洼地等高线的形状，两种等高线均为一组闭合曲线，可根据等高线高程字头冲向高处的注记形式加以区别，也可以根据示坡线判断，示坡线是指向下坡的短线。

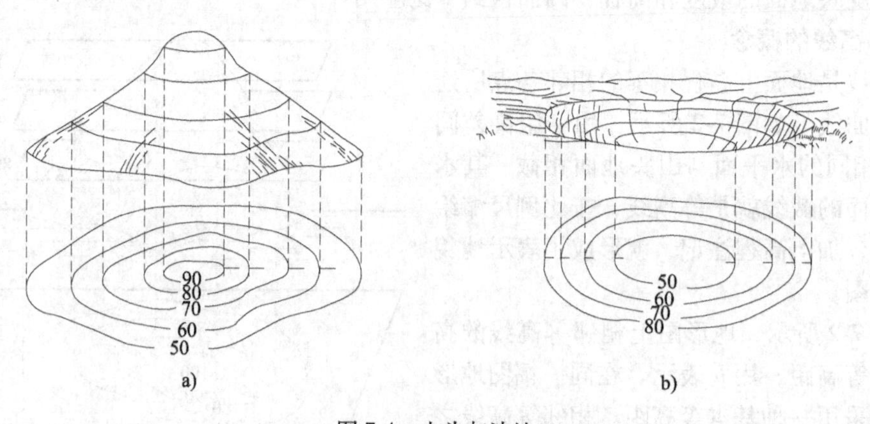

图 7-4　山头与洼地

（2）山脊和山谷　山脊是山的凸棱沿着一个方向延伸隆起的高地。山脊的最高棱线，称为山脊线，又称为分水线，等高线的形状如图 7-5a 所示，是凸向低处。山谷是两山脊之间的凹部，谷底最低点的连线，称为山谷线，又称为集水线，等高线的形状如图 7-5b 所示，

是凸向高处。

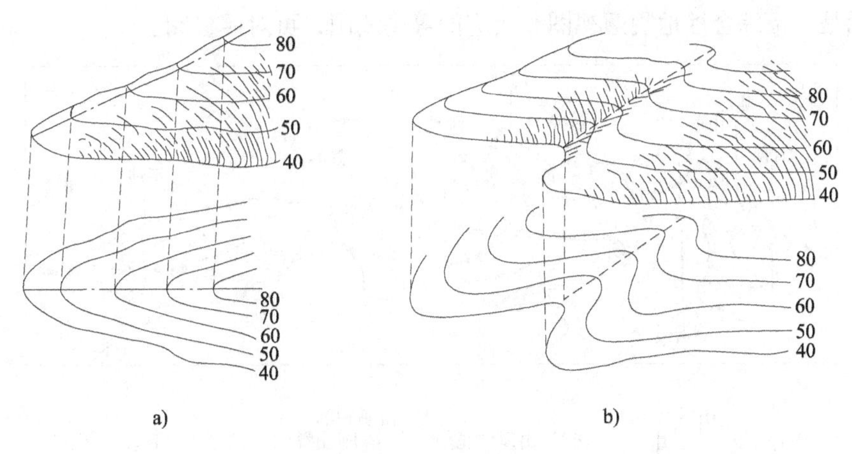

图 7-5　山脊与山谷

（3）鞍部　相邻两个山顶之间的低洼处形似马鞍状，称为鞍部。等高线的形状如图 7-6 所示，是一圈大的闭合曲线内套有两组相对称，且高程不同的闭合曲线。

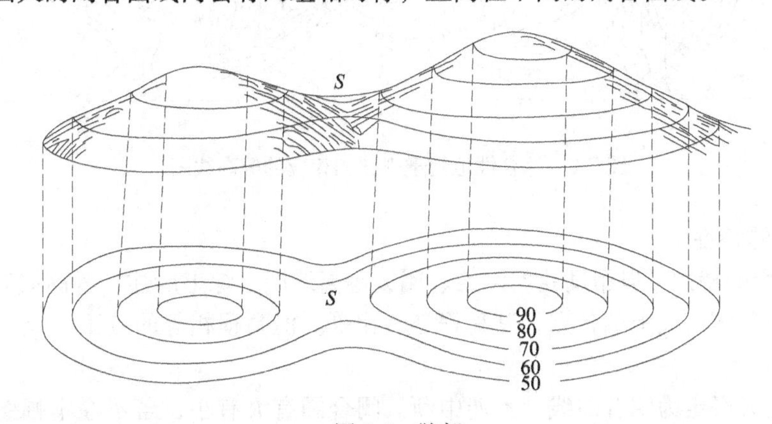

图 7-6　鞍部

（4）峭壁、断崖与悬崖　山坡坡度 70°以上，难于攀登的陡峭崖壁称为峭壁（陡崖）。由于等高线过于密集且不规则，用图 7-7 符号表示。

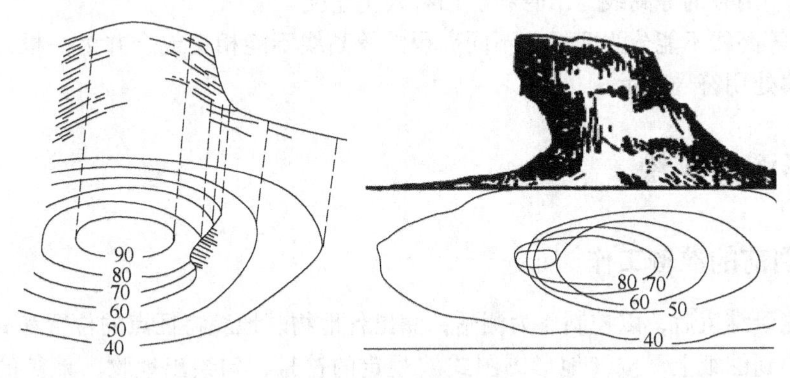

图 7-7　陡崖与悬崖

还有一些特殊地貌，如梯田、冲沟、雨裂、阶地等，表示方法参见《地形图图式》。如图 7-8 所示是一幅综合性地貌透视图和相应的等高线图，可对照参阅。

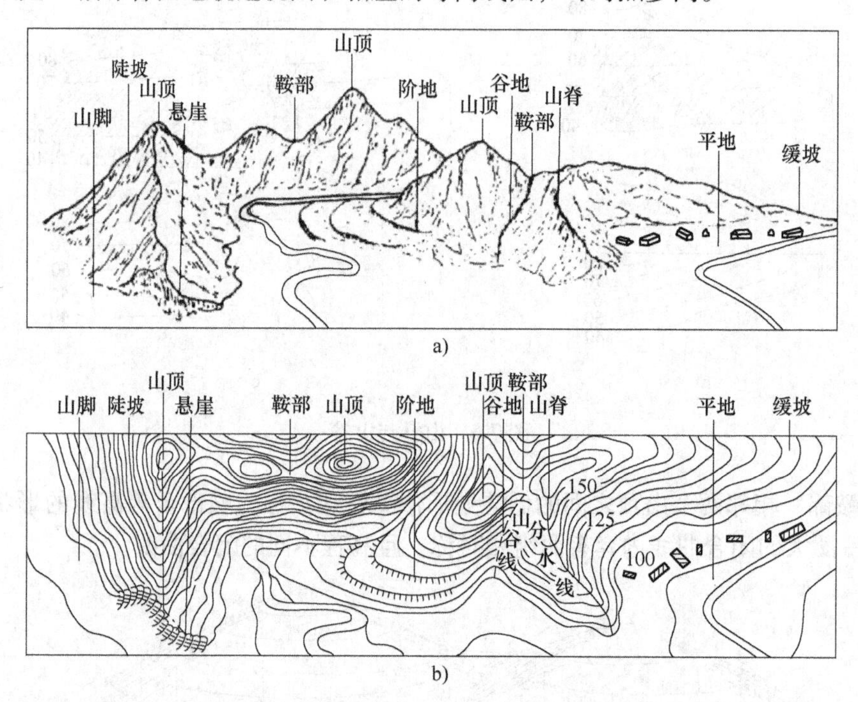

图 7-8 综合性地貌透视图和相应的等高线图

2. 等高线的特性

掌握等高线的特性可以帮助我们测绘、阅读等高线图，综上所述，等高线有以下特性：

1）在同一条等高线上的各点，其高程必然相等。但高程相等的点不一定都在同一条等高线上。

2）凡等高线必定为闭合曲线，不能中断。闭合圈有大有小，若不在本幅图内闭合，则在相邻其他图幅内闭合。

3）在同一幅图内，等高线密集表示地面的坡度陡，等高线稀疏表示地面坡度缓，等高线平距相等，地面坡度均匀。

4）山脊、山谷的等高线与山脊线、山谷线呈正交。

5）一条等高线不能分为两根，不同高程的等高线不能相交或合并为一根，在陡崖、陡坎等高线密集处用符号表示。

7.2 地形图的测绘

7.2.1 测图前的准备工作

在控制测量结束后，以控制点为测站，测出各地物、地貌特征点的位置和高程，按规定的比例尺缩绘到图纸上，按《地形图图式》规定的符号，勾绘出地物、地貌的位置、大小和形状，即成地形图。地物、地貌特征点通称为碎部点；测定碎部点的工作称为碎部测量，也称地形图测绘。

测绘大比例尺地形图的方法很多，常用的有经纬仪测绘法，小平板仪和经纬仪联合测绘法，大平板仪测绘法及摄影测量方法等。本节仅介绍经纬仪测绘法。

1. 图纸准备

测绘地形图应选用优质绘图纸。对于临时测图，可直接将图纸固定在图板上进行测绘。近年来，各测绘部门已广泛采用聚酯薄膜代替传统的绘图纸。聚酯薄膜具有透明度好、伸缩性小、不怕潮湿等优点，并可直接在测绘原图上着墨和复晒蓝图，使用保管都很方便。如果表面不清洁，还可用水清洗。缺点是易燃、易折和易老化，故使用保管时应注意防火、防折。

2. 绘制坐标方格网

为了把控制点准确地展绘在图纸上，应先在图纸上精确地绘制 10cm×10cm 的直角坐标方格网，然后根据坐标方格网展绘控制点。坐标方格网的绘制常用对角线法、坐标格网尺法或用 CAD 软件绘制。下面以对角线法为例，如图 7-9 所示，用检验过的直尺先将图纸的对角相连，对角线交点为 O 点，以 O 为圆心，取适当长度为半径画弧，在对角线上分别画出 A、B、C、D 四点，连接这四点成一矩形 $ABCD$。从 A、B 两点起，各沿 AD、BC、每隔 10cm 定一点；从 A、D 两点起，各沿 AB、DC 每隔 10cm 定一点，连接对边的相应点，即得坐标方格网。

坐标格网绘成后，应立即进行检查，各方格网实际长度与名义长度之差不应超过 0. 2mm，图廓对角线长度与理论长度之差不应超过 0. 3mm。如超过限差，应重新绘制。

3. 控制点展绘

展绘时，先根据控制点的坐标，确定其所在的方格，如图 7-10 所示，控制点 A 点的坐标为 $x_A = 647.43$m，$y_A = 634.92$m，由其坐标值可知 A 点的位置在 $plmn$ 方格内。然后用 1∶1000 比例尺从 P 和 n 点各沿 pl、nm 线向上量取 47. 43m，得 c、d 两点；从 p、l 两点沿 pn、lm 量取 34 92m，得 a、b 两点；连接 ab 和 cd，其交点即为 A 点在图上的位置。同法，将其余控制点展绘在图纸上，并按《地形图图式》的规定，在点的右侧画一横线，横线上方注点名，下方注高程，如图 7-10 中的 1、2、…等各点。

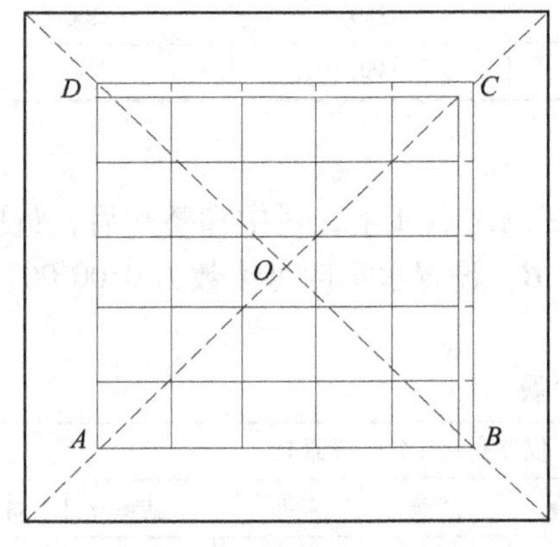

图 7-9　绘制坐标格网示意图

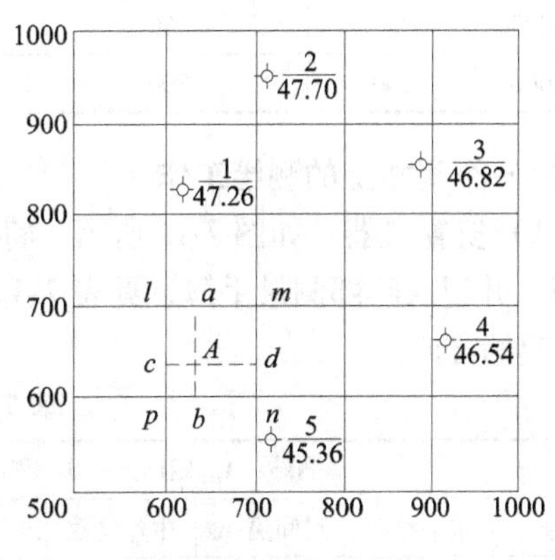

图 7-10　展点示意图

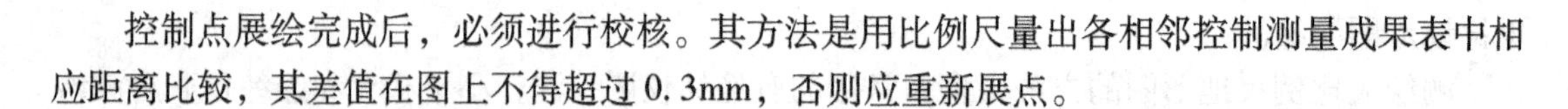

控制点展绘完成后，必须进行校核。其方法是用比例尺量出各相邻控制测量成果表中相应距离比较，其差值在图上不得超过0.3mm，否则应重新展点。

7.2.2 经纬仪测绘法

经纬仪测绘法就是将经纬仪安置在控制点上，绘图板安置于经纬仪近旁；用经纬仪测定碎部点的方向与已知方向之间的夹角；再用视距测量方法测出测站点至碎部点的平距及碎部点的高程；然后根据实测数据，用量角器和比例尺把碎部点的平面位置展绘在图纸上，并在点的右侧注明其高程，最后对照实地描绘地物、地貌。

1. 碎部点的选择

碎部点的正确选择是保证成图质量和提高测图效率的关键。碎部点应尽量选在地物、地貌的特征点上。

测量地物时，碎部点应尽量选择在决定地物轮廓线上的转折点、交叉点、弯曲点及独立地物的中心点等，如房的角点、道路的转折点、交叉点等。这些点测定之后，将它们连接起来，即可得到与地面物体相似的轮廓图形。由于地物的形状极不规则，所以一般规定主要地物凹凸部分在图上大于0.4mm均应表示出来。在地形图上小于0.4mm，可用直线连接。

测量地貌时，碎部点应选择在最能反映地貌特征的山脊线、山谷线等地形线上，如山顶、鞍部、山脊、山脚、谷底、谷口、沟底、沟口、洼地、河川、湖泊等的坡度和方向变化处，可参考图7-8去领会。根据这些特征点的高程勾绘等高线，就能得到与地貌最为相似的图形。

为了能真实地表示实地情况，测图时应根据比例尺、地貌复杂程度和测图目的，合理掌握地形点的选取密度。在平坦或坡度均匀地段，碎部点的最大间距和测碎部点的最大视距，应符合表7-3的规定。

表7-3 碎部点的最大间距和测碎部点的最大视距

测图比例尺	地貌点最大间距/m	最大视距/m			
		主要地物点		次要地物点和地貌点	
		一般地区	城市建筑区	一般地区	城市建筑区
1∶500	15	60	50	100	70
1∶1000	30	100	80	150	120
1∶2000	50	180	120	250	200
1∶5000	100	300	—	350	—

2. 一个测站上的测绘工作

（1）安置仪器　如图7-11所示，将经纬仪安置在测站点A上，对中和整平后，量取仪器高i，并记入碎部测量手簿，见表7-4。瞄准控制点B，设置水平度盘读数为0°00′00″，则AB为起始方向。

表7-4 碎部测量手簿

测站：A　定向点：B　测站高程：213.45　仪器高：1.43　仪器 DJ_6

点号	水平角/°	尺间隔/m	中丝读数	竖盘读数	竖直角	高差	平距	高程	备注
1	9554	0.564	1.43	9212	−212	−2.16	56.3	211.29	
2	10424	0.657	1.43	9154	−154	−2.18	65.6	211.27	

将图板安置在测站近旁，目估定向，以便对照实地绘图。连接图上相应控制点 A、B，并适当延长，得图上起始方向线 AB。然后，用小针通过量角器圆心的小孔插在 A 点，使量角器圆心固定在 A 点上。

（2）立尺　立尺员应根据实地情况及本测站实测范围，与观测员、绘图员共同商定跑尺路线，然后依次将视距尺立在地物、地貌的特征点上，如图 7-11 的 1 点上。

（3）观测、记录与计算　观测员将经纬仪瞄准 1 点视距尺，读取视距间隔 1，中丝读数 v，再读竖盘读数 L，记入测量手簿，并依据下列公式计算水平距离 D 与高差 h：

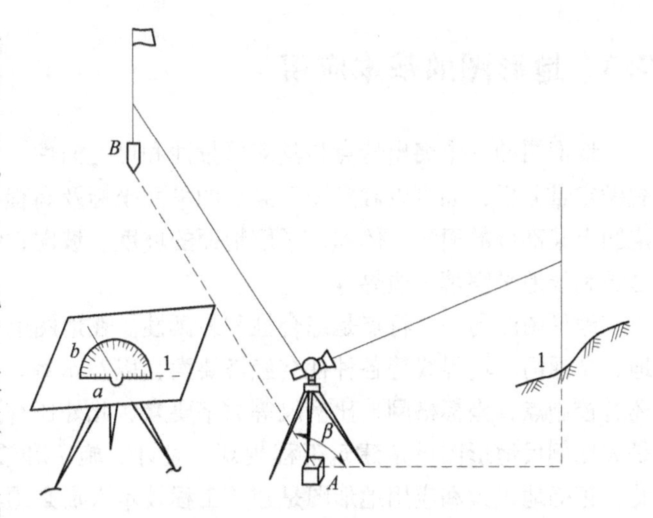

图 7-11　经纬仪测绘法示意图

$$D = KL\mathrm{COS}^2\alpha \tag{7-3}$$

$$h = \frac{1}{2}KL\sin 2\alpha + i - v \tag{7-4}$$

（4）展点、绘图　在观测碎部点的同时，绘图员应根据测得和计算出的数据，在图纸上进行展点和绘图。

转动量角器，将碎部点方向的水平角值对在起始方向线 AB 上，则量角器上零方向便是碎部点方向。然后沿零方向线，按测图比例尺和所测的水平距离定出碎部点的位置，并在点的右侧注明其高程。同法，将所有碎部点的平面位置及高程，绘于图上。

然后，参照实地情况，按地形图图式规定的符号及时将所测的地物和等高线在图上表示出来。在描绘地物、地貌时，应遵守以下原则：

1）随测随绘，地形图上的线画、符号和注记一般在现场完成，并随时检查所绘地物、地貌与实地情况是否相符，有无漏测，及时发现和纠正问题，真正做到点点清、站站清。

2）地物描绘与等高线勾绘，必须按地形图图式规定的符号和定位原则及时进行，对于不能在现场完成的绘制工作，也应在当日内业工作中完成，要求做到天天清。

3）为了相邻图幅的拼接，一般每幅图均应测出图廓外 5mm。

7.2.3　地形图的拼接、检查与整饰

当测图面积大于一幅地形图的面积时，要分成多幅施测，由于测绘误差的存在，相邻地形图测完后应进行拼接。拼接时，如偏差在规定限值内，则取其平均位置修整相邻图幅的地物和地貌位置。否则，应进行检查、修测，直至符合要求。

为保证成图质量，在地形图测完后，还必须进行全面的自检和互检，检查工作一般分为室内检查和野外检查两部分。

最后进行地形图的清绘与整饰工作，使图面更加合理、清晰、美观。

7.3 地形图的基本应用

地形图的一个突出特点是具有可量性和可定向性。设计人员可以在地形图上对地物、地貌做定量分析，如可以确定图上某点的平面坐标及高程；确定图上两点间的距离和方位，确定图上某部分的面积、体积；了解地面的坡度、坡向；绘制某方向线上的断面图；确定汇水区域和场地平整填挖边界等。

地形图的另一个特点是综合性和易读性。在地图上所提供的信息内容非常丰富，如居民地、交通网、境界线等各种社会经济要素，以及水系、地貌、土壤和植被等自然地理要素，还有控制点、坐标格网、比例尺等数字要素，此外还有文字、数字和符号等各种注记，尤其是大比例尺地形图更是建筑工程规划、设计、施工和竣工管理等不可缺少的重要资料。因此，正确地识读和应用地形图是建筑工程技术人员必须具备的基本技能。

7.3.1 地形图的识读及应用

1. 识读

地形图的识读是正确应用地形图的基础，这就要求能将地形图上的每一种注记、符号的含义准确地判读出来。地形图的识读可按先图外后图内、先地物后地貌、先主要后次要、先注记后符号的基本顺序，并参照相应的《地形图图式》逐一阅读。

（1）图外注记识读　读图时，先了解所读图幅的图名、图号、接合图表、比例尺、坐标系统、高程系统、等高距、测图时间、测图类别、图式版本等内容。然后进行地形图内地物和地貌的识读。

（2）地物识读　根据地物符号和有关注记，了解地物的分布和地物的位置，因此，熟悉地物符号是提高识图能力的关键。

（3）地貌识读　根据等高线判读出山头、洼地、山脊、山谷、山坡、鞍部等地貌。同时根据等高线的密集程度来分析地面坡度的变化情况。在地形图上，除读出各种地物和地貌外，还应根据图上配置的各种植被符号或注记说明，了解植被的分布、类别特征、面积大小等。按以上读图的基本程序和方法，可对一幅地形图获得较全面的了解，以达到真正读懂地形图的目的，为用图打下良好的基础。

2. 地形图的基本应用

（1）在图上确定某点的坐标　如图 7-12a 所示，大比例尺地形图上画有 10cm×10cm 的坐标方格网，并在图廓的西、南边上注有方格的纵、横坐标值，欲确定图上 A 点的坐标，首先根据图廓坐标注记和点 A 的图上位置，绘出坐标方格 $abcd$，过 A 点作坐标方格网的平行线 pq、fg 与坐标方格相交于 p、q、f、g 四点，再按地形图比例尺（1：1000）量取 ap 和 af 的长度得：$ap=80.2\text{m}$，$af=50.3\text{m}$。

$$\begin{aligned} x_A &= x_a + ap = 20100 + 80.2 = 20180.2(\text{m}) \\ y_A &= y_a + af = 10200 + 50.3 = 10250.3(\text{m}) \end{aligned} \tag{7-5}$$

为了校核量测的结果，并考虑图纸伸缩的影响，还需量出 pb 和 fd 的长度，以便进行换算。设图上坐标方格边长的理论长度为 l（本例 $l=100\text{m}$），可采用下式进行换算

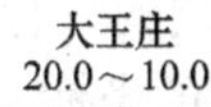

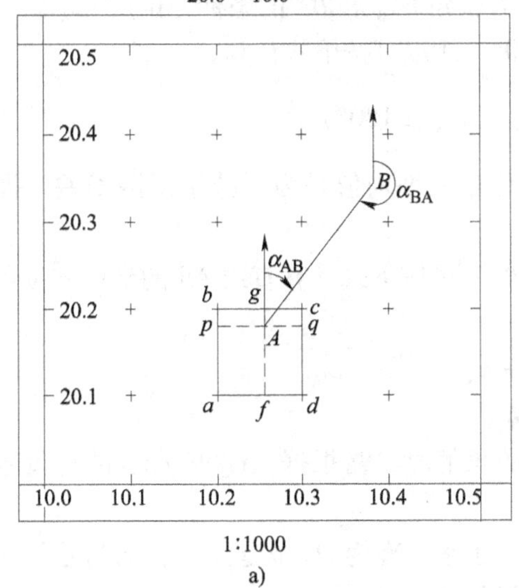

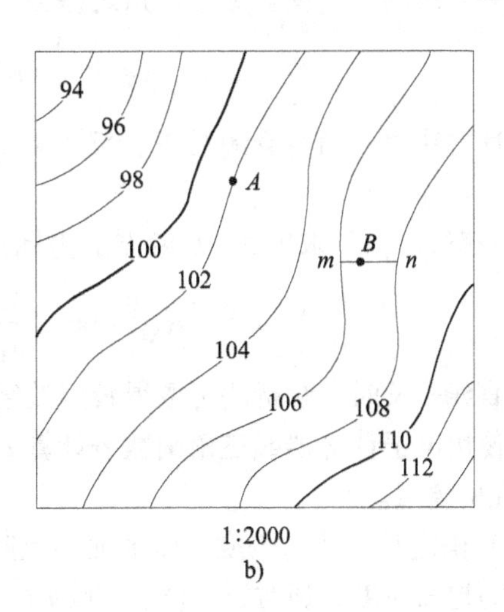

1:1000　　　　1:2000

a)　　　　b)

图 7-12　地形图基本应用示意图

$$x_A = x_a + \frac{l}{ab}ap$$

$$y_A = y_a + \frac{l}{ad}af \tag{7-6}$$

（2）在图上确定某点的高程　地形图上任一点的高程，可以根据等高线及高程标记来确定。如图 7-12b 所示，若某点 A 正好在等高线上，则其高程与所在的等高线高程相同，即 $H_A = 102.0\text{m}$ 。如果所求点不在等高线上，如图中的 B 点，位于 106m 和 108m 两条等高线之间，则可过 B 点作一条大致垂直于相邻等高线的线段 mn，量取 mn 的长度，再量取 mB 的长度，若分别为 9.0mm 和 2.8mm，已知等高距 $h=2\text{m}$，则 B 点的高程 H_B 可按比例内插求得：

$$H_B = H_m + \frac{mB}{mn}h = 106 + \frac{2.8}{9.0} \times 2 = 106.6 \tag{7-7}$$

（3）在图上确定两点间的距离　确定图上某直线的水平距离有两种方法。

1）直接量测。用卡规在图上直接卡出线段长度，再与图示比例尺比量，即可得其水平距离。也可以用毫米尺量取图上长度并按比例尺换算为水平距离，但后者会受图纸伸缩的影响，误差相应较大。但图纸上绘有图示比例尺时，用此方法较为理想。

2）根据直线两端点的坐标计算水平距离。为了消除图纸变形和量测误差的影响，尤其当距离较长时，可用两点的坐标计算距离，以提高精度。如图 7-12a 所示，欲求直线 AB 的水平距离，首先按式（7-6）求出两点的坐标值 x_A、y_A 和 x_B、y_B，然后按下式计算水平距离：

$$D_{AB} = \sqrt{(x_B - x_A)^2 + (y_B - y_A)^2} \tag{7-8}$$

（4）在图上确定某直线的坐标方位角　如图 7-12a 所示，欲求图上直线 AB 的坐标方位角，有下列两种方法：

1）图解法。当精度要求不高时，可采用图解法用量角器在图上直接量取坐标方位角。

如图 7-12a 所示，先过 A、B 两点分别精确地作坐标方格网纵线的平行线，然后用量角器的中心分别对中 A、B 两点量测直线 AB 的坐标方位角 α'_{AB} 和 BA 的坐标方位角 α'_{BA}。

同一直线的正、反坐标方位角之差为 180°，所以可按下式计算：

$$\alpha_{AB}=\frac{1}{2}(\alpha'_{AB}+\alpha'_{BA}\pm 180°) \tag{7-9}$$

上述方法中，通过量测其正、反坐标方位角取平均值是为了减小量测误差，提高量测精度。

2）解析法。先求出 A、B 两点的坐标，然后再按下式计算直线 AB 的坐标方位角：

$$\alpha_{AB}=\tan^{-1}\frac{y_B-y_A}{x_B-x_A}=\tan^{-1}\frac{\Delta y_{AB}}{\Delta x_{AB}} \tag{7-10}$$

当直线较长时，解析法可取得较好的结果。

当使用电子计算器或三角函数表计算 a 的角值时，需根据 Δx_{AB} 和 Δy_{AB} 的正负号，确定 α_{AB} 所在的象限。

（5）确定某直线的坡度　设地面两点间的水平距离为 D，高差为 h，而高差与水平距离之比称为地面坡度，通常以 i 表示，则 i 可用下式计算：

$$i=\frac{h}{D}=\frac{h}{dM} \tag{7-11}$$

式中，d 为两点在图上的长度，以米为单位；M 为地形图比例尺分母。

如图 7-12a 所示中的 A、B 两点，设其高差 h 为 1m，若量得 AB 图上的长度为 2cm，并设地形图比例尺为 1∶5000，则 AB 线的地面坡度为

$$i=\frac{h}{dM}=\frac{1}{0.02\times 5000}=\frac{1}{100}=1\%$$

坡度 i 常以百分率或千分率表示。

应注意的是：如果两点间的距离较长，中间通过疏密不等的等高线，则上式所求地面坡度为两点间的平均坡度。

7.3.2　地形图在工程建设中的应用

1. 按预定方向绘制纵断面图

绘制地形断面图

纵断面图是显示沿指定方向地球表面起伏变化的剖面图。在各种线路工程设计中，为了进行填挖土（石）方量的概算以及合理地确定线路的纵坡等，都需要了解沿线路方向的地面起伏情况，而利用地形图绘制沿指定方向的纵断面图最为简便，因而得到广泛应用。

如图 7-13a 所示，欲沿地形图上 MN 方向绘制断面图，可首先在绘图纸或方格纸上绘制 MN 水平线，如图 7-13b 所示，过 M 点作 MN 的垂线作为高程轴线。然后在地形图上用卡规自 M 点分别卡出 M 点至 1、2、3、…，N 各点的水平距离，并分别在图 7-13 上自 M 点沿 MN 方向截出相应的 1、2…，N 等点。再在地形图上读取各点的高程，按高程比例尺向上作垂线。最后，用光滑的曲线将各高程顶点连接起来，即得 MN 方向的纵断面图。

需要注意的是：

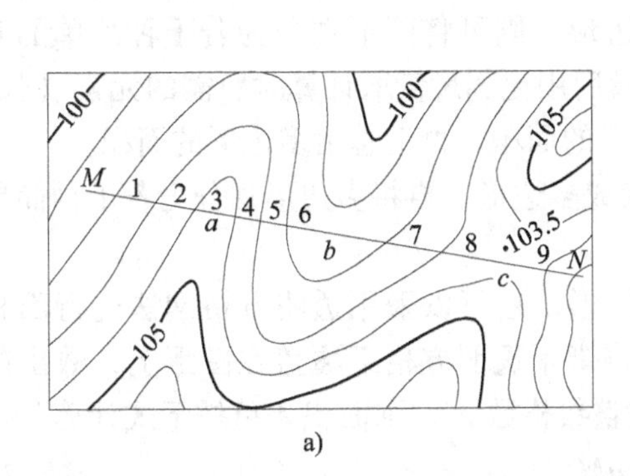

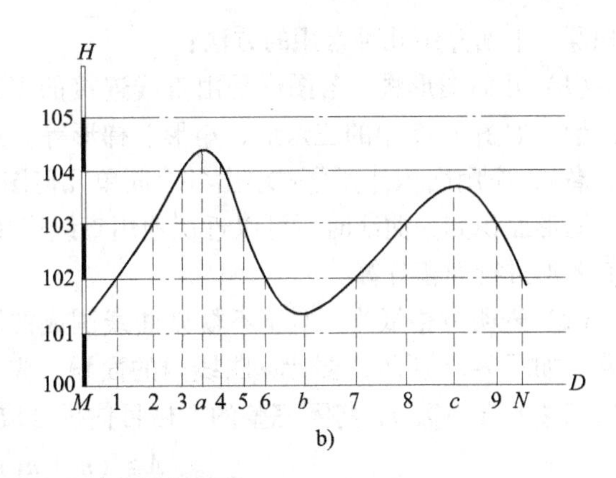

图 7-13　按预定方向绘制纵断面图

1）断面过山脊、山顶或山谷等处高程变化点的高程（如 a、b、c 等点），可用比例内插法求得。

2）绘制纵断面图时，为了使地面的起伏变化更加明显，高程比例尺一般比水平距离比例尺大 10~20 倍。

3）高程起始值要选择恰当，使绘出的断面图位置适中。

2. 在地形图上按限制坡度选择最短线路

按坡度选择最短线路

在道路、管线、渠道等工程规划设计时，常常有坡度要求，即要求线路在不超过某一限制坡度的条件下，选择一条最短路线或等坡度线。其具体做法是：如图 7-14 所示，设从公路旁 A 点到高地 B 点要选择一条公路线，要求其坡度不大于 5%（限制坡度）。设计用的地形图比例尺为 1∶2000，等高距为 1m。为了满足限制坡度的要求，由式（7-11）可计算出该路线经过相邻等高线之间的最小水平距离 d 为：

$$d=h/iM=1/0.05\times2000=0.01\ (\mathrm{m})$$

在图上连线时，以 A 点为圆心，以 d 为半径画弧交 81m 等高线于点 1，再以点 1 为圆心，以 d 为半径画弧，交 82m 等高线于点 2，依此类推，直到 B 点附近为止。然后连接 A、1、2…，B，便在图上得到符合限制坡度的路线。这只是 A 到 B 的路线之一，为了便于选线比较，还需另选一条路线，如 A、1′、2′…，B。同时考虑其他因素，如少占或不占农田，建筑费用最少，避开不良地质等进行修改，以便确定线路的最佳方案。

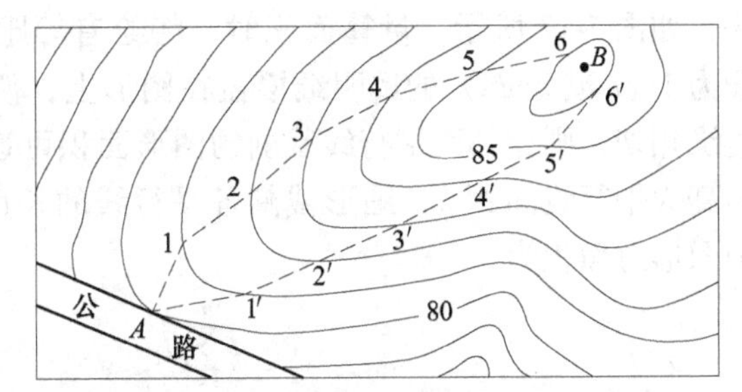

图 7-14　按限制坡度选择最短线路示意图

如遇等高线之间的平距大于 1cm，以 1cm 为半径的圆弧将不会与等高线相交。这说明坡度小于限制坡度。在这种情况下，路线方向可按最短距离绘出。

3. 图形的面积量算

在规划设计中，常需要在地形图上量算一定轮廓范围内的面积。例如，平整土地的填挖面积，规划设计某一区域的面积，厂矿用地面积，渠道与道路工程中的填挖断面面积，汇水面积等，下面介绍几种常用的方法：

（1）几何图形法　若图形是由直线连接的多边形，则可将图形划分为若干种简单的几何图形，如图 7-15 中的三角形、矩形、梯形等。然后用比例尺量取计算时所需的元素（长、宽、高），应用面积计算公式求出各个简单几何图形的面积，再汇总出多边形的面积。

图形面积如为曲线时，可以近似地用直线连接成多边形。再将多边形划分为若干种简单几何图形进行面积计算。

（2）透明方格纸法　对于不规则曲线围成的图形，还可以采用透明方格网法进行面积量算。如图 7-16 所示，要计算曲线内的面积，先将毫米透明方格纸覆盖在图形上，数出图形内完整的方格数 n，将不完整的方格目估折合成整数格数 n_1，则面积 A 可按下式计算

$$A=(n+n_1)aM^2 \tag{7-12}$$

式中，a 为透明方格纸小方格的面积；M 为比例尺分母。

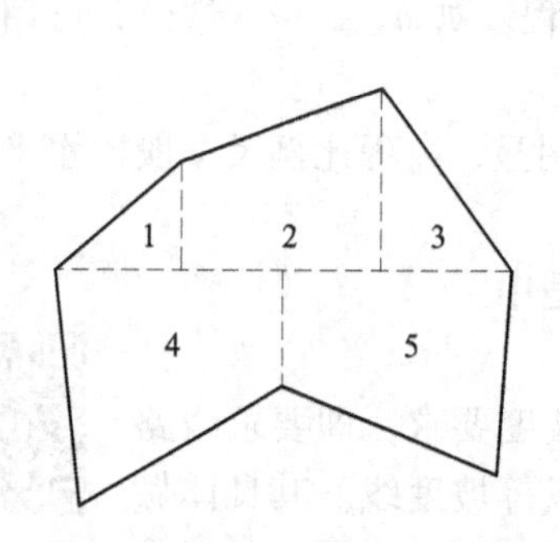

图 7-15　几何图形法求面积

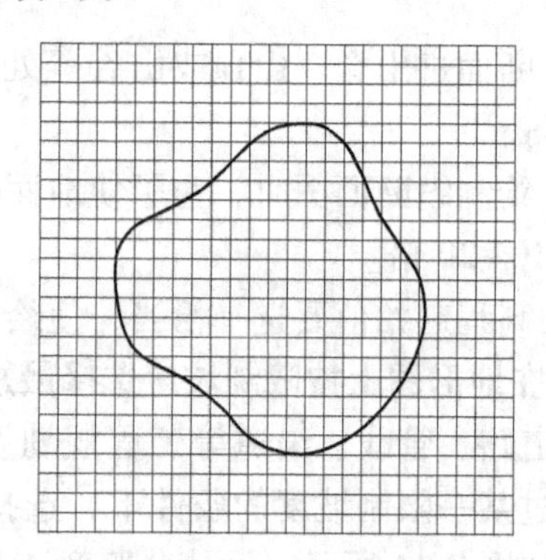
图 7-16　透明方格纸法

（3）平行线法　透明方格网法的量算精度受到方格网凑整误差的影响，精度不高，为减少边缘因目估产生的误差，可采用平行线法，如图 7-17 所示，量算面积时，将绘有等距平行线（间距 d 一般为 1mm 或 2mm）的透明纸覆盖在图形上，使两条平行线与图形边缘相切，则相邻两平行线截割的图形面积可近似视为梯形。梯形的高为平行线间距 h，图形截割各平行线的长度为 l_1、l_2、…，l_n，则图形总面积为

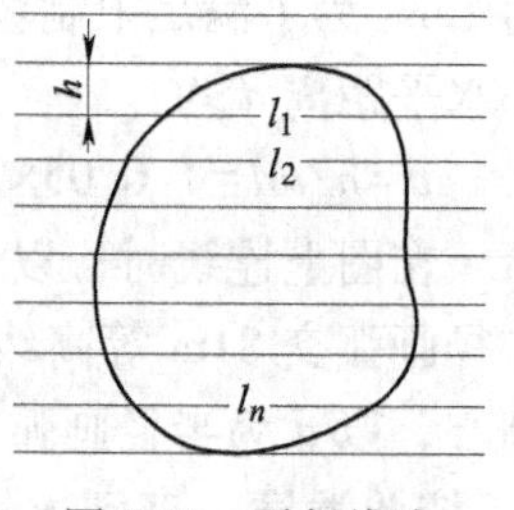

图 7-17　平行线法

$$s=d\sum_{i=1}^{n}l_i \tag{7-13}$$

4. 根据地形图等高线平整场地

在工程建设中，通常要对拟建地区的自然地貌加以改造，以整理为水平和倾斜的场地，适用于布置和修建建筑物，便于排水，满足交通运输和敷设地下管线的需要，这些工作称为平整场地。在平整场地中，为了使场地的土石方工程合理，应满足挖方与填方基本平衡，同时概算出土石方的工程量，并测设出开挖、填土分界线。场地平整的计算方法很多，其中设计等高线法是应用最广泛的。

如图 7-18 所示为一幅 1∶1000 比例尺的地形图，假设要求将原地貌按挖填土方量平衡的原则改造成平面，其步骤如下：

（1）绘制方格网　在地形图上拟建场地内绘制方格网。方格网的大小取决于地形复杂

程度和土石方概算精度，一般方格的边长为10m或20m为宜，图7-18中方格边长为20m。方格的方向尽量与边界方向、主要建筑物方向或施工坐标方向一致。根据地形图上的等高线，用内插法求出每一方格网点的地面高程，并注记在相应方格点的右上方。

(2) 计算设计高程　首先将每一方格顶高程平均值计算出来，再把每个方格的平均高程相加除以方格总数 n，就得到设计高程 $H_{设}$，在实际计算时，可根据方格角点高程在方格平均高程计算时出现的次数来进行计算。由图7-18所示地形图可以看出，有些角点自然高程是一个方格所有，如1轴/E轴、5轴/E轴、1轴/A轴，在计算中出现1次；

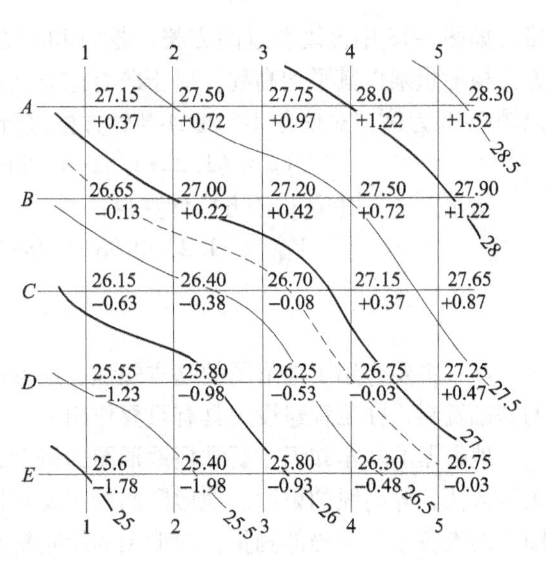

图7-18　水平场地平整示意图

有些角点自然高程是两个方格所有，如1轴/B-D轴、2-4轴/A轴边线点出现2次，在计算中出现2次；有些角点自然高程是四个方格所有，如2-4轴/B-D轴中间点出现4次，在计算中出现4次。规定：使用1次的角点自然高程用 H_1 表示，共有 $\sum H_1$ 个；使用2次、3次、4次的角点自然高程用 H_2、H_3、H_4表示，以此类推，分别为 $2\sum H_2$、$3\sum H_3$、$4\sum H_4$ 个。则场地设计高程计算公式为

$$H_{设} = \frac{\sum H_1 + 2\sum H_2 + 3\sum H_3 + 4\sum H_4}{4n} \tag{7-14}$$

式中　n——方格总数。

现将图7-18各方格点的地面高程代入式(7-14)，即可计算出设计高程为：

$$\begin{aligned}H_{设} = [&(27.15 + 28.30 + 25.6 + 26.75) + 2 \times (27.50 + 27.75 + 28.0 + \\ &27.90 + 27.65 + 27.25 + 26.65 + 26.15 + 25.55 + 25.40 + 25.80 + 26.30) + 4 \times \\ &(27.00 + 27.20 + 27.50 + 26.40 + 26.70 + 27.15 + 25.80 + 26.25 + 26.75)] \\ &\div (4 \times 16) \approx 26.78\ (\mathrm{m})\end{aligned}$$

(3) 计算挖、填数值　根据设计高程和各方格顶点的高程，可以计算出每一方格顶点的挖、填高度，即

$$挖、填高度 = 地面高程 - 设计高程 \tag{7-15}$$

将图中各方格顶点的挖、填高度写于相应方格顶点的右下方，如+0.37、+0.72等。正号为挖深，负号为填高。

(4) 绘出挖、填边界线　在地形图上根据等高线，用目估法内插出高程为26.78m的高程点，即填挖边界点，称为零点。连接相邻零点的曲线（图7-18中虚线），称为填挖边界线。在填挖边界线一边为填方区域，另一边为挖方区域。零点和填挖边界线是计算土方量和施工的依据。

(5) 计算挖、填土(石)方量　计算填、挖土(石)方量有两种情况：一种是整个方格全填(或挖)方，如图7-18中虚线未经过的方格；另一种是既有挖方，又有填方的方

格，如图 7-18 中虚线经过的方格。挖方和填方土方量分别计算，计算方法是用挖（或填）方方格面积乘以其平均高程，对于既有挖方又有填方的方格，其面积通过内插法求得。下面以图 7-18 为例，对挖方 4-5 轴/*A-B* 轴方格进行计算得：

$$V_{挖}=(1.22+1.52+0.72+1.12)\div4\times20^2=458(m^3)$$

对填方 1-2 轴/*D-E* 轴方格计算得：

$$V_{填}=(-1.23-0.98-1.78-1.98)\div4\times20^2=-597(m^3)$$

小　结

本章主要介绍了地形图的基本知识、地形图测绘及地形图应用。地形图是各项工程建设的基础资料，在工程建设中具有重要作用。

地形图的基本知识主要掌握地形图的概念，比例尺和比例尺精度，地物、地貌的图式及表示方法，等高线的识读。地形图测绘主要掌握经纬仪大比例尺地形图的基本方法，包括测图前的准备工作、碎部测量、地形图的绘制拼凑整饰。地形图的应用主要掌握地形图应用的基本内容和地形图在工程建设中的应用。

通过本章的学习，应能够识读地形图，在地形图上确定点的高程和坐标，确定两点间的距离及确定坡度，绘制设计路线纵断面图，确定最短距离，进行图形面积计算和土石方工程量计算。

思 考 题

1. 什么是地形图比例尺？地形图比例尺有什么作用？
2. 什么是比例尺精度？它对用图和测图各有什么作用？举例说明。
3. 什么是比例符号、非比例符号、半比例符号？
4. 简述大比例尺地形图测绘的方法。
5. 简述测图前的准备工作。
6. 简述地形图阅读的步骤和方法。
7. 简述利用地形图确定某点坐标和高程的方法。
8. 简述利用地形图确定两点间直线距离的方法。
9. 简述依据地形图按设计坡度选定最短线路的方法。

习　题

一、选择题

1. 等高距是两相邻等高线之间的（　　）。

A. 高程之差　　B. 平距　　C. 间距　　D. 斜距

2. 当视线倾斜进行视距测量时，水平距离的计算公式是（　　）。

A. $D=Kn+C$　　B. $D=Kn\cos\alpha$　　C. $D=KL\cos^2a$　　D. $D=Kn\sin\alpha$

3. 一组闭合的等高线是山丘还是盆地，可根据（　　）来判断。

A. 助曲线　　B. 首曲线　　C. 计曲线　　D. 高程注记

4. 在比例尺为 1∶2000，等高距为 2m 的地形图上，如果按照指定坡度 $i=5\%$，从坡脚 *A* 到坡顶 *B* 来选择路线，其通过相邻等高线时在图上的长度为（　　）。

A. 10mm　　B. 20mm　　C. 25mm　　D. 30mm

5. 两不同高程的点，其坡度应为两点（　　）之比，再乘以100%。

A. 高差与其平距　　B. 高差与其斜距　　C. 平距与其斜距　　D. 斜距与其高差

6. 在一张图样上等高距不变时，等高线平距与地面坡度的关系是（　　）。

A. 平距大则坡度小　　B. 平距大则坡度大

C. 平距大则坡度不变　　D. 平距值等于坡度值

7. 地形测量中，若比例尺精度为b，测图比例尺为$1:M$，则比例尺精度与测图比例尺大小的关系为（　　）。

A. b与M无关　　B. b与M相等　　C. b与M成反比　　D. b与M成正比

8. 在地形图上表示的方法是用（　　）。

A. 比例符号、非比例符号、半比例符号和注记

B. 山脊、山谷、山顶、山脚

C. 计曲线、首曲线、间曲线、助曲线

D. 地物符号和地貌符号

9. 测图前的准备工作主要有（　　）。

A. 组织领导、场地划分、后勤供应　　B. 计算坐标、展绘坐标、检核坐标

C. 资料、仪器工具、文具用品的准备　　D. 图纸准备、方格网绘制、控制点展绘

10. 若地形点在图上的最大距离不能超过3cm，对于比例尺为1∶500的地形图，相应地形点在实地的最大距离应为（　　）。

A. 15m　　B. 20m　　C. 30m　　D. 35m

二、计算分析题

1. 在比例尺是1∶1000的地图上，量得一间房屋地基长8cm，宽5cm。这间房屋实际的长和宽分别是多少?

2. 在一幅地形图上，用5cm的距离表示实际距离100m。在这幅地图上量得A、B两地的距离是3.5cm，则A、B两地的实际距离是多少? 一条6400m的道路，在这幅地图上是多长?

3. 若A、B两点在地形图上的长度$d=100\text{mm}$，地形图的比例尺分母$M=1000$。地形图表示的A、B两点实际水平距离是多少? 这幅地形图的比例尺精度是多少? 该精度对测图和用图有何指导意义?

4. 如图7-14所示，从A地到B地修一条公路，已知等高距$h=2\text{m}$，路线最大坡度$i=5\%$，要求根据地形图等高线和规定的坡度选择最短路线。

第 8 章

施工测量的基本工作

知识目标

熟悉测设已知水平距离、已知水平角和已知高程，掌握点的平面测设方法，熟悉圆曲线测设。

能力目标

能够进行点的平面测设。

重点与难点

重点为点的平面测设；难点为圆曲线测设。

8.1 施工测量概述

在进行建筑、道路、桥梁和管道等工程建设时，都需要经过勘测、设计、施工这三个阶段。前面所讲的地形图的测绘与应用，都是为上述各种工程进行规划设计提供必要的资料。在设计工作完成后，就要在实地进行施工。在施工阶段所进行的测量工作，称为施工测量，又称测设或放样。

施工测量的任务是根据施工需要将设计图样上的建（构）筑物的平面和高程位置，按一定的精度和设计要求，用测量仪器测设在地面上，作为施工的依据，并在施工过程中进行一系列的测量工作，以衔接和指导各工序间的施工。

施工测量是施工的先导，贯穿于整个施工过程中。内容包括从施工前的场地平整，施工控制网的建立，到建（构）筑物的定位和基础放线，以及工程施工中各道工序的细部测设，构件与设备安装的测设工作；在工程竣工后，为了便于管理、维修和扩建，还需进行竣工测量，绘制竣工平面图；有些高大和特殊的建（构）筑物在施工期间和建成后还要定期进行变形观测，以便积累资料，掌握变形规律，为工程设计、维护和使用提供资料。

在施工现场，由于各种建（构）筑物分布面较广，往往又不是同时开工兴建，为了保证各个建（构）筑物在平面位置和高程上的精度都能符合设计要求，互相连成统一的整体，施工测量和测绘地形图一样，也要遵循“从整体到局部，先控制后细部”的原则。即先在施工现场建立统一的平面控制网和高程控制网，然后以此为基础，测设出各个建（构）筑物的细部。只有这样才能保证施工测量的精度。

施工测量的特点如下：

施工测量和地形测图就其程序来讲恰好相反。地形测图是将地面上的地物、地貌测绘在图纸上，而施工测量是将图样上所设计的建（构）筑物，按其设计位置测设到相应的地面上。其本质都是确定点的位置。

与测图相比较，施工测量精度要求较高。其误差大小，将直接影响建（构）筑物的尺寸和形状。测设精度的要求又取决于建（构）筑物的大小、材料、用途和施工方法等因素。如工业建筑测设精度高于民用建筑；钢结构建筑物的测设精度高于钢筋混凝土结构的建筑物；装配式建筑物的测设精度高于非装配式的建筑物；高层建筑物的测设精度高于低层建筑物等。

施工测量与施工有着密切的联系，它贯穿于施工的全过程，是直接为施工服务的。测设的质量将直接影响到施工的质量和进度。测量人员除应充分了解设计内容及对测设的精度要求、熟悉图上设计建筑物的尺寸、数据以外，还应与施工单位密切配合，随时掌握工程进度及现场变动情况，使测设精度和速度能满足施工的需要。

施工现场工种多，交叉作业干扰大，地面变动较大并有机械的振动，易使测量标志被毁。因此，测量标志从形式、选点到埋设均应考虑便于使用、保管和检查，如有损坏，应及时恢复。在高处或危险地段施测时，应采取安全措施，以防止事故发生。

8.2　测设的基本工作

建（构）筑物的测设工作实质上是根据已建的控制点或已有的建筑物，按照设计的角度、距离和高程把图样上建（构）筑物的一些特征点（如轴线的交点）标定在实地上。因此，测设的基本工作，就是测设已知水平距离、已知水平角和已知高程。

8.2.1　测设已知水平距离

测距仪已知距离测设法

已知水平距离的测设，就是根据地面上给定的直线起点，沿给定的方向，定出直线上另外一点，使得两点间的水平距离为给定的已知值。例如，经常要在施工现场，把房屋的轴线的设计长度在地面上标定出来；经常要在道路及管线的中线上，按设计长度定出一系列点等。

1. 钢尺测设法

如图 8-1 所示，设 A 为地面上已知点，D 为设计的水平距离，要在地面上沿给定 AB 方向上测设水平距离 D，以定出线段的另一端点 B。具体做法是从 A 点开始，沿 AB 方向用钢尺边定线边丈量，按设计长度 D 在地面上定出 B'点的位置。若建筑场地不是平面时，丈量时可将钢尺一端抬高，使钢尺保持水平，用吊垂球的方法来投点。往返丈量 AB'的距离，若相对误差在限差以内（1/2000），取其平均值 D'，并将端点 B'加以改正，求得 B 点的最后位置。改正数 $\Delta D = D - D'$。当 ΔD 为正时，向外改正；反之，向内改正。

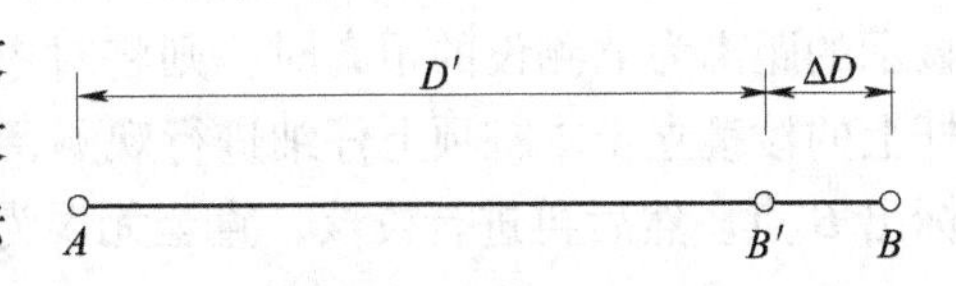

图 8-1　钢尺测设水平距离

若测设精度要求较高，可在定出 B' 点后，用检定过的钢尺精确往返丈量 AB' 的距离，并加尺长、温度和倾斜三项改正数，求出 AB' 的精确水平距离 D' 。根据 D' 与 D 的差值 $\Delta D=D-D'$，AB 方向对 B'点进行改正。

【例 8-1】 欲测设 A、B 两点间的距离 $D=46.000\text{m}$。使用的钢尺名义长度 $l_0=50\text{m}$，实际长度 $l_t=49.991\text{m}$。钢尺检定时的温度为20℃，其线膨胀系数 $\alpha=1.25\times10^{-5}$ 。测得 A、B 两点间的高差 $h=0.800\text{m}$，测设时的温度是 33℃，求测设时在地面上应量出的长度 D' 应为多少？

【解】 R 长改正数：$\Delta l_d=\dfrac{\Delta l}{\Delta l_0}D=\dfrac{49.991-50}{50}\times46\approx-0.008(\text{m})$

温度改正数：　$\Delta l_t=\alpha(t-t_0)D=1.25\times10^{-5}\times(33-20)\times46\approx0.007(\text{m})$

倾斜改正数：$\Delta l_h=-\dfrac{h^2}{2D}=-\dfrac{0.8^2}{2\times46}\approx-0.007(\text{m})$

距离测设时，三项改正数的符号与量距时相反，故测设长度为

$$D'=D-\Delta D=D-\Delta l_d-\Delta l_t-\Delta l_h=-46.008\text{m}$$

2. 电磁波测距仪测设法

由于电磁波测距仪的普及，目前水平距离的测设，尤其是长距离的测设多采用电磁波测距仪或全站仪。如图 8-2 所示，安置测距仪于 A 点，瞄准 AB 方向，指挥装在对中杆上的棱镜前后移动，使仪器显示值略大于测设的距离，定出 B' 点。在 B' 点安置反光棱镜，测出竖直角 α 及斜距 L（必要时加测气象改正），计算水平距离 $D'=L\cos\alpha$ ，求出 D' 与应测设的水平距离 D 之差 $\Delta D=D-D'$ 。根据 ΔD 的符号在实地用钢尺沿测设方向将 B' 改正至 B 点，并用木桩标定其点位。为了检核，应将反光镜安置于 B 点，再实测 AB 距离，其不符值应在限差之内，否则应再次进行改正，直至符合限差为止。若用全站仪测设，仪器可直接显示水平距离，则更为简便。

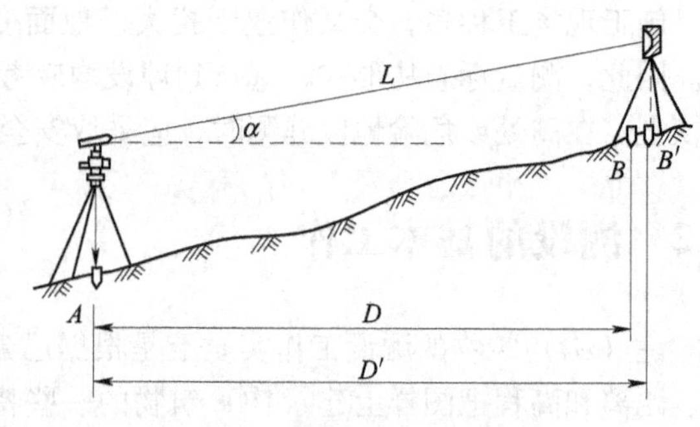

图 8-2　测距仪测设水平距离

3. 全站仪测设法

安置全站仪于 A 点，对中整平后开机，调出测设功能模式，选择距离放样项目，输入水平距离，瞄准 AB 方向，根据显示器的提示，指挥装在对中杆上的棱镜前后移动，当仪器显示的距离为欲测设的距离时，则将对中杆稳固地置于 B'点，并用木桩标定。然后将对中杆上的棱镜立于木桩顶上仔细进行观测，使显示出的距离等于已知水平距离 D，在木桩顶上标出 B 点。然后再进行校核，直至无误为止。

8.2.2　测设已知水平角

已知水平角的测设，就是根据一地面点和给定的方向，定出另外一个方向，使得两方向间的水平角为给定的已知值。例如，地面上已有一条轴线，要在该轴线定出一些与之相垂直的轴线，则需设置出 90°角。

1. 直接测设法

如图 8-3 所示，设地面上已有 OA 方向线，测设水平角 $\angle AOC$ 等于已知角值 β。测设时

将经纬仪安置在 O 点，用盘左瞄准 A 点，读取度盘读数，松开水平制动螺旋，旋转照准部，当度盘数增加 β 角值时，在视线方向上定出 C' 点，然后用盘右重复上述步骤，测设得另一点 C''，取 C' 和 C'' 中点 C，则 $\angle AOC$ 就是要测设的 β 角，OC 的方向就是所要测设的方向，这种测试角度的方法通常称为正倒镜分中法。

2. 精确测设法（归化法）

当测设水平角的精度要求较高时，应采用作垂线改正的方法，如图 8-4 所示。在 O 点安置经纬仪，先用一般方法测设 β 角值，在地面上定出 C' 点，再用测回法观测 $\angle AOC'$ 几个测回（测回数由精度要求决定），取各测回平均值为 β_1，即 $\angle AOC'=\beta_1$，当 β_1 和 β 的差值 $\Delta\beta$ 超过限差（±10″）时，需进行改正。根据 $\Delta\beta$ 和 OC' 的长度计算出改正值 CC'，即

$$CC' = OC'\tan\Delta\beta = OC'\frac{\Delta\beta}{\rho} \tag{8-1}$$

式中，$\rho=206265''$；$\Delta\beta$ 以秒（″）为单位。

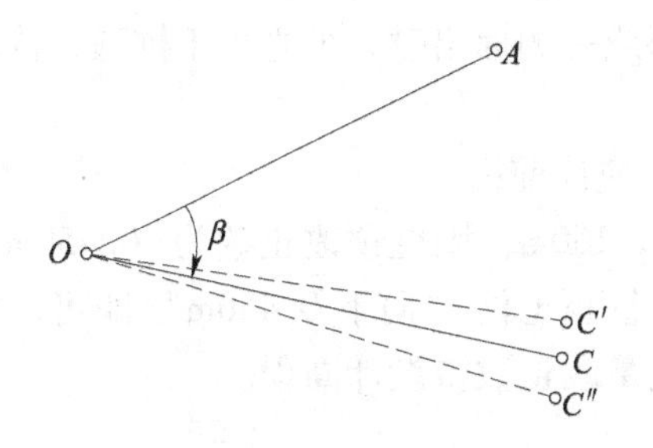

图 8-3　直接测设水平角

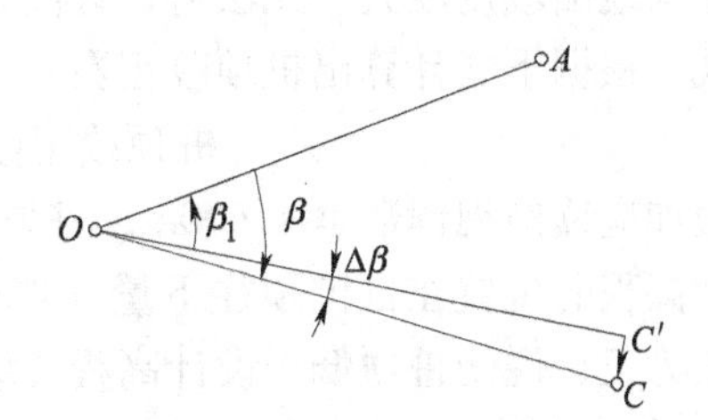

图 8-4　精确测设水平角

过 C' 点作 OC' 的垂线，再以 C' 点沿垂线方向量取 CC'，定出 C 点。则 $\angle AOC$ 就是要测设的 β 角。当 $\Delta\beta=\beta-\beta_1>0$ 时，说明 $\angle AOC'$ 偏小，应从 OC' 的垂线方向向外改正；反之，应向内改正。

【例 8-2】 已知地面上 A、O 两点，要测设直角 $\angle AOC$。

【解】 在 O 点安置经纬仪，盘左盘右测设直角取中数得 C' 点，量得 $OC'=50\text{m}$，用测回法观测三个测回，测得 $\angle AOC'=89°59'30''$。

$$\Delta\beta = 90°00'00'' - 89°59'30'' = 30''$$

$$CC' = OC'\frac{\Delta\beta}{\rho} = 50\times\frac{30''}{206265''} = 0.07(\text{m})$$

过 C' 点作 OC' 的垂线 CC'，向外量 $CC'=0.07\text{m}$ 定得 C 点，则 $\angle AOC$ 即为直角。

8.2.3　测设已知高程

已知高程的测设，就是根据已给定的点位，利用附近已知水准点，在点位上标定出给定高程的高程位置。例如，平整场地、基础开挖、建筑物地坪标高位置确定等，都要测设出已知的设计高程。

1. 视线高程法

在建筑设计和施工的过程中，为了使用和计算方便，一般将建筑物的室内地坪假设为±0.000，建筑物各部分的高程都是相对于±0.000 测设的，测设时一般采用视线高程法。

如图 8-5 所示，欲根据某水准点的高程 H_R，测设 A 点，使其高程为设计高程 H_A。则 A 点尺上应读的前视读数为

$$b_{应} = (H_R + a) - H_A \quad (8\text{-}2)$$

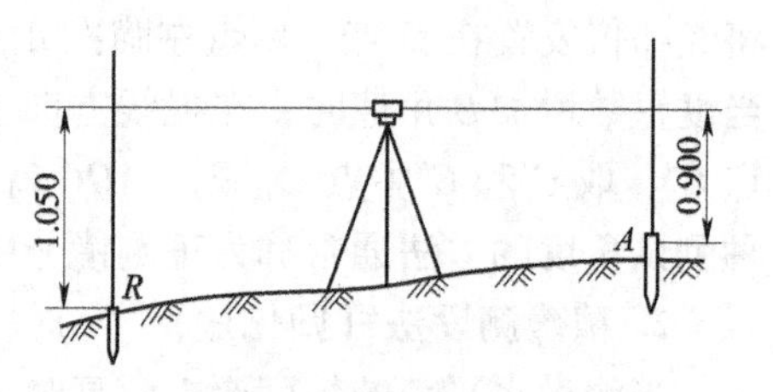

图 8-5 视线高程法

测设方法如下：

1）安置水准仪于 R、A 中间，整平仪器。

2）后视水准点 R 上的立尺，读得后视读数为 a，则仪器的视线高 $H_i = H_R + a$。

3）将水准尺紧贴 A 点木桩侧面上下移动，直至前视读数为 $b_{应}$时，在桩侧面沿尺底画一横线，此线即为室内地坪±0.000 的位置。

【例 8-3】 R 为水准点，H_R = 15.670m，A 为建筑物室内地坪±0.000 待测点，设计高程 H_A = 15.820m，若后视读数 a=1.050m，试求 A 点尺读数为多少时尺底就是设计高程 H_A。

【解】 $b_{应} = (H_R + a) - H_A = 15.670 + 1.050 - 15.820 = 0.900(\text{m})$

如果地面坡度较大，无法将设计高程在木桩顶部或一侧标出时，可立尺于桩顶，读取桩顶前视，根据下式计算出桩顶改正数：

桩顶改正数=桩顶前视-应读前视

假如应读前视读数是 1.600m，桩顶前视读数是 1.150m，则桩顶改正数为-0.450m，表示设计高程的位置在自桩顶往下量 0.450m 处，可在桩顶上注“向下 0.450m”即可。如果改正数为正，说明桩顶低于设计高程，应自桩顶向上量改正数得设计高程。

2. 高程传递法

开挖较深的基槽，将高程引测到建筑物的上部或安装起重机轨道时，由于测设点与水准点的高差很大，只用水准尺无法测定点位的高程，应采用高程传递法。即用钢尺和水准仪将地面水准点的高程传递到低处或高处上所设置的临时水准点，然后再根据临时水准点测设所需的各点高程。

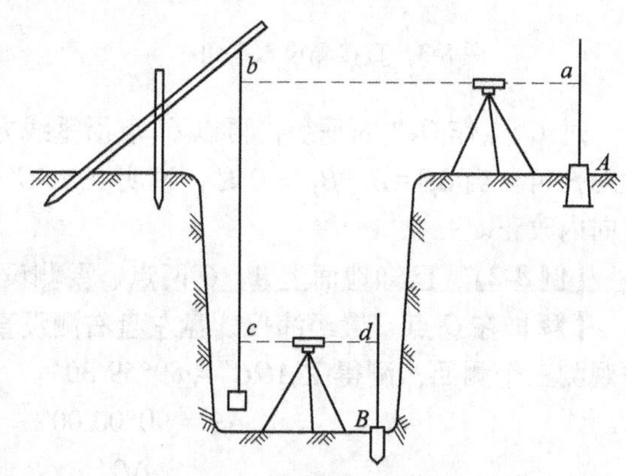

图 8-6 高程传递法

如图 8-6 所示，为深基坑的高程传递，将钢尺悬挂在坑边的木杆上，下端挂 10kg 重锤，在地面上和坑内各安置一台水准仪，分别读取地面水准点 A 和坑内水准点 B 的水准尺读数 a 和 d，并读取钢尺读数 b 和 c，则可根据已知地面水准点 A 的高程 H_A，按下式求得临时水准点 B 的高程 H_B：

$$H_B = H_A + a - (b - c) - d \quad (8\text{-}3)$$

为了进行检核，可将钢尺位置变动 10~20cm，同法再次读取这四个数，两次求得的高程相差不得大于 3mm。

高程传递法

当需要将高程由低处传递至高处时，可采用同样方法进行，由下式计算

$$H_A = H_B - a + (b - c) + d \quad (8\text{-}4)$$

8.3 测设平面点位的方法

测设点的平面位置，就是根据已知控制点，在地面上标定出一些点的平面位置，使这些点的坐标为给定的设计坐标。例如，在工程建设中，要将建筑物的平面位置标定在实地上，其实质就是将建筑物的一些轴线交叉点、拐角点在实地标定出来。

根据设计点位与已有控制点的平面位置关系，结合施工现场条件，测设点的平面位置的方法有直角坐标法、极坐标法、前方交会法、距离交会法等。

8.3.1 直角坐标法

当施工场地有彼此垂直的建筑基线或建筑方格网，待测设的建（构）筑物的轴线平行而又靠近基线或方格网边线时，常用直角坐标法测设点位。

如图 8-7 所示，Ⅰ、Ⅱ、Ⅲ、Ⅳ点是建筑方格网顶点，其坐标值已知，1、2、3、4 为拟测设的建筑物的四个角点，在设计图样上已给定四角的坐标，现用直角坐标法测设建筑物的四个角桩。测设步骤如下：

首先根据方格顶点和建筑物角点坐标，计算出测设数据。然后在Ⅰ点安置经纬仪，瞄准Ⅱ点，在ⅠⅡ方向Ⅰ点为起点分别测设 D_{Ia} = 20. 00m 、D_{ab} = 60. 00m，定出 a、b 点。搬仪器至 a 点，瞄准Ⅱ点，用盘左盘右测设 90°角，定出 a-4 方向线，在此方向上由 a 点测设 D_{a1} = 32. 00m，D_{14} = 36. 00m，定出 1、4 点。再搬仪器至 b 点，瞄准Ⅰ点，同法定出房角点 2、3。这样建筑物的四个角点位置便确定了，最后要检查 D_{12}、D_{34} 的长度是否为 60. 00m，房角 4 和 3 是否为 90°，误差是否在允许范围内。

直角坐标法计算简单，测设方便，精度较高，应用广泛。

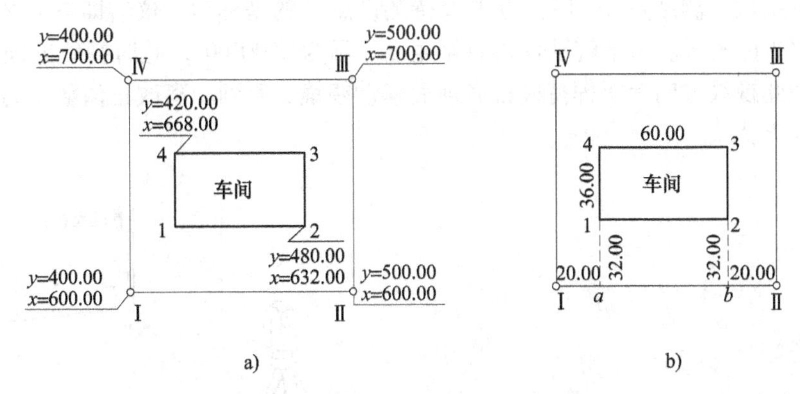

图 8-7 直角坐标法

a）直角坐标法设计图样 b）直角坐标法测设数据

8.3.2 极坐标法

极坐标法是在控制点上测设一个角度和一段距离来确定点的平面位置。此法适用于测设点离控制点较近且便于量距的情况。若用全站仪测设则不受这些条件限制。

如图 8-8 所示，A、B 为控制点，其坐标 x_A、y_A、x_B、y_B 为已知，P 为建筑物特征点，其

坐标 x_P、y_P 可在设计图上查得。现欲将 P 点测设于实地，先按下列公式计算出测设数据水平角 β 和水平距离 D_{AP}：

$$\left.\begin{aligned}\alpha_{AB}&=\arctan\frac{y_B-y_A}{x_B-x_A}\\\alpha_{AP}&=\arctan\frac{y_P-y_A}{x_P-x_A}\\\beta&=\alpha_{AB}-\alpha_{AP}\end{aligned}\right\}\tag{8-5}$$

$$D_{AP}=\sqrt{(x_P-x_A)^2+(y_P-y_A)^2}\tag{8-6}$$

测设时，在 A 点安置经纬仪，瞄准 B 点，采用正倒镜分中法测设出 β 角以定出 AP 方向，沿此方向上用钢尺测设距离 D_{AP}，即定出 P 点。

【例 8-4】 如图 8-8 所示，已知 $x_A=100.00\text{m}$，$y_A=100.00\text{m}$，$x_B=80.00\text{m}$，$y_B=150.00\text{m}$，$x_P=130.00\text{m}$，$y_P=140.00\text{m}$，求测设数据 β、D_{AP}。

【解】 将已知数据代入式（8-5）和式（8-6）可计算得：

$$\alpha_{AB}=\arctan\frac{y_B-y_A}{x_B-x_A}=\arctan\frac{150.00-100.00}{80.00-100.00}=111°48'05''$$

$$\alpha_{AP}=\arctan\frac{y_P-y_A}{x_P-x_A}=\arctan\frac{140.00-100.00}{130.00-100.00}=53°07'48''$$

$$\beta=\alpha_{AB}-\alpha_{AP}=111°48'05''-53°07'48''=58°40'17''$$

$$D_{AP}=\sqrt{(x_P-x_A)^2+(y_P-y_A)^2}=\sqrt{(130.00-100.00)^2+(140.00-100.00)^2}=50(\text{m})$$

如果用全站仪按极坐标法测设点的平面位置，则更为方便，甚至不需预先计算放样数据。如图 8-9 所示，A、B 为已知控制点，P 点为待测设的点。将全站仪安置在 A 点，瞄准 B 点，按提示分别输入测站点 A、后视点 B 及待测设点 P 的坐标后，仪器即自动显示测设数据水平角 β 及水平距离 D。水平转动仪器直至角度显示为 0°00′00″，此时视线方向即为所需测设的方向。在此视线方向上指挥持棱镜者前后移动棱镜，直到距离改正值显示为零，则棱镜所在位置即为 P 点。

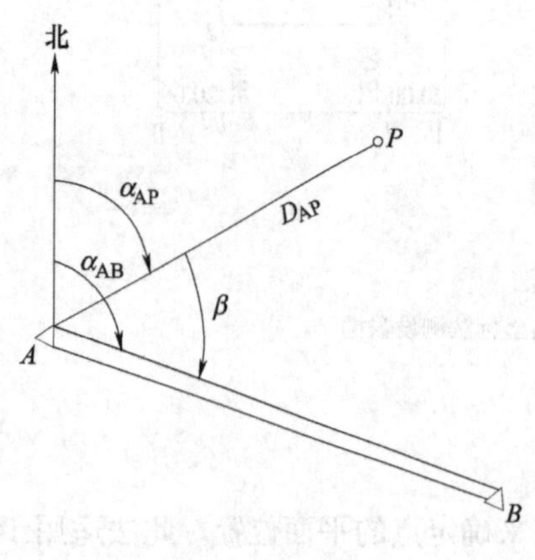

图 8-8 极坐标法

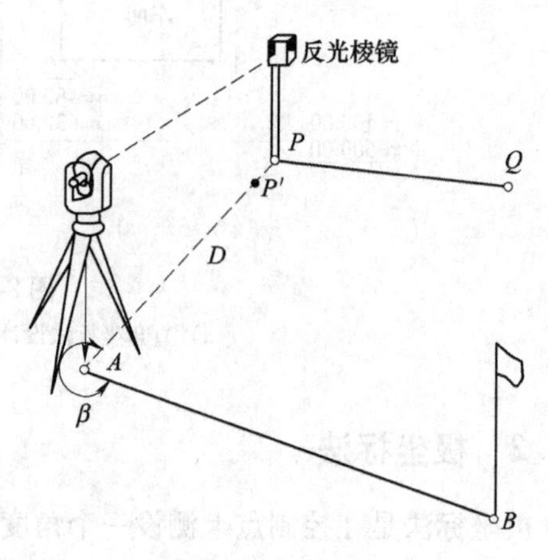

图 8-9 全站仪测设法

8.3.3 前方交会法

前方交会法是在两个控制点上用两台经纬仪测设出两个已知数值的水平角，交会出点的平面位置。为提高放样精度，通常用三个控制点三台经纬仪进行交会。此法适用于待测设点离控制点较远或量距较困难的地区。

如图 8-10 所示，A、B、C 为已有的三个控制点，其坐标为已知，需放样点 P 的坐标也已知。先根据控制点 A、B、C 的坐标和点 P 设计坐标，计算出测设数据 β_1、β_2、β_4，计算公式见式（8-5）。测设时，在 A、B、C 点各安置一台经纬仪，分别测设 β_1、β_2、β_4 定出三个方向，其交点即为 P 点的位置。由于测设有误差，往往三个方向不交于一点，而形成一个误差三角形，如果此三角形最长边不超过 1cm，则取三角形的重心作为 P 点的最终位置。

应用此法放样时，宜使交会角 γ_1、γ_2 在 30°~120°。

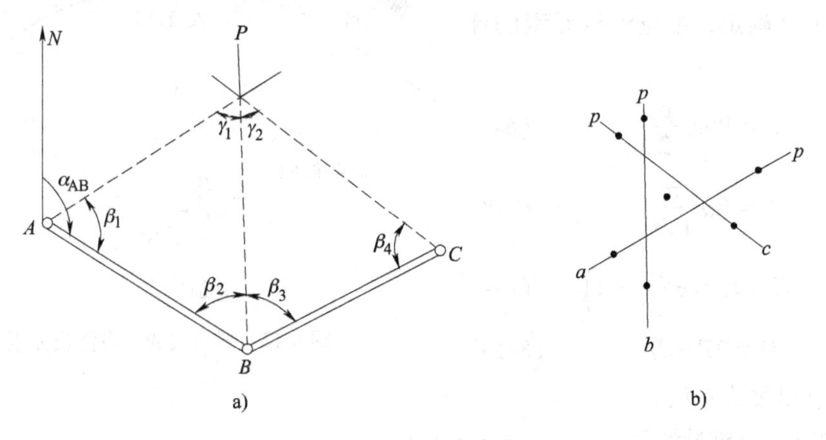

图 8-10 角度交会法

a）角度交会观测法 b）示误三角形

8.3.4 距离交会法

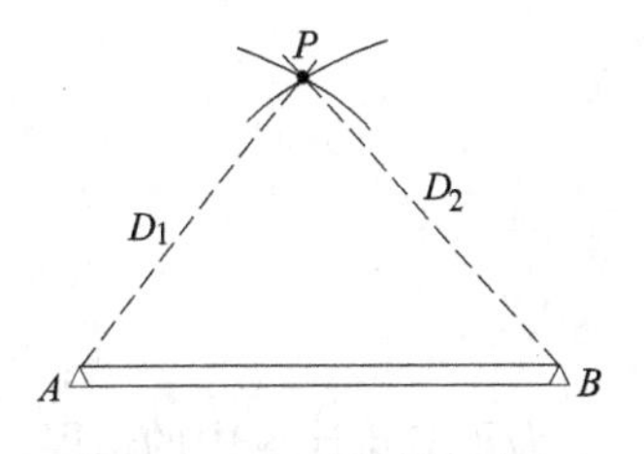

图 8-11 距离交会法

距离交会法是在两个控制点上各测设已知长度交会出点的平面位置。距离交会法适用于场地平坦，量距方便，且控制点离待测设点的距离不超过一整尺长的地区。

如图 8-11 所示，A、B 为控制点，P 为待测设点。先根据控制点 A、B 坐标和待测设点 P 的坐标，按式（8-6）计算出测设距离 D_1、D_2。测设时，以 A 点为圆心，以 D_1为半径，用钢尺在地面上画弧；以 B 点为圆心，以 D_2为半径，用钢尺在地面上画弧，两条弧线的交点即为 P 点。

8.4 圆曲线测设

道路工程中，为了行车安全，线路改变方向时必须用曲线连接，其连接方式有圆曲线、缓和曲线、复曲线及回头曲线等多种形式。其中，圆曲线是最常见的形式之一；缓和曲线是一种曲率半径按一定规律变化的曲线，在等级公路中常用；其他曲线是圆曲线和缓和曲线法的组合形式。近年来，随着建筑设计的不断深入，建筑平面造型越来越多样化，圆曲线应用频多，需要根据平面曲线的形状和规律测设一些特征点。

圆曲线是指由一定半径的圆弧所构成的曲线。测设时，首先根据圆曲线的测设元素，测设曲线主点，包括曲线的起点（ZY）、终点（YZ）和中心点（QZ）；然后进行细部加密测设，标定曲线形状和位置。

8.4.1 圆曲线主点测设

1. 计算圆曲线测设元素

为了在实地测设圆曲线的主点，需要知道切线长 T、曲线长 L 及外矢距 E，这些数据称为主点测设元素。如图 8-12 所示，因 α、R 已确定，主点测设元素的计算公式为

切线长 $$T = R\tan\frac{\alpha}{2} \tag{8-7}$$

曲线长 $$L = R\alpha\frac{\pi}{180} \tag{8-8}$$

外矢距 $$E = R\left(\sec\frac{\alpha}{2} - 1\right) \tag{8-9}$$

切曲差 $$D = 2T - L \tag{8-10}$$

式中，α 以度为单位。

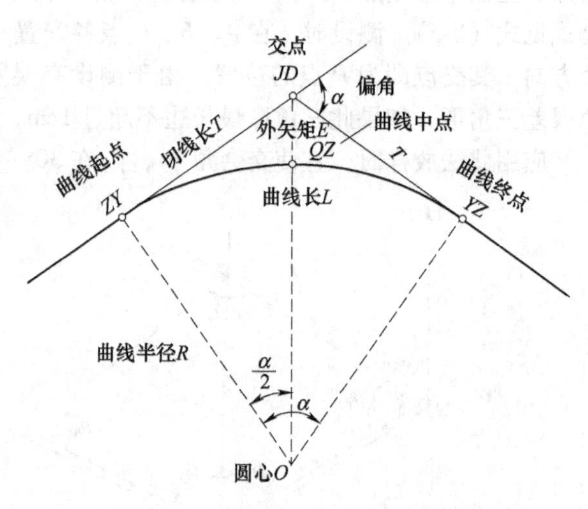

图 8-12 圆曲线的主点测设元素

2. 圆曲线主点桩号计算

交点的桩号已由中线丈量得到，根据交点的桩号和曲线测设元素，可计算出各主点的桩号，由图 8-12 所示可知：

$$\left.\begin{aligned} ZY &= JD - T \\ QZ &= ZY + \frac{L}{2} \\ YZ &= QZ + \frac{L}{2} \end{aligned}\right\} \tag{8-11}$$

为了避免计算中的错误，可用下式进行计算检核

$$JD = YZ - T + D \tag{8-12}$$

【例 8-5】 已知圆曲线 JD 的桩号为 K6+183.56，转角 $\alpha_{右} = 42°36'$，半径 $R = 150$m，求曲线主点测设元素和主点桩号。

【解】 曲线测设元素计算：

$T = 150\times\tan21°18' = 58.48$（m） $L = 150\times42.6\times\frac{\pi}{180} = 111.53$（m）

$E = 150\times$（$\sec21°18' - 1$）$= 11.00$（m） $D = 2\times58.48 - 111.53 = 5.43$（m）

主点桩号计算：

$ZY =$ K6+183.56−58.48 = K6+125.08 $QZ =$ K6+125.08+55.76 = K6+180.84

YZ=K6+180.84+55.77=K6+236.61

检验计算：按式（8-12）计算。

JD=K6+236.61−58.48+5.43=K6+183.56

与交点原来桩号相等，证明计算正确。

3. 圆曲线主点的测设

（1）用经纬仪和检定过的钢尺测设　如图8-12所示，置经纬仪于交点JD上，后视相邻交点方向，自测站起沿该方向量切线长T，得曲线起点ZY，打一木桩，标明桩号；经纬仪前视相邻交点桩，自测站起沿该方向量切线长T，得曲线终点YZ桩。然后仍前视相邻交点桩，配置水平度盘读数为0°，顺时针转动照准部，使水平度盘读数为平分角值β。

$$\beta = \frac{180 - \alpha_{右}}{2}$$

则望远镜视线即为指向圆心方向，沿此方向量出外矢距E，得曲线中点，打下QZ桩。

（2）极坐标法测设　采用极坐标测设线路主点时，一般用全站仪，具有速度快、精度高、现场条件适应性强的特点。测设时，仪器安置在平面控制点或线路交点上，输入测站坐标和后视点坐标（或后视方位角），再输入要测设的主点坐标，仪器即自动计算出测设角度和距离，据此进行主点现场定位。下面介绍主点坐标计算方法。

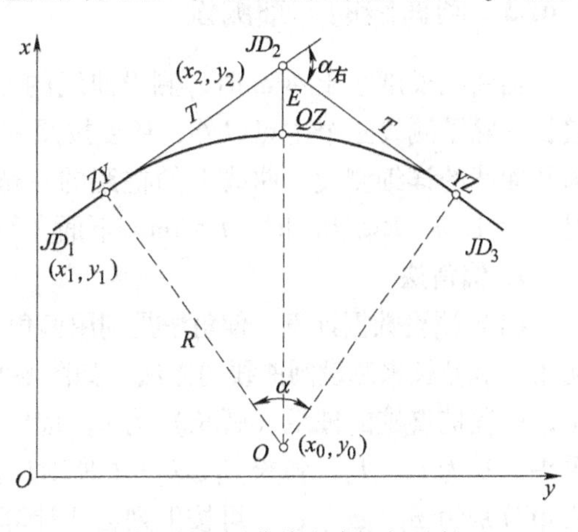

图8-13　圆曲线主点坐标计算

如图8-13所示，根据JD_1和JD_2的坐标（x_1，y_1）、（x_2，y_2），用坐标反算公式计算第一条切线的方位角α_{2-1}。

$$\alpha_{2-1} = \arctan\frac{y_1 - y_2}{x_1 - x_2} \tag{8-13}$$

第二条切线的方位角α_{2-3}可由JD_2、JD_3的坐标反算得到，也可由第一条切线的方位角和线路转角推算得到，在本例中有

$$\alpha_{2-3} = \alpha_{2-1} - (180° - \alpha_{右}) \tag{8-14}$$

根据方位角α_{2-1}、α_{2-3}和切线长度T，用坐标正算公式计算曲线起点坐标（X_{ZY}，Y_{ZY}）和终点坐标（X_{YZ}，Y_{YZ}），例如起点坐标为

$$\left.\begin{aligned} X_{ZY} &= X_2 + T\cos\alpha_{2-1} \\ Y_{ZY} &= Y_2 + T\sin\alpha_{2-1} \end{aligned}\right\} \tag{8-15}$$

曲线中点坐标（X_{QZ}，Y_{QZ}）则由分角线方位角α_{2-QZ}和外矢距E计算得到，其中分角线方位角α_{2-QZ}也可由第一条切线的方位角和线路转角推算得到，在本例中有

$$\alpha_{2-QZ} = \alpha_{2-1} - \frac{180° - \alpha_{右}}{2} \tag{8-16}$$

【例8-6】　某圆曲线的设计半径R=150m，转角$a_{右}$=42°36′，两个交点JD_1、JD_2的坐标分别为（1922.821，1030.091）、（1967.128，1118.784），试计算各主点坐标。

【解】 先计算 JD_2 至各主点（ZY、QZ、YZ）的坐标方位角，再根据坐标方位角和计算出的测设元素切线长度 T、外矢距 E，用坐标正算公式计算主点坐标，计算结果见表 8-1。

表 8-1 圆曲线主点坐标计算

主点	JD_2 至各主点的方位角	JD_2 至各主点的距离	坐标	
			x/m	y/m
ZY	243°27′19″	T=58.48	1940.994	1066.469
QZ	174°45′19″	E=11.00	1956.174	1119.790
YZ	106°03′19″	T=58.48	1950.955	1174.983

8.4.2 圆曲线的详细测设

当曲线长度小于 40m 时，测设曲线的三个主点已能满足设计和施工的需要。如果曲线较长，除了测设三个主点以外，还要按照一定的桩距 L，在曲线上测设里程桩，这个工作称为圆曲线的详细测设。曲线上的桩距的一般规定为：$R\geqslant 100$m 时，$L=20$m；50m<R<100m 时，$L=10$m；$R\leqslant 50$m 时，$L=5$m。下面介绍三种常用的测设方法。

1. 偏角法

（1）测设数据计算　偏角法是利用偏角（弦切角）和弦长来测设圆曲线的方法。如图 8-14 所示，里程桩整桩的桩距（弧长）为 L，首尾两段零头弧长为 L_1、L_2，弧长 L_1、L_2、L 所对应的圆心角分别为 φ_1、φ_2、φ，可按下列公式计算

$$\left.\begin{aligned}\varphi_1&=\frac{180°}{\pi}\frac{L_1}{R}\\ \varphi_2&=\frac{180°}{\pi}\frac{L_2}{R}\\ \varphi&=\frac{180°}{\pi}\frac{L}{R}\end{aligned}\right\}\quad(8\text{-}17)$$

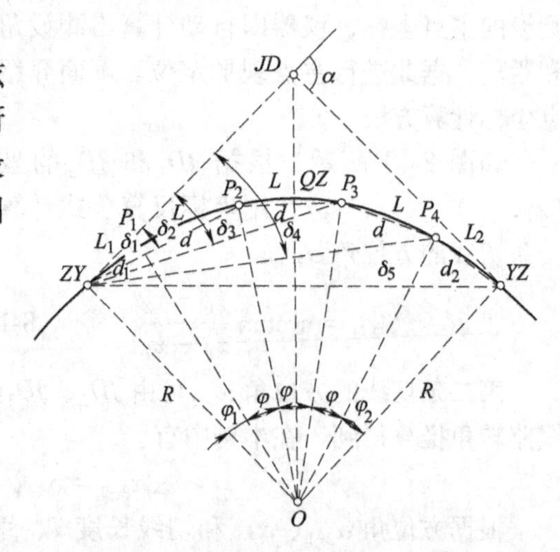

图 8-14 偏角法测设圆曲线

弧长 L_1、L_2、L 所对应的弦长分别为 d_1、d_2、d，可按下列公式计算

$$\left.\begin{aligned}d_1&=2R\sin\frac{\varphi_1}{2}\\ d_2&=2R\sin\frac{\varphi_2}{2}\\ d&=2R\sin\frac{\varphi}{2}\end{aligned}\right\}\quad(8\text{-}18)$$

曲线上各点的偏角等于相应所对圆心角的一半，即

$$\left.\begin{aligned}&第\ 1\ 点的偏角为\ \delta_1=\frac{\varphi_1}{2}\\&第\ 2\ 点的偏角为\ \delta_2=\frac{\varphi_1}{2}+\frac{\varphi}{2}\\&第\ i\ 点的偏角为\ \delta_i=\frac{\varphi_1}{2}+(i-1)\frac{\varphi}{2}\\&\cdots\cdots\end{aligned}\right\}\tag{8-19}$$

$$终点\ YZ\ 的偏角为\ \delta_n=\frac{\alpha}{2}$$

【例 8-7】 圆曲线的交点桩号、转角和半径同例 8-5，整桩距为 $L=20$m，按偏角法测设，试计算详细测设数据。

【解】

1）由【例 8-5】计算可知，*ZY* 点的里程为 K6+125.08，它前面最近的整桩里程为 K6+140，则首段零头弧长为：

$$L_1=140-125.08=14.92\ (\text{m})$$

YZ 点的里程为 K6+236.61，它后面最近的整桩里程为 K6+220，则尾段零头弧长：

$$L_2=236.61-220=16.61\ (\text{m})$$

2）由式（8-17）可计算得到首尾两段零头弧长 L_1、L_2及整弧长 L 所对应的偏角：

$$\varphi_1=5°41'56''\quad \varphi_2=6°20'40''\quad \varphi=7°38'22''$$

3）由式（8-18）可计算得到首尾两段零头弧长 L_1、L_2 及整弧长 L 所对应的弦长：

$$d_1=14.91\text{m}\qquad d_2=16.60\text{m}\qquad d=19.99\text{m}$$

4）由式（8-19）计算偏角，结果见表 8-2。

表 8-2　各桩号偏角表

桩号	桩点 *ZY* 的弧长 L_i/m	偏角值	相邻桩点间弧长/m	相邻桩点间弦长/m
ZY K6+125.08	0	0°00′0″	0	0
K6+140	14.92	2°50′58″	14.92	14.91
K6+160	34.92	6°40′09″	20	19.99
K6+180	54.92	10°29′20″	20	19.99
QZ K6+180.84	55.76	10°38′58″	0.84	0.84
K6+200	74.92	14°18′31″	19.16	19.15
K6+220	94.92	18°7′42″	20	19.99
YZ K6+236.61	111.53	21°18′02″	16.61	16.60

（2）测设步骤　以例 8-7 为例，偏角法的测设步骤如下：

1）将经纬仪置于 *ZY* 点上，瞄准交点 *JD* 并将水平度盘配置为 0°00′0″。

2）转动照准部使水平度盘读数为里程桩 K6+140 的偏角度数 2°50′58″，从 *ZY* 点沿此方向量取弦长 $d_1=14.91$m，定出 K6+140 桩。

3）转动照准部使水平度盘读数为里程桩 K6+160 的偏角度数 6°40′09″，由 K6+140 桩量

取弦长 d=19.99m 与视线方向相交，定出 K6+160 桩。依此类推测设其他里程桩。最后一个整里程桩 K6+220 至 YZ 点的距离应为 d_2=16.60m，以此来检查测设的质量。

2. 切线支距法

切线支距法是以曲线起点或终点为坐标原点，以切线为 X 轴，通过原点的半径方向为 y 轴，建立一个独立平面直角坐标系，根据曲线细部点在此坐标系中的坐标 x、y，按直角坐标法进行测设。

（1）测设数据计算　如图 8-15 所示，设圆曲线半径为 R，ZY 点至前半条曲线上各里程桩点的弧长为 L_i，所对应的圆心角为

$$\varphi_i = \frac{L_i}{R} \times \frac{180}{\pi} \tag{8-20}$$

该桩点的坐标为

$$\left.\begin{aligned} x_i &= R\sin\varphi_i \\ y_i &= R(1-\cos\varphi_i) \end{aligned}\right\} \tag{8-21}$$

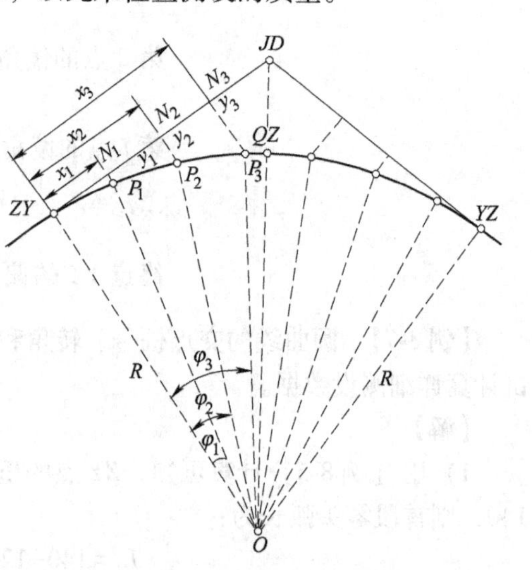

图 8-15　切线支距法测设圆曲线

【例 8-8】　根据例 8-5 的曲线元素、桩号和桩距，按切线支距法计算各里程桩点的坐标。

【解】　先计算曲线起点和终点至各桩点的弧长，按式（8-20）计算圆心角，按式（8-21）计算圆曲线细部点，具体计算结果见表 8-3。

表 8-3　切线支距法测设圆曲线坐标计算表

桩点	弧长 L/m	圆心角 φ	支距坐标 x/m	支距坐标 y/m
ZY　K6+125.08	0	0°0′0″	0	0
K6+140	14.92	5°41′56″	14.90	0.74
K6+160	34.92	13°20′18″	34.60	4.05
K6+180	54.92	20°58′40″	53.70	9.94
QZ　K6+180.84	55.76	21°17′56″	54.48	10.24
K6+200	36.61	13°59′02″	36.25	4.44
K6+220	16.61	6°20′40″	16.58	0.92
YZ　K6+236.61	0	0°00′0″	0	0

（2）测设方法　切线支距法测设曲线时，为了避免支距过长，一般由 ZY 点和 YZ 点分别向 QZ 点施测，测设步骤如下：

1）从 ZY（或 YZ）点开始，用钢尺沿切线方向量取 X_1、X_2、X_3…纵距，得各垂足点 N_1、N_2、N_3，用测钎在地面做标记。

2）在垂足点上作切线的垂直线，分别沿垂直线方向用钢尺量出 y_1、y_2、y_3 等纵距，得出曲线细部点 P_1、P_2、P_3。

用此法测设的 QZ 点应与曲线主点测设时所定的 QZ 点相符，作为检核。

3. 极坐标法

用极坐标法测设圆曲线细部点时，要先计算各细部点在平面直角坐标系中的坐标值，测设时，全站仪安置在平面控制点或线路交点上，输入测站坐标和后视点坐标（或后视方位角），再输入要测设的细部点坐标，仪器即自动计算出测设角度和距离，据此进行细部点现场定位。下面介绍细部点坐标的计算方法。

（1）计算圆心坐标　如图 8-16 所示，设圆曲线半径为 R，用前述主点坐标计算方法，计算第一条切线的方位角 α_{2-1} 和 ZY 点坐标（x_{ZY}，y_{ZY}）。因 ZY 点至圆心方向与切线方向垂直，其方位角 α_{2-1} 为

$$\alpha_{ZY-O} = \alpha_{2-1} - 90° \tag{8-22}$$

则圆心坐标（x_o，y_o）为

$$\left.\begin{aligned} x_o &= x_{ZY} + R\cos\alpha_{ZY-O} \\ y_o &= y_{ZY} + R\sin\alpha_{ZY-O} \end{aligned}\right\} \tag{8-23}$$

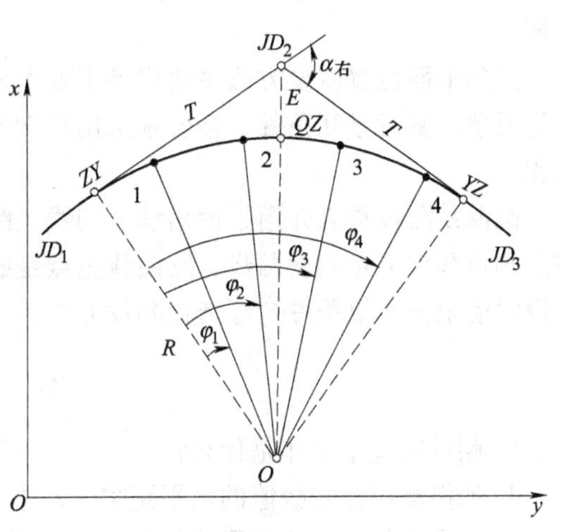

图 8-16　极坐标法测设圆曲线

（2）计算圆心至各细部点的方位角　设 ZY 点至曲线上某细部里程桩点的弧长为 L_i，其所对应的圆心角 φ_i 按式（8-20）计算得到，则圆心至各细部点的方位角 α_i 为

$$\alpha_i = (\alpha_{ZY-O} + 180°) + \varphi_i \tag{8-24}$$

（3）计算各细部点的坐标　根据圆心至细部点的方位角和半径，可计算细部点坐标

$$\left.\begin{aligned} x_i &= x_o + R\cos\alpha_i \\ y_i &= y_o + R\sin\alpha_i \end{aligned}\right\} \tag{8-25}$$

【例 8-9】　根据例 8-6 的曲线元素、桩号、桩距以及两个交点 JD_1、JD_2 的坐标，计算各里程桩点的坐标。

【解】　由例 8-6 可知，ZY 点坐标为（1940.994，1066.469），JD 至 ZY 点的方位角 α_{2-1} 为 243°27′19″，则可按式（8-22）计算 ZY 点至圆心的方位角为 153°27′18″，按式（8-23）计算圆心坐标为（1806.806，1133.503），再按式（8-20）和式（8-24）计算圆心至各细部点的方位角 α_i，最后按式（8-25）计算各点坐标，结果见表 8-4。

表 8-4　圆曲线细部桩点坐标表

桩号	圆心与各细部点的方位角	坐标	
		x/m	y/m
K6+140	339°09′14″	1946.987	1080.125
K6+160	346°47′36″	1952.839	1099.234
K6+180	354°25′58″	1956.099	1119.952
K6+200	2°04′20″	1956.708	1138.928
K6+220	9°42′42″	1954.656	1158.807

小 结

本章内容是建筑施工测量的基础，在实际运用中具有重要作用。包括已知水平距离、已知水平角和高程测设，又称测设三要素，是民用和工业建筑施工测量的重要基础。在学习时，既要明确它们之间的相互关系，又要注意和前面所学距离、角度和高程测量的不同。

点的平面位置测设方法主要讲解了直角坐标法、极坐标法、角度交会法、距离交会法。首先要清楚测设已知条件，会合理选用测设方法，数据计算要准确无误，实地测设注意操作规程。

圆曲线测设重点介绍了偏角法、切线支距法和极坐标法三种测设方法。圆曲线测设分为主点测设和细部点测设两步，圆曲线主点是曲线的控制点，所以在测设时务必准确。在实地测设时能根据所给条件合理选择测设方法，并会进行计算。

思 考 题

1. 测设的基本工作是什么？
2. 如何测设已知数值的水平距离、水平角及高程？
3. 测设点位的方法有哪几种？各适用于什么场合？
4. 什么是圆曲线的主点？圆曲线测设元素有哪些？

习 题

一、选择题

1. 测设的基本工作是测设已知的（　　）、水平角和高程。
   A. 空间距离　　B. 水平距离　　C. 空间坐标　　D. 平面坐标
2. 测设已知的水平角，可采用正倒镜分中法和（　　）。
   A. 盘左盘右分中法　　B. 角度距离分中法
   C. 归化法　　D. 改正法
3. 测设点平面位置的方法，主要有直角坐标法、极坐标法、（　　）和距离交会法。
   A. 横坐标法　　B. 纵坐标法　　C. 左右交会法　　D. 角度交会法
4. 建筑场地的施工平面控制网的主要形式，有建筑方格网、导线和（　　）。
   A. 建筑基线　　B. 建筑红线　　C. 建筑轴线　　D. 建筑法线
5. 用角度交会法测设点的平面位置所需的数据是（　　）。
   A. 一个角度和一段距离　　B. 纵、横坐标差
   C. 两个角度　　D. 两端距离
6. 高层建筑物轴线投测的方法，一般分为经纬仪引桩法和（　　）法。
   A. 水准仪法　　B. 全站仪法　　C. 钢尺法　　D. 激光铅垂仪法
7. 圆曲线主点是指起点、终点和（　　）。
   A. 中心点　　B. 交点　　C. 接点　　D. 转向点
8. 采用偏角法测设圆曲线时，其偏角应等于相应弧长所对圆心角的（　　）。
   A. 2 倍　　B. 1/2　　C. 1/4　　D. 2/3

二、计算分析题

1. 要在 CB 方向测设一条坡度为 $i=-2\%$ 的坡度线，已知 C 点高程为 36.425m，CB 的水平距离为 120m，则 B 点的高程应为多少？

2. 设 A、B 为控制点，已知 $x_A=98.27\text{m}$，$y_A=58.64\text{m}$，$x_B=165.36\text{m}$，$y_B=172.65\text{m}$，P 点的设计坐标为 $x_P=120.00\text{m}$，$y_P=265.00\text{m}$，试分别用极坐标法、角度交会法及距离交会法计算测设 P 点所需的放样数据。

3. 已知圆曲线的设计半径 $R=360\text{m}$，右转角 $\alpha=36°19'00''$，若交点里程为 K5+129.566，要求：

1）计算圆曲线的测设要素。

2）计算主点里程。

3）简述圆曲线主点测设方法。

实训九　直角坐标法测设点的平面位置

一、实训目标

掌握用直角坐标法测设点的平面位置的方法。

二、实训器具

每组配备经纬仪 1 台，三脚架 1 个，花杆 1 根，测钎 1 根，卷尺 1 把，记录板。

三、实训内容

（1）计算点的平面位置的（直角坐标法）放样数据。
（2）用直角坐标法放样的方法、步骤。
（3）实训课时为 4 学时。

四、实训要求

（1）按所给的假定条件和数据，先计算出放样的坐标增量。
（2）根据计算出的放样元素进行测设。
（3）计算完毕和测设完毕后，都必须进行认真的校核。

五、实训步骤

（1）在现场选定两点 A、B 在一条直线上，将经纬仪安置在点 A（78.69，69.89）处，控制边的方位角 $\alpha_{AB}=90°$。
（2）已知建筑物轴线上点 1 和点 2 的距离为 18.500m，其设计坐标为：点 1（36.68，69.89），点 2（36.68，88.39）。
（3）计算点 1 和点 2 的放样数据。
（4）进行测设。

六、点位测设记录

测设数据的计算：
$\Delta x_{A1}=$________　$\Delta y_{A1}=$________
$\Delta x_{12}=$________　$\Delta y_{12}=$________
测设后经检查，点 1 与点 2 的距离 $d_{12}=$______。与已知值 18.500m 相差______ mm。

七、画出测设略图

实训十 极坐标法测设点的平面位置

一、实训目标

掌握用极坐标法测设点的平面位置的方法。

二、实训器具

每组配备经纬仪 1 台，脚架 1 个，花杆 1 根，测钎 1 根，钢尺 1 把，记录板。

三、实训内容

（1）计算点的平面位置的（极坐标法）放样数据。
（2）用极坐标法放样的方法、步骤。
（3）实训课时为 4 学时。

四、实训要求

（1）按所给的假定条件和数据，先计算出放样 β 和 S。
（2）根据计算出的放样元素进行测设。
（3）计算完毕和测设完毕后，都进行认真的检核。

五、实训步骤

（1）在现场选定两点 A、B 在一条直线上，将经纬仪安置在点 A（78.69，69.89）处，控制边的方位角 $\alpha_{AB}=90°$。
（2）已知建筑物轴线上点 1 和点 2 的距离为 18.500m，其设计坐标为：点 1（36.68，69.89），点 2（36.68，88.39）。
（3）计算点 1 和点 2 的放样数据。
（4）进行测设。

六、点位测设记录

测设数据的计算：

$\alpha_{A1}=$	$\alpha_{A2}=$
$d_{A1}=$	$d_{A2}=$
校核 $d_{A1}=$	$d_{A2}=$
$\beta_1=\alpha_{AB}-\alpha_{A1}=$	$\beta_2=\alpha_{AB}-\alpha_{A2}=$

测设后经检查，点 1 与点 2 的距离 $d_{12}=$________。与已知值 18.500m 相差________mm。

七、画出测设略图

第 9 章

施工控制测量

知识目标

了解施工控制网及施工坐标系统；了解建筑方格网的设计原则；掌握建筑基线的布设形式及测设方法；掌握施工场地的高层控制方法。

能力目标

能布设建筑测量控制网并进行测设。

重点与难点

重点为施工控制网布设形式及测设方法；难点为施工控制网布设形式及测设方法。

9.1 概述

为工程建设和工程放样而布设的测量控制网，称为施工控制网。施工控制网不仅是施工放样的依据，也是工程竣工测量的依据，同时还是建筑物沉降观测以及将来建筑物改建、扩建的依据。在工程勘测设计阶段，为测绘地形图而建立的平面和高程控制网，在精度方面主要考虑满足测图的要求，而没有考虑工程建设的需要；在控制点位的分布方面主要考虑测图的方便，而没有考虑建筑物的放样需要。因此，原有的测图控制点，在精度和密度分布方面都难以同时满足测图与施工定位两个方面的要求。为了保证建筑物的放样精度，必须在施工之前，重新建立施工控制网。施工控制网的建立，也应遵循“先整体，后局部”的原则，由高精度到低精度进行建立。即首先在施工现场，根据建筑设计总平面图和现场的实际情况，以原有的测图控制点为定向条件，建立起统一的施工平面控制网和高程控制网。然后以此为基础，测设建筑物的主轴线，再根据主轴线测设建筑物的细部。

9.1.1 施工控制网的特点

建筑施工控制网与测图控制网比较而言，具有以下两个特点：

1. 控制点密度大、控制范围小、精度要求高

施工控制网的精度要求应以建筑限差来确定，而建筑限差又是工程验收的标准。因此，施工控制网的精度要比测图控制网的精度高。通常建筑场地比测图范围小，在小范围内，各种建筑物分布错综复杂，放样工作量大，这就要求施工控制点要有足够的密度，且分布合理，以便放样时有机动选择使用控制点的余地。

2. 受干扰性大，使用频繁

现代化的施工常常采用立体交叉作业的方式，施工机械的频繁活动，人员的交叉往来，施工标高相差悬殊，这些都造成了控制点间通视困难，使控制点容易碰动，不易保存。此外，建筑物施工的各个阶段都需要测量定位，控制点使用频繁。这就要求控制点必须埋设稳固，使用方便，易于长久保存，长期通视。

9.1.2 施工控制网的布设形式

施工控制网的布设形式，应以经济、合理和适用为原则，根据建筑设计总平面图和施工现场的地形条件来确定。对于地形起伏较大的山区建筑场地，则可充分扩展原有的测图控制网，作为施工定位的依据。对于地形较平坦而通视较困难的建筑场地，可采用导线网。对于地形平坦而面积不大的建筑小区，常布置一条或几条建筑基线，组成简单的图形，作为施工测量的依据。对于地形平坦，建筑物多为矩形且布置比较规则的密集的大型建筑场地，通常采用建筑方格网。总之施工控制网的布设形式应与建筑设计总平面的布局相一致。当施工控制网采用导线网时，若建筑场地大于1km^{2}或重要工业区，需按一级导线建立，建筑场地小于1km^{2}或一般性建筑区，可按二、三级导线建立。当施工控制网采用原有测图控制网时，应进行复测检查，无误后方可使用。

9.1.3 施工控制点的坐标换算

工程建设施工放样使用的平面直角坐标系，称为施工坐标，也称为建筑坐标。由于建筑设计是在总体规划下进行的，因此建筑物的轴线往往不能与测图坐标系的坐标轴相平行或垂直，此时施工坐标系通常选定独立坐标系，这样可使独立坐标系的坐标轴与建筑物的主轴线方向相一致，坐标原点 O 通常设置在建筑场地的西南角上，纵轴记为 A 轴，横轴记为 B 轴，用 AB 坐标确定各建筑物的位置。由此建筑物的坐标位置计算简便，而且所有坐标数据均为正值。

施工坐标系与测图坐标系之间的关系如图9-1所示，xOy 为测图坐标系，$AO'B$ 为施工坐标系，则 P 点的测图坐标为 x_p、y_p，P 点的施工坐标为 A_p、B_p，施工坐标原点 O' 在测图坐标系为 $x_{0'}$、$y_{0'}$，α 角为测图坐标系纵轴 x 与施工坐标系纵轴 A 之间的夹角。

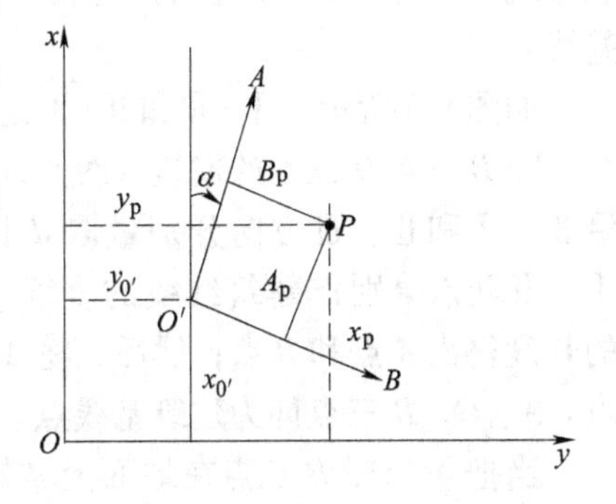

图9-1 施工坐标系与测图坐标系之间的关系

将 P 点的施工坐标换算成测图坐标，其公式为

$$\left.\begin{aligned} x_p &= x_{0'} + A_p\cos\alpha - B_p\sin\alpha \\ y_p &= y_{0'} + A_p\sin\alpha + B_p\cos\alpha \end{aligned}\right\} \tag{9-1}$$

若将 P 点的测图坐标换成施工坐标，其公式为

$$\left.\begin{aligned} A_p &= (x_p - x_{0'})\cos\alpha + (y_p - y_{0'})\sin\alpha \\ B_p &= -(x_p - x_{0'})\sin\alpha + (y_p - y_{0'})\cos\alpha \end{aligned}\right\} \tag{9-2}$$

上式中，$x_{0'}$、$y_{0'}$ 与 α 的数值是个常数，可在设计资料中查找，或在建筑设计总平面图上用图解的方法求得。

9.2 建筑基线

9.2.1 建筑基线的布置

建筑场地的施工控制基准线，称为建筑基线。建筑基线的布置，主要根据建筑物的分布、场地的地形和原有测图控制点的情况而定。建筑基线的布设形式如图 9-2 所示。

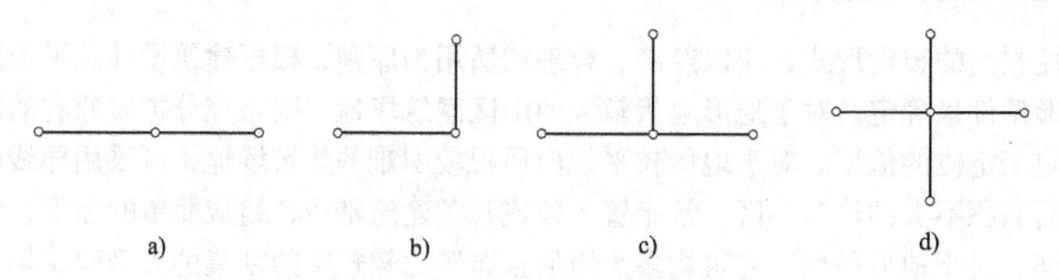

图 9-2 建筑基线的布设形式
a）三点直线形 b）三点直角形 c）四点丁字形 d）五点十字形

建筑基线布设的位置，应尽量临近建筑场地中的主要建筑物，且与其轴线相平行，以便采用直角坐标法进行放样。为了便于检查建筑基线点位有无变动，基线点不得少三个。基线点位应选在通视良好而不受施工干扰的地方，为能使点位长期保存，要建立永久性标志。

9.2.2 测设建筑基线的方法

根据建筑场地的不同情况，测设建筑基线的方法主要有下述两种。

1. 用建筑红线测设

在城市建设中，建筑用地的界址是由规划部门确定，并由拨地单位在现场直接标定出用地边界点，边界点的连线通常是正交的直线，称为建筑红线。建筑红线与拟建的主要建筑物或建筑群中的多数建筑物的主轴线平行。因此，可根据建筑红线用平行线推移法测设建筑基线。

如图 9-3 所示，Ⅰ-Ⅱ和Ⅱ-Ⅲ是两条互相垂直的建筑红线，A、O、B 三点是欲测的建筑基线点。其测设过程：从Ⅱ点出发，沿Ⅱ、Ⅰ和Ⅱ、Ⅲ方向分别量取 d 长度得出 A' 和 B' 点；再过Ⅰ、Ⅱ两点分别作建筑红线的垂线，并沿垂线方向分别量取 d 的长度得出 A 点和 B 点；然后，将 AA' 与 BB' 连线，则交会出 O 点。A、O、B 三点即为建筑基线点。

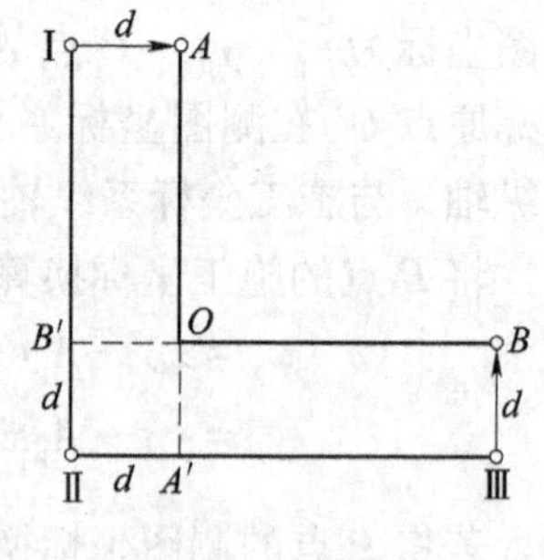

图 9-3 建筑红线

当把 A、O、B 三点在地面上做好标志后，将经纬仪安置在 O 点上，精确观测 $\angle AOB$，若 $\angle AOB$ 与 90°之差不在容许值以内时，应进一步检查测设数据和测设方法，并应对 $\angle AOB$ 按水平角精确测设法来进行点位的调整，使 $\angle AOB=90°$。

如果建筑红线完全符合作为建筑基线的条件时，可将其作为建筑基线使用，即直接用建筑红线进行建筑物的放样，既简便又快捷。

2. 用附近的控制点测设

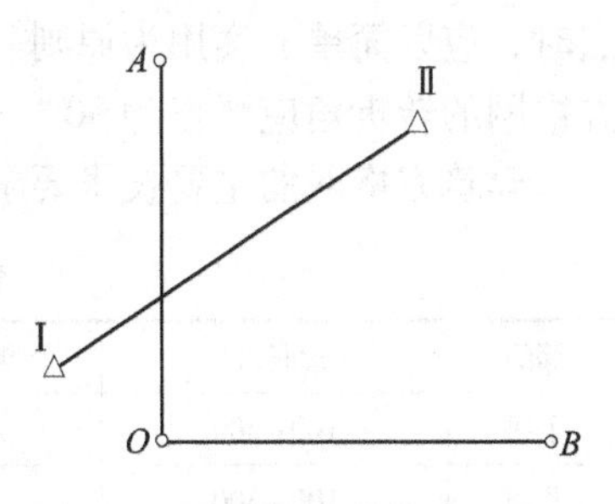

图 9-4 用附近的控制点测设

在非建筑区，没有建筑红线作依据时，就需要在建筑设计总平面图上，根据建筑物的设计坐标和附近已有的测图控制点来选定建筑基线的位置，并在实地采用极坐标法或角度交会法把基线点在地面上标定出来。如图 9-4 所示，Ⅰ、Ⅱ两点为附近已有的测图控制点，A、O、B 三点为欲测设的建筑基线点。测设过程：先将 A、O、B 三点的施工坐标，换算成测图坐标；再根据 A、O、B 三点的测图坐标与原有的测图控制点Ⅰ、Ⅱ的坐标关系，采用极坐标法或角度交会法测定 A、O、B 点位的有关放样数据；最后在地面上分别测设出 A、O、B 三点。当 A、O、B 三点在地面上做好标志后，在 O 点安置经纬仪，测量 $\angle AOB$ 的角值，丈量 OA、OB 的距离。若检查角度的误差与丈量边长的相对误差均不在容许值以内时，就要调整 A、B 两点，使其满足规定的精度要求。

9.3 建筑方格网

9.3.1 建筑方格网的布置

由正方形或矩形的格网组成的建筑场地的施工控制网，称为建筑方格网。其适用于大型的建筑场地。建筑方格网的布置，应根据建筑设计总平面图上各种建筑物、道路、管线的分布情况，并结合现场地形情况而拟定。布置建筑方格网时，先要选定两条互相垂直的主轴线，如图 9-5 所示中的 AOB 和 COD，再全面布设方格网。方格网的形式，可布置成正方形或矩形。当建筑场地占地面积较大时，通常是分两级布设，首级为基本网，先测设十字形、口字形或田字形的主轴线，然后再加密次级的方格网。当场地面积不大时，尽量布置成全方格网。

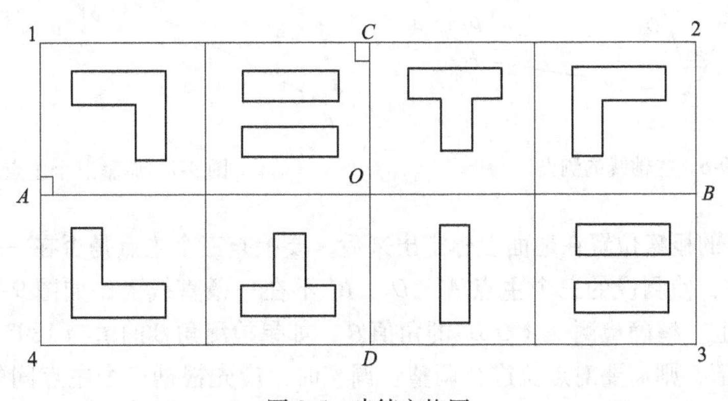

图 9-5 建筑方格网

方格网的主轴线，应布设在整个建筑场地的中央，其方向应与主要建筑物的轴线平行或垂直，并且长轴线上的定位点不得少于 3 个。主轴线的各端点应延伸到场地的边缘，以便控制整个场地。主轴线上的点位，必须建立永久性标志，以便长期保存。

当方格网的主轴线选定后，就可根据建筑物的大小和分布情况而加密格网。在选定格网点时，应以简单、实用为原则，在满足测角、量距的前提下，方格网点的点数应尽量减少，方格网的转折角应严格为90°，相邻格网点要保持通视，点位要能长期保存。

建筑方格网的主要技术要求，可参见表9-1的规定。

表9-1 建筑方格网的主要技术要求

等级	边长/m	测角中误差	边长相对误差	测角检查限差	边长检测限差
Ⅰ级	100~300	5″	≤1/30000	10″	1/15000
Ⅱ级	100~300	8″	≤1/20000	16″	1/10000

9.3.2 方格网的测设

1. 主轴线的测设

由于建筑方格网是根据场地主轴线布置的，因此在测设时，应首先根据场地原有的测图控制点，测设出主轴线的三个主点。

如图9-6所示，Ⅰ、Ⅱ、Ⅲ三点为附近已有的测图控制点，其坐标已知；A、O、B三点为选定的主轴线上的主点，其坐标可算出，则根据三个测图控制点Ⅰ、Ⅱ、Ⅲ，采用极坐标法就可测设出A、O、B三个主点。

测设三个主点的过程：先将A、O、B三点的施工坐标换算成测图坐标；再根据它们的坐标与测图控制点Ⅰ、Ⅱ、Ⅲ的坐标关系，计算出放样β_1、β_2、β_3和D_1、D_2、D_3，如图9-7所示；然后用极坐标法测设出三个主点A、O、B的概略位置为A'、O'、B'。

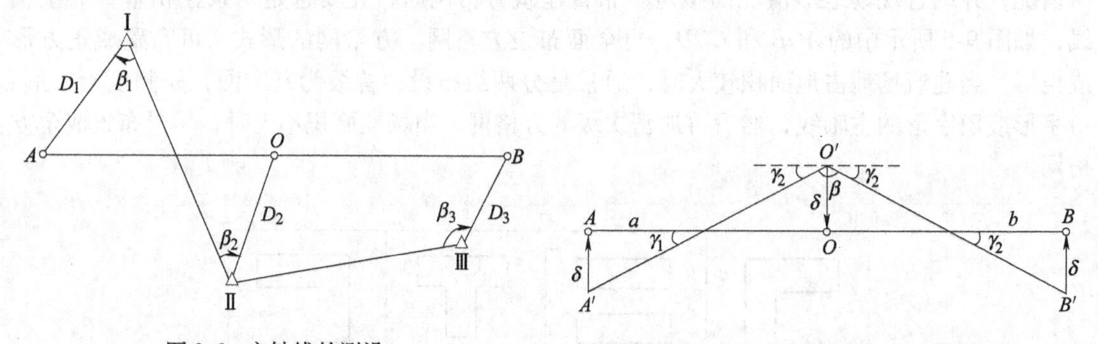

图9-6 主轴线的测设

图9-7 调整三个主点的位置

当三个主点的概略位置在地面上标定出来后，要检查三个主点是否在一条直线上。由于测量误差的存在，使测设的三个主点A'、O'、B'不在一条直线上，如图9-7所示，故安置经纬仪于O'点上，精确检测$\angle A'O'B'$的角值β，如果检测角β的值与180°之差，超过了表9-1规定的容许值，则需要对点位进行调整。调整时，应先根据三个主点间的距离a和b按下列公式计算调整值δ，即

$$\delta = \frac{ab}{a+b}\left(90° - \frac{\beta}{2}\right)\frac{1}{\rho} \tag{9-3}$$

式中，$\rho = 206265''$。然后将A'、O'、B'三点沿与轴线垂直方向移动一个改正值δ，但O'点与A'、B'，两点移动的方向相反，移动后得A、O、B三点。为了保证测设精度，应再重

复检测$\angle AOB$，如果检测结果与180°之差仍旧超过限差时，需再进行调整，直到误差在容许值以内为止。

除了调整角度之外，还要调整三个主点间的距离。先丈量检查及OB间的距离，若检查结果与设计长度之差的相对误差大于表9-1的规定，则以O点为准，按设计长度调整A、B两点。调整需反复进行，直到误差在容许值以内为止。

当主轴线的三个主点A、O、B定位好后，就可测设与AOB主轴线相垂直的另一条主轴线COD；如图9-8所示，将经纬仪安置在O点上，照准A点，分别向左、向右测设90°；并根据CO和OD间的距离，在地面上标定出C、D两点的概略位置为C'、D'；然后分别精确测出$\angle AOC'$及$\angle AOD'$的角值，其角值与90°之差为ε_1和ε_2，若ε_1和ε_2大于表9-1的规定，则按下列公式改正数l，即

$$l = L\frac{\varepsilon}{\rho} \tag{9-4}$$

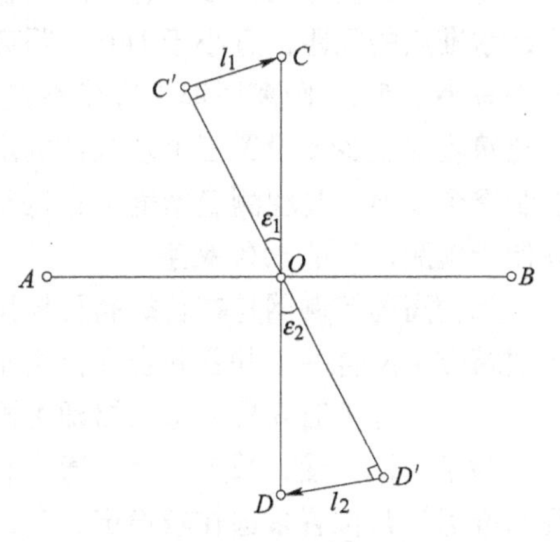

图9-8 测设主轴线

式中，L为OC'或OD'的距离；ε_1、ε_2单位为秒（″）。

根据改正数，将C'、D'两点分别沿OC'、OD'的垂直方向移动l_1、l_2，得C、D两点。然后检测$\angle COD$，其值与180°之差应在规定的限差之内，否则需要再次进行调整。

2. 方格网点的测设

主轴线确定后，先进行主方格网的测设，然后在主方格网内进行方格网的加密。

主方格网的测设，采用角度交会法定出方格网点。其作业过程：用两台经纬仪分别安置在A、C两点上，均以O点为起始方向，分别向左、向右精确地测设出90°角，在测设方向上交会1点，交点1的位置确定后，进行交角的检测和调整，同法测设出主方格网点2、3、4，这样就构成了田字形的主方格网，如图9-5所示。

当主方格网测定后，以主方格网点为基础，进行加密其余各格网点。

方格网测设时，其角度观测应符合表9-2中的规定。

表9-2 方格网测设的限差要求

方格网等级	经纬仪型号	测角中误差/″	测回数	测微器两次读数/″	半测回零差/″	一测回2C值互差/″	各测回方向互差/″
Ⅰ级	DJ_1	5	2	≤1	≤6	≤9	≤6
	DJ_2	5	3	≤3	≤8	≤13	≤9
Ⅱ级	DJ_2	8	2	—	≤12	≤18	≤12

9.4 高程控制测量

由于测图高程控制网在点位分布和密度方面均不能满足施工测量的需要，因此在施工场地建立平面控制网的同时还必须重新建立施工高程控制网。

施工高程控制网的建立，与施工平面控制网一样。当建筑场地面积不大时，一般按四等水准测量或等外水准测量来布设。当建筑场地面积较大时，可分为两级布设，即首级高程控制网和加密高程控制网。首级高程控制网采用三等水准测量测设，在此基础上，采用四等水准测量测设加密高程控制网。

首级高程控制网应在原有测图高程网的基础上，单独增设水准点，并建立永久性标志。场地水准点的间距，宜小于1km。距离建筑物、构筑物不宜小于25m；距离振动影响范围以外不宜小于5m；距离回填土边线不宜小于15m。凡是重要的建筑物附近均应设水准点。整个建筑场地至少要设置三个永久性的水准点，并应布设成闭合水准路线或附合水准路线，以控制整个场地。高程测量精度不宜低于三等水准测量，其点位要选择恰当，不受施工影响，并便于施测，又能永久保存。

加密高程控制网是在首级高程控制网的基础上进一步加密而得，一般不能单独埋设，要与建筑方格网合并，并要附合在首级水准点上，作为推算高程的依据。各点间距宜在200m左右，以便施工时安置一次仪器即可测出所需高程。

为了测设方便，减少计算，通常在较大的建筑物附近建立专用的水准点，即±0.000标高水准点，其位置多选在较稳定的建筑物墙与柱的侧面，用红色油漆绘成上顶成为水平线的倒三角形，如“▼”。

根据施工中的不同精度要求，高程控制有以下特点：

1）工业安装和施工精度要求在1~3mm，可设置三等水准点2~3个。

2）建筑施工测量精度在3~5mm，可设置四等水准点。

3）设计中各建（构）筑物的±0.000的高程不一定相等。

小　结

施工控制网的建立也应遵循“先整体，后局部”的原则，由高精度到低精度进行建立。即首先在施工现场，根据建筑设计总平面图和现场的实际情况，以原有的测图控制点为定向条件，建立起统一的施工平面控制网和高程控制网。然后以此为基础，测设建筑物的主轴线，再根据主轴线测设建筑物的细部。

施工控制网的布设形式，应以经济、合理和适用为原则，根据建筑设计总平面图和施工现场的地形条件来确定。

根据建筑场地的不同情况，测设建筑基线的方法主要有用建筑红线测设和用附近的控制点测设两种。基线点在地面上的标定可采用极坐标法或角度交会法。

建筑方格网的布置应根据建筑设计总平面图上各种已建和待建的建筑物、道路及各种管线的分布情况，并结合现场地形情况来确定。

思　考　题

1. 建筑场地的施工控制网布设形式有哪些？其特点分别是什么？
2. 建筑场地的施工控制测量主要包括哪些基本内容？分别叙述其测设方法。
3. 建筑基线常用形式有哪几种？基线点为什么不能少于3个？
4. 建筑方格网如何布置？主轴线应如何选定？
5. 建筑方格网的主轴线确定后，方格网点该如何测设？

6. 施工测量时为何要进行控制点坐标转换？怎样转换？

习　题

一、选择题

1. 下列测量工作中，不属于施工测量的是（　　）。

A. 测设建筑基线　　B. 建筑物定位　　C. 建筑物测绘　　D. 轴线投测

2. 角度交会法测设点的平面位置所需的测设数据是（　　）。

A. 纵、横坐标增量　　B. 两个角度　　C. 一个角度和一段距离　D. 两段距离

3. 测设点平面位置的方法，主要有直角坐标法、极坐标法、（　　）和距离交会法。

A. 横坐标法　　B. 纵坐标法　　C. 左右交会法　　D. 角度交会法

4. 建筑场地的施工平面控制网的主要形式，有建筑方格网、导线和（　　）。

A. 建筑基线　　B. 建筑红线　　C. 建筑轴线　　D. 建筑法线

5. 由三个主点组成的建筑主轴线，若三个主点不在一条直线上，进行调整的计算公式是（　　）。

A. $\delta=\dfrac{ab}{2(a+b)}\dfrac{(180°-\beta)}{\rho}$　　B. $\delta=\dfrac{ab}{(a+b)}\dfrac{(180°-\beta)}{\rho}$

C. $\delta=\dfrac{(a+b)}{ab}\dfrac{(180°-\beta)}{\rho}$　　D. $\delta=\dfrac{2(a+b)}{ab}\dfrac{(180°-\beta)}{\rho}$

6. 对于建筑物多为矩形且布置比较规则和密集的工业场地，宜将施工平面控制网布设成（　　）。

A. 建筑方格网　　B. 导线网　　C. 三角网　　D. GPS 网

7. 根据极坐标法测设点的平面位置时，若采用（　　）则不需预先计算放样数据。

A. 水准仪　　B. 经纬仪　　C. 铅直仪　　D. 全站仪

8. 已知控制点 A 的坐标 $X_A=100.00$m，$Y_A=100.00$m，控制点 B 的坐标 $X_B=80.00$m，$Y_B=150.00$m，设计 P 点的坐标 $X_P=130.00$m，$Y_P=140.00$m。若在站点 A 采用极坐标测设 P 点，其测设角为（　　）。

A. 111°48′05″　　B. 53°07′48″　　C. 58°40′17″　　D. 164°55′53″

9. 当施工建（构）筑物的轴线平行又靠近建筑基线或建筑方格网边线时，常采用（　　）测设点位。

A. 直角坐标法　　B. 极坐标法　　C. 距离交会法　　D. 角度交会法

10. 施工控制测量中，高程控制网一般采用（　　）。

A. 导线网　　B. 水准网　　C. 方格网　　D. GPS 网

11. 布设建筑方格网时，方格网的主轴线应布设在场区的（　　），并与主要建筑物的基本轴线平行。

A. 西南角　　B. 东北角　　C. 北部　　D. 中部

12. 关于建筑物高程控制的说法，错误的是（　　）。

A. 建筑物高程控制，应采用水准测量

B. 水准点必须单独埋设，个数不应少于 2 个

C. 当高程控制点距离施工建筑物小于 200m 时，可直接利用

D. 施工中高程控制点不能保存时，应将其引测至稳固的建（构）筑物上

二、计算分析题

1. 设A、B为已知平面控制点，其坐标分别为A（156.356，576.482）、B（208.056，485.432），欲根据A、B两点测设P点的位置，P点设计坐标为P（185.021，500.150），试说明其测设方法。

2. 某建筑场地上有一水准点A，其高程为$H_A=140.000$m，欲测设高程为139.450m的室内±0.000m标高，设水准仪在水准点A所立水准尺的读数为1.034m，试说明其测设方法。

3. 如图9-6、图9-7所示，确定建筑方格网主轴线的主点A、O、B。根据控制网已测设出主轴线的概略位置A'、O'、B'三点，测得$\angle A'O'B'=179°59'36''$，又知$O$到$A$的距离$a=150$m，$O$到$B$点的距离$b=200$m，试求该主轴线的调整值$\delta$。

4. 某住宅小区由于工程施工需要，需测设如图9-5所示的建筑方格网。已知建筑方格网主点坐标如下：A（500，500），O（500，600），B（500，700），C（600，600），D（400，600），试测设出建筑方格网各主点。

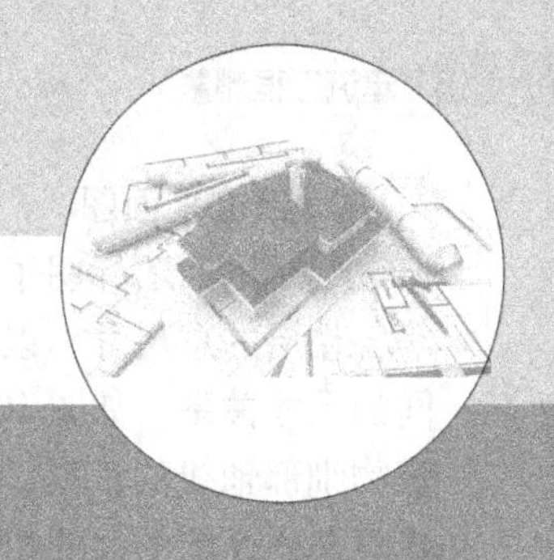

第10章 民用建筑施工测量

知识目标

了解民用建筑的类型、结构以及施工测量的方法和精度要求。掌握施工测量中建筑物定位、细部轴线放样、基础施工测量和墙体工程施工测量等。

能力目标

能进行民用建筑施工测量。

重点与难点

重点为施工测量中建筑物定位、细部轴线放样、基础施工测量和墙体工程施工测量；难点为建筑物定位。

10.1 概述

民用建筑是指住宅、医院、办公楼和学校等，民用建筑施工测量就是按照设计要求，配合施工进度，将民用建筑的平面位置和高程测设出来。民用建筑的类型、结构和层数各不相同，因而施工测量的方法和精度要求也有所不同，但施工测量的过程基本一样，主要包括建筑物定位、细部轴线放样、基础施工测量和墙体施工测量等。在进行施工测量前，应做好各种准备工作。

10.1.1 熟悉图样

设计图样是施工测量的主要依据，测设前应充分熟悉各种有关的设计图样，以便了解施工建筑物与相邻地物的相互关系，以及建筑物本身的内部尺寸关系，准确无误地获取测设工作中所需要的各种定位数据。与测设工作有关的设计图样主要有：

1. 建筑总平面图

建筑总平面图给出建筑场地上所有建筑物和道路的平面位置及其主要点的坐标，标出相邻建筑物之间的尺寸关系，注明各栋建筑物地坪高程，是测设建筑物总体位置和高程的重要依据，如图10-1所示。要注意其与相邻建筑物、用地红线、道路红线及高压线等的间距是否符合要求。

2. 建筑平面图

建筑平面图标明了建筑物首层、标准层等各楼层的总尺寸，以及楼层内部各轴线之间的尺寸关系，如图 10-2 所示。它是测设建筑物细部轴线的依据，要注意其尺寸是否与建筑总平面图的尺寸相符。

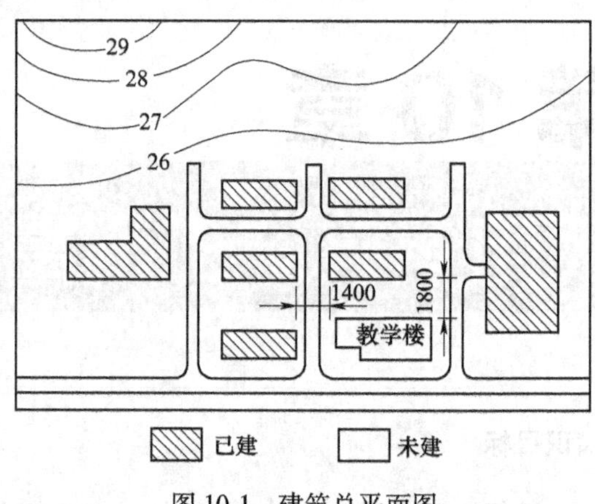

图 10-1 建筑总平面图

3. 基础平面图及基础详图

基础平面图及基础详图标明了基础形式、基础平面布置、基础中心或中线的位置、基础边线与定位轴线之间的尺寸关系、基础横断面的形状和大小以及基础不同部位的设计标高等，它是测设基槽（坑）开挖边线和开挖深度的依据，也是基础定位及细部放样的依据。如图 10-3 所示。

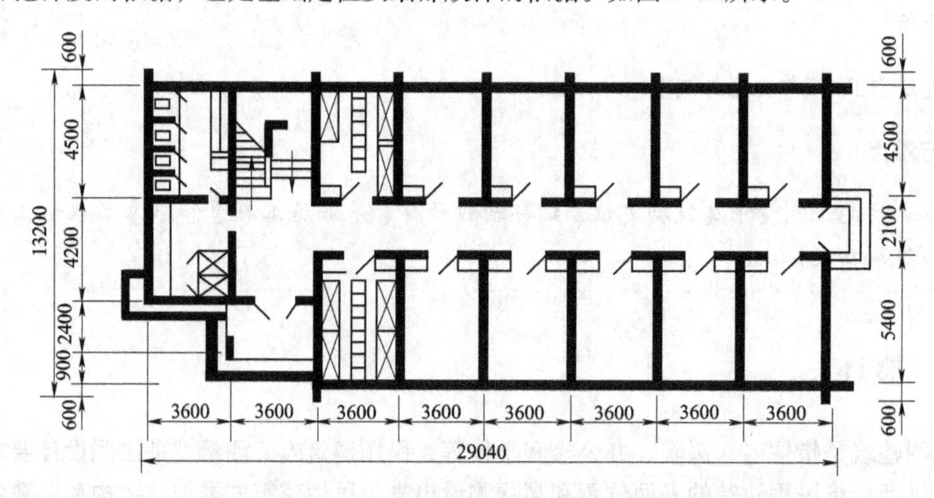

图 10-2 建筑平面图

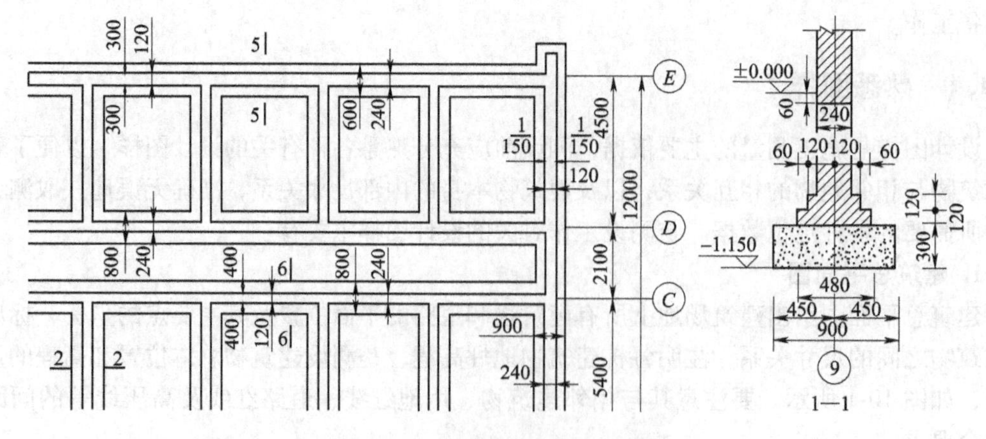

图 10-3 基础平面图及基础详图

4. 立面图和剖面图

立面图和剖面图标明了室内地坪、门窗、楼梯平台、楼板、屋面及屋架等的设计高程，这些高程通常是以±0.000标高为起算点的相对高程，它是测设建筑物各部位高程的依据，如图 10-4 所示。

在熟悉图样的过程中，应仔细核对各种图样上相同部位的尺寸是否一致，同一图样上总尺寸与各有关部位尺寸之和是否一致，以免发生错误。

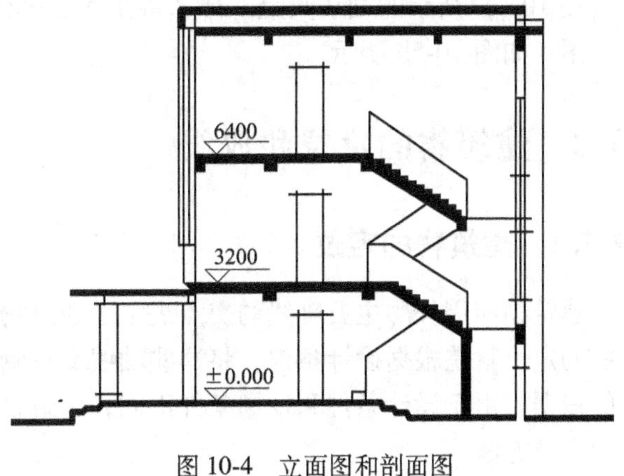

图 10-4 立面图和剖面图

10.1.2 现场踏勘

为了解施工现场上地物、地貌以及现有测量控制点的分布情况，应进行现场踏勘，以便根据实际情况考虑测设方案。

10.1.3 确定测设方案和准备测设数据

在熟悉设计图样、掌握施工计划和施工进度的基础上，结合现场条件和实际情况，拟定测设方案。测设方案包括测设方法、测设步骤、采用的仪器工具、精度要求、时间安排等。

在每次现场测设之前，应根据设计图样和测量控制点的分布情况，准备好相应的测设数据并对数据进行检核，需要时还可绘出测设略图，把测设数据标注在略图上，使现场测设时更方便快速，并减少出错的可能。

例如，现场已有 A、B 两个平面控制点，欲用经纬仪和钢尺，按极坐标法将图 10-1 所示教学楼测设于实地上。定位测量一般测设建筑物的四个大角，即图 10-5a 所示的 1、2、3、4 点，其中第 4 点是虚点，应先根据有关数据计算其坐标；此外，应根据 A、B 的已知坐标和 1-4 点的设计坐标，计算各点的测设角度值和距离值，以备现场测设之用。如果是用全站仪直角坐标法测设，由于全站仪能自动计算方位角和水平距离，则只需准备好每个角点的坐标即可。

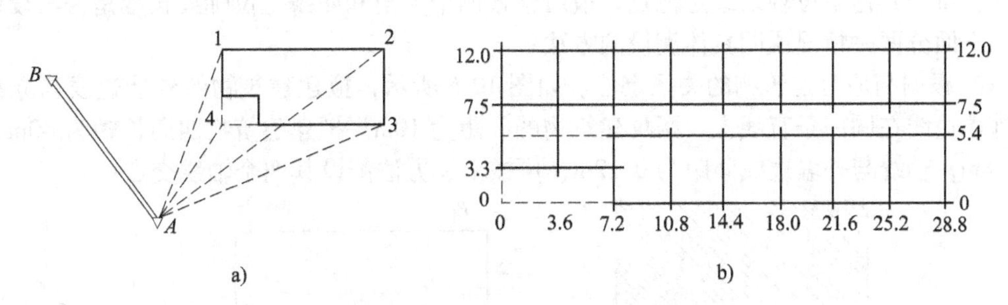

图 10-5 测设数据草图

a）测设建筑物的四点 b）绘标有测设数据的草图

再如，上述建筑物的四个主轴线点测设好后，测设细部轴线点时，一般用经纬仪定线，然后以主轴线点为起点，用钢尺依次测设次要轴线点。准备测设数据时，应根据其建筑平面图（图 10-2）所示的轴线间距，计算每条次要轴线至主轴线的距离，并绘出标有测设数据的草图，如图 10-5b 所示。

10.2 建筑物的定位和放线

10.2.1 建筑物的定位

建筑物四周外廓主要轴线的交点决定了建筑物在地面上的位置，称为定位点或角点，建筑物的定位就是根据设计条件，将这些轴线交点测设到地面上，作为细部轴线放线和基础放线的依据。由于设计条件和现场条件不同，建筑物的定位方法也有所不同，下面介绍三种常见的定位方法。

1. 根据控制点定位

如果待定位建筑物的定位点设计坐标是已知的，且附近有高级控制点可供利用，可根据实际情况选用极坐标法、角度交会法或距离交会法来测设定位点。在这三种方法中，极坐标法适用性最强，是用得最多的一种定位方法。

2. 根据建筑方格网和建筑基线定位

如果待定位建筑物的定位点设计坐标是已知的，且建筑场地已设有建筑方格网或建筑基线，可利用直角坐标法测设定位点，当然也可用极坐标法等其他方法进行测设，但直角坐标法所需要的测设数据的计算较为方便，在用经纬仪和钢尺实地测设时，建筑物总尺寸和四大角的精度容易控制和检核。

3. 根据与原有建筑物和道路的关系定位

如果设计图上只给出新建筑物与附近原有建筑物或道路的相互关系，而没有提供建筑物定位点的坐标，周围又没有测量控制点、建筑方格网和建筑基线可供利用，可根据原有建筑物的边线或道路中心线，将新建筑物的定位点测设出来。

具体测设方法随实际情况的不同而不同，但基本过程是一致的，就是在现场先找出原有建筑物的边线或道路中心线，再用经纬仪和钢尺将其延长、平移、旋转或相交，得到新建筑物的一条定位轴线，然后根据这条定位轴线，用经纬仪测设角度（一般是直角），用钢尺测设长度，得到其他定位轴线或定位点，最后检核四个大角和四条定位轴线长度是否与设计值一致。下面分两种情况说明具体测设的方法：

（1）根据与原有建筑物的关系定位　如图 10-6 所示，拟建建筑物的外墙边线与原有建筑的外墙边线在同一条直线上，两栋建筑物的间距为 10m，拟建建筑物四周长轴为 40m，短轴为 18m，轴线与外墙边线间距为 0.12m，可按下述方法测设其四个轴线交点：

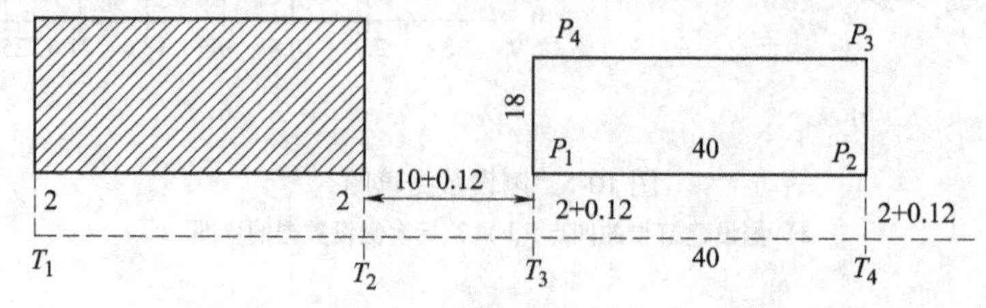

图 10-6　根据与原有建筑物的关系定位

1）沿原有建筑物的两侧外墙拉线，用钢尺顺线从墙角往外量一段较短的距离（这里设为2m），在地面上定出T_1和T_2孔两个点，T_1和T_2的连线即为原有建筑物的平行线。

2）在T_1点安置经纬仪，照准T_2点，用钢尺从T_2点沿视线方向量10m+0.12m，在地面上定出T_3点，再从T_3点沿视线方向量40m，在地面上定出T_4点，T_3和T_4的连线即为拟建建筑物的平行线，其长度等于长轴尺寸。

3）在T_3点安置经纬仪，照准T_4点，逆时针测设90°，在视线方向上量2m+0.12m，在地面上定出P_1点，再从P_1点沿视线方向量18m，在地面上定出P_4点。同理，在T_4点安置经纬仪，照准T_3点，顺时针测设90°，在视线方向上量2m+0.12m，在地面上定出P_2点，再从P_2点沿视线方向量18m，在地面上定出P_3点。则P_1、P_2、P_3和P_4点即为拟建建筑物的四个定位轴线点。

4）在P_1、P_2、P_3和P_4点安装经纬仪，检核四个大角是否为90°，用钢尺丈量四条轴线的长度，检核长轴是否为40m，短轴是否为18m。

（2）根据原有道路定位　如图10-7所示，拟建建筑物的轴线与道路中心线平行，轴线与道路中心线的距离如图所示，测设方法如下：

1）在每条道路上选两个合适的位置，分别用钢尺测量该处道路的宽度，并找出道路中心点C_1、C_2、C_3、C_4。

2）分别在C_1、C_2两个中心点上安置经纬仪，测设90°，用钢尺测设水平距离12m，在地面上得到道路中心线的平行线T_1T_2，同理作出C_3、C_4的平行线T_3T_4。

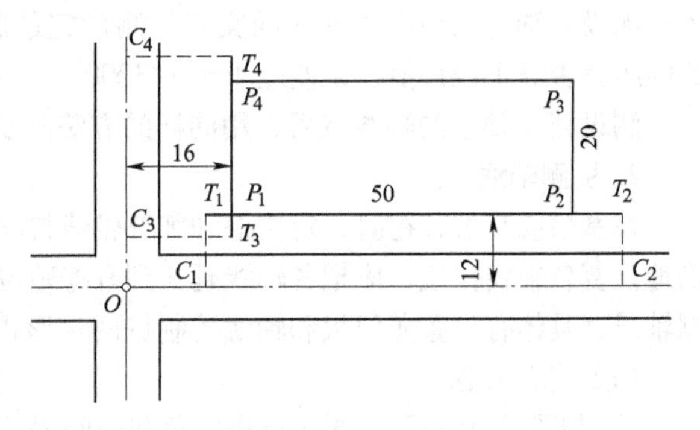

图10-7　根据与原有道路的关系定位

3）用经纬仪向内延长或外延长这两条线，其交点即为拟建建筑物的第一个定位点P_1，再在P_1点安置经纬仪，瞄准T_2方向量出距离50m，得到第二个定位点P_2。仪器逆时针测设90°量测20m距离定出T_4点附近的P_4点。

4）在P_2点安置经纬仪，瞄准P_1顺时针测设直角和水平距离20m，在地面上定出P_3点。在P_1、P_2、P_3和P_4点上安置经纬仪，检核角度是否为90°，用钢尺丈量四条轴线的长度，检核长轴是否为50m，短轴是否为20m。

10.2.2　建筑物的放线

建筑物的放线是指根据现场上已测设好的建筑物定位点，详细测设其他各轴线交点的位置。并将其延长到安全的地方做好标志。然后以细部轴线为依据，按基础宽度和放坡要求用白灰撒出基础开挖边线。

1. 测设细部轴线交点

如图10-8所示，*A*轴、*E*轴、①轴和⑦轴是建筑物的四条外墙主轴线，其交点*A*1、*A*7和*E*1、*E*7是建筑物的定位点，这些定位点已在地面上测设完毕并打好桩点，各主次轴线间隔如图10-8所示，现欲测设次要轴线与主轴线的交点。

在*A*1点安置经纬仪，照准*A*7点，把钢尺的零端对准*A*1点，沿视线方向拉钢尺，在钢尺上读数等于①轴和②轴间距（4.2m）的地方打下木桩，打的过程中要经常用仪器检查桩顶是否偏离视线方向，并不时拉一下钢尺，看钢尺读数是否还在桩顶上，如有偏移要及时调整。打好桩后，用经纬仪视线指挥在桩顶上画一条纵线，再拉好钢尺，在读数等于轴间距处画一条横线，两线交点即 A 轴与②轴的交点 $A2$。

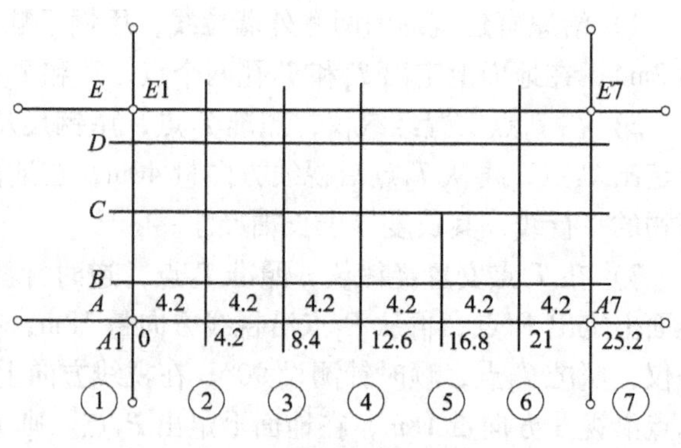

图 10-8　测设细部轴线交点

在测设 A 轴与 3 轴的交点 A_3 时，方法同上，注意仍然要将钢尺的零端对准 $A1$ 点，并沿视线方向拉钢尺，而钢尺读数应为①轴和③轴间距（8.4m），这种做法可以减小钢尺对点误差，避免轴线总长度增长或减短。如此依次测设 A 轴与其他有关轴线的交点。测设完最后一个交点后，用钢尺检查各相邻轴线桩的间距是否等于设计值，误差应小于 1/3000。

测设完 A 轴上的轴线点后，用同样的方法测设 E 轴、①轴和⑦轴上的轴线点。

2. 引测轴线

在基槽或基坑开挖时，定位桩和细部轴线桩均会被挖掉，为了使开挖后各阶段施工能准确地恢复各轴线位置，应把各轴线延长到开挖范围以外的地方并做好标志，这个工作称为引测轴线，具体有设置龙门板和轴线控制桩两种形式。

（1）龙门板法

1）如图 10-9 所示，在建筑物四角和中间隔墙的两端，距基槽边线约 2m 以外，牢固地埋设大木桩，称为龙门桩，并使桩的一侧平行于基槽。

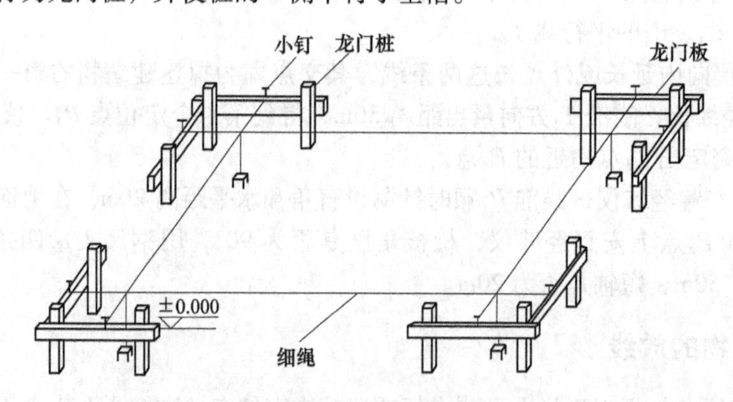

图 10-9　龙门板与龙门桩

2）根据附近水准点，用水准仪将±0.000 标高测设在每个龙门桩的外侧上，并画出横线标志。如果现场条件不允许，也可测设比±0.000 高或低一定数值的标高线，同一建筑物最好只用一个标高，如果地形起伏大用两个标高时，一定要标注清楚，以免使用时发生错误。

3）在相邻两龙门桩上钉设木板，称为龙门板，龙门板的上沿应和龙门桩上的横线对齐，使龙门板的顶面标高在一个水平面上，并且标高为±0 000，或比±0.000 高低一定的数值，龙门板顶面标高的误差应在±5mm 以内。

4）根据轴线桩，用经纬仪将各轴线投测到龙门板的顶面，并钉上小钉作为轴线标志，称为轴线钉，投测误差应在±5mm以内。对小型的建筑物，也可用拉细线绳的方法延长轴线，再钉上轴线钉，如事先已打好龙门板，可在测设细部轴线的同时钉设轴线钉，以减少重复安置仪器的工作量。

5）用钢尺沿龙门板顶面检查轴线钉的间距，其相对误差不应超过1/3000。

恢复轴线时，将经纬仪安置在一个轴线钉上方，照准相应的另一个轴线钉，其视线即为轴线方向，往下转动望远镜，便可将轴线投测到基槽或基坑内。也可用白线将相对的两个轴线钉连接起来，借助于垂球，将轴线投测到基槽或基坑内。

（2）轴线控制桩法　由于龙门板需要较多木料，而且占用场地，使用机械开挖时容易被破坏，因此也可以在基槽或基坑外各轴线的延长线上测设轴线控制桩，作为以后恢复轴线的依据。即使采用了龙门板，为了防止被碰动，对主要轴线也应测设轴线控制桩。

轴线控制桩一般设在开挖边线4m以外的地方，并用水泥砂浆加固。最好是附近有固定建筑物和构筑物，这时应将轴线投测在这些物体上，使轴线更容易得到保护。但每条轴线至少应有一个控制桩是设在地面上的，以便今后能安置经纬仪来恢复轴线，轴线控制桩的引测主要采用经纬仪法，当引测到较远的地方时，要注意采用盘左和盘右两次投测取中数法引测，以减少引测误差和避免错误的出现。

3. 撒开挖边线

如图10-10所示，先按基础剖面图给出的设计尺寸，计算基槽的开挖宽度$2d$。

$$d = B + mh \tag{10-1}$$

式中　B——基底宽度，可由基础剖面图查取；

h——基槽深度；

m——边坡坡度的分母。

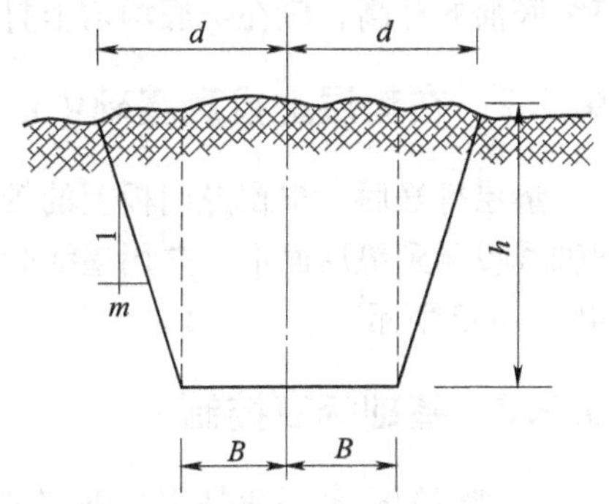

图10-10　基槽开挖宽度

根据计算结果，在地面上以轴线为中线往两边各量出d，拉线并撒上白灰，即为开挖边线。如果是基坑开挖，则只需按最外围墙体基础的宽度、深度、放坡以及操作面确定开挖边线。

10.3　建筑物基础施工测量

10.3.1　开挖深度和垫层标高控制

为了控制基槽开挖深度，当基槽挖到接近槽底设计高程时，应在槽壁上测设一些水平桩，使水平桩的上表面离槽底设计高程为某一整分米数（例如0.50m），用以控制挖槽深度，也可作为槽底清理和打基础垫层时掌握标高的依据。如图10-11所示，一般在基槽各拐角处均应打水平桩，线下0.50m即为槽底设计高程。

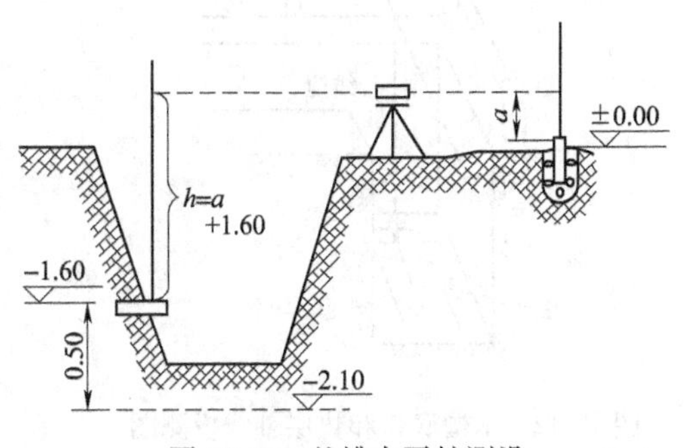

图10-11　基槽水平桩测设

水平桩可以是木桩也可以是竹桩，测设时，以画在龙门板或周围固定地物的±0.000 标高线为已知高程点，用水准仪进行测设，小型建筑物也可用连通水管法进行测设。水平桩上的高程误差应在±10mm 以内。

例如，设龙门板顶面标高为±0.000，槽底设计标高为-2.10m，水平桩高于槽底 0.50m，即水平桩高程为-1.60m，用水准仪后视龙门板顶面上的水准尺，读数 $a=1.286$，则水平桩上标尺的应有读数为

$$0+1.286-(-1.60)=2.886\ (\mathrm{m})$$

测设时沿槽壁上下移动水准尺，当读数为 2.886m 时沿尺底水平地将桩打进槽壁，然后检核该桩的标高，如超限便进行调整，直至误差在规定范围以内。

垫层面标高的测设可以水平桩为依据在槽壁上弹线，也可在槽底打入垂直桩，使桩顶标高等于垫层面的标高。如果垫层需安装模板，可以直接在模板上弹出垫层面的标高线。

如果是机械开挖，一般是一次挖到设计槽底或坑底的标高，因此要在施工现场安置水准仪，边挖边测，随时指挥挖土机调整挖土深度，使槽底或坑底的标高略高于设计标高（一般为 10cm，留给人工清土）。挖完后，为了给人工清底和打垫层提供标高依据，还应在槽壁或坑壁上打水平桩，水平桩的标高一般为垫层面的标高。当基坑底面积较大时，为便于控制整个底面的标高，应在坑底均匀地打一些垂直桩，使桩顶标高等于垫层面的标高。

10.3.2 在垫层上投测基础中心线

垫层打好后，根据龙门板上的轴线钉或轴线控制桩，用经纬仪或用拉线挂吊锤的方法，把轴线投测到垫层面上，并用墨线弹出基础中心线和边线，以便砌筑基础或安装基础模板，如图 10-12 所示。

10.3.3 基础标高控制

基础墙的标高一般是用基础“皮数杆”来控制的，皮数杆是用一根木杆做成，在杆上注明±0.000 的位置，按照设计尺寸将砖和灰缝的厚度，分皮从上往下一一画出来，此外还应注明防潮层和预留洞口的标高位置，如图 10-13 所示。立皮数杆时，可先在立杆处打一木

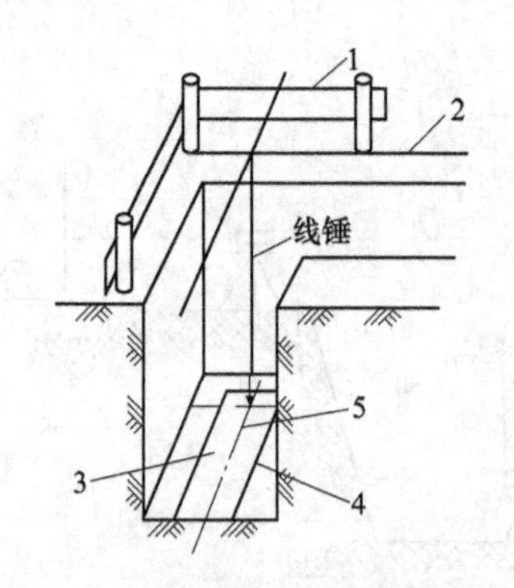

图 10-12 基槽底口和垫层轴线投测图

1—龙门板 2—细线 3—垫层

4—基础边线 5—墙中线

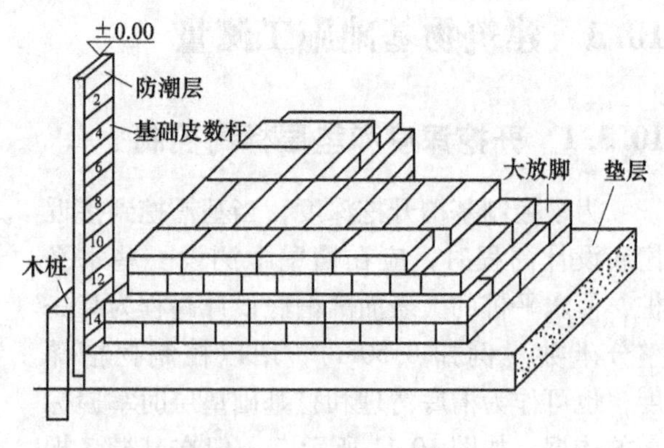

图 10-13 基础皮数杆

桩，用水准仪在木桩侧面测设一条高于垫层设计标高某一数值（如 0.2m）的水平线，然后将皮数杆上标高相同的一条线与木桩上的水平线对齐，并用钢钉把皮数杆和木桩钉在一起，这样立好皮数杆后，即可作为砌筑基础墙的标高依据。

对于采用钢筋混凝土的基础，可用水准仪将设计标高测设于模板上。

10.4　墙体施工测量

10.4.1　首层楼房墙体施工测量

1. 墙体轴线测设

基础工程结束后，应对龙门板或轴线控制桩进行检查复核，以防基础施工期间发生碰动移位。复核无误后，可根据轴线控制桩或龙门板上的轴线钉，用经纬仪法或拉线法，把首层楼房的墙体轴线测设到防潮层上，并弹出墨线，然后用钢尺检查墙体轴线的间距和总长是否等于设计值，用经纬仪检查外墙轴线四个主要交角是否等于90°。符合要求后，把墙轴线延到基础外墙侧面上并弹线和做出标志，作为向上投测各层楼房墙体轴线的依据。同时还应把门窗和其他洞口的边线，也在基础外墙侧面上做出标志，如图 10-14 所示。

墙体砌筑前，根据墙体轴线和墙体厚度，弹出墙体边线，照此进行墙体砌筑。砌筑到一定高度后，用吊锤线将基础外墙侧面上的轴线引测到地面以上的墙体上，以免基础覆土后看不见轴线标志。如果轴线处是钢筋混凝土柱，则在拆柱模后将轴线引测到桩身上。

2. 墙体标高测设

墙体砌筑时，其标高用墙身“皮数杆”控制。如图 10-15 所示，在皮数杆上根据设计尺寸，按砖和灰缝厚度画线，并标明门、窗、过梁、楼板等的标高位置。杆上标高注记从±0.000 向上增加。

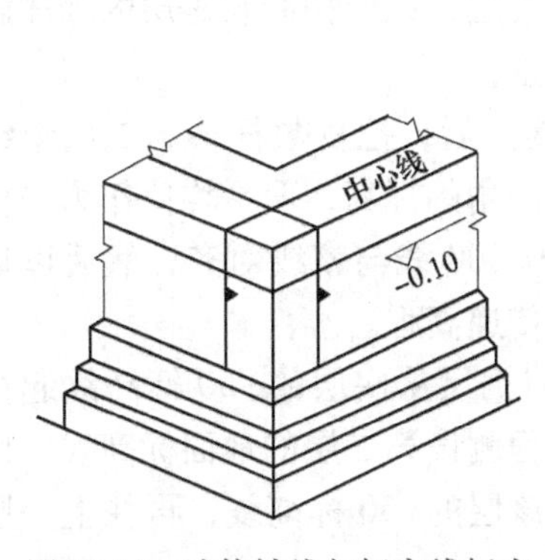

图 10-14　墙体轴线与标高线标志

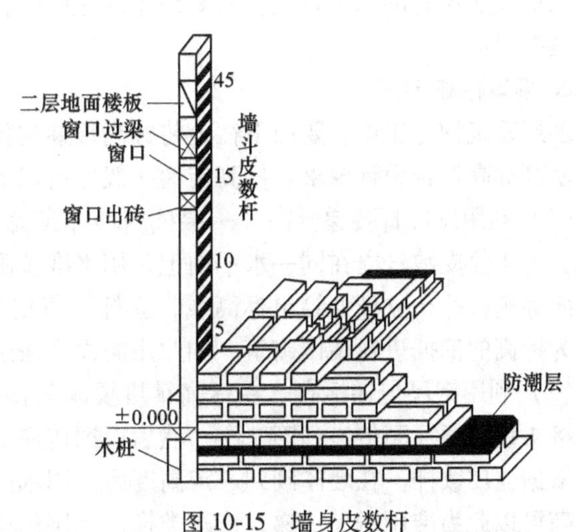

图 10-15　墙身皮数杆

墙身皮数杆一般立在建筑物的拐角和内墙处，固定在木桩或基础墙上，为了便于施工，采用里脚手架时，皮数杆立在墙的外边；采用外脚手架，皮数杆应立在墙的里边。立皮数杆时，先用水准仪在立杆处的木桩或基础墙上测设±0.000 标高线，测量误差在±3mm 以内，然后把皮数杆上的±0.000 线与该线对齐，用吊锤校正并用钉钉牢，必要时可在皮数杆上加两根钉斜撑，以保证皮数杆的稳定。

墙体砌筑到一定高度后（1.5m 左右），应在内、外墙上测设+0.50m 标高的水平墨线，称为“+50 线”。外墙面上+50 线作为向上传递各楼层标高的依据，内墙的+50 线作为室内地面施工及室内装修的标高依据，也可在内外墙上测设+1.000m 标高水平线，称为 1 米线。

10.4.2 二层以上楼房墙体施工测量

1. 墙体轴线投测

每层楼面建好后，为了保证继续往上砌筑墙体时，墙体轴线均与基础轴线在同一铅垂面上，应将基础或首层墙面上的轴线投测到楼面上，并在楼面上重新弹出墙体的轴线，检查无误后，以此为依据弹出墙体边线，再往上砌筑。在这个测量工作中，从下往上进行轴线投测是关键，一般多层建筑常用吊锤线。

将较重的锤球悬挂在楼面的边缘，慢慢移动，使锤球尖对准地面上的轴线标志，或者使锤线下部沿垂直墙面方向与底层墙面上的轴线标志对齐，吊锤线上部在楼面边缘的位置就是墙体轴线位置，在此画一条短线作为标志，便在楼面上得到轴线的一个端点，同法投测另一端点，两端点的连线即为墙体轴线。

一般应将建筑物的主轴线都投测到楼面上来，并弹出墨线，用钢尺检查轴线间的距离，其相对误差不得大于1/3000，符合要求之后，再以这些主轴线为依据，用钢尺内分法测设其他细部轴线。在困难的情况下至少要测设两条垂直相交的主轴线，检查交角合格后，用经纬仪和钢尺测设其他主轴线，再根据主轴线测设细部轴线。

吊锤线法受风的影响较大，楼层较高时风的影响更大，因此应在风小的时候作业，投测时应等待吊锤稳定下来后再在楼面上定点。此外，每层楼面的轴线均应直接由底层投测上来，以保证建筑物的总竖直度，只要注意这些问题，用吊锤线法进行多层楼房的轴线投测的精度是有保证的。

2. 墙体标高传递

多层建筑物施工中，要由下往上将标高传递到新的施工楼层，以便控制新楼层的墙体施工，使其标高符合设计要求。标高传递一般可有以下两种方法：

（1）利用皮数杆传递标高　一层楼房墙体砌完并建好楼面后，把皮数杆移到二层继续使用。为了使皮数杆立在同一水平面上，用水准仪测定楼面四角的标高，取平均值作为二楼的地面标高，并在立杆处绘出标高线，立杆时将皮数杆的±0.000 线与该线对齐，然后以皮数杆为标高的依据进行墙体砌筑。如此用同样方法逐层往上传递高程。

（2）利用钢尺传递标高　在标高精度要求较高时，可用钢尺从底层的+50 标高线起往上直接丈量，把标高传递到第二层，然后根据传递上来的高程测设第二层的地面标高线，以此为依据立皮数杆。在墙体砌到一定高度后，用水准仪测设该层的+50 标高线，再往上一层的标高可以此为准用钢尺传递，依次类推，逐层传递标高。

10.5 高层建筑施工测量

在高层建筑工程施工测量中，由于高层建筑的体形大、层数多、高度高、造型多样化、

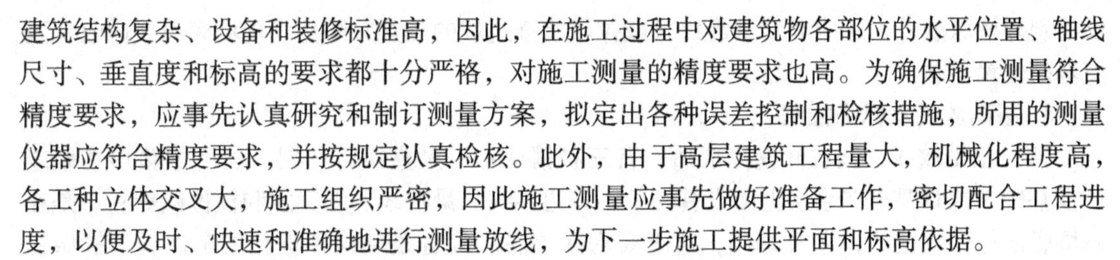

建筑结构复杂、设备和装修标准高，因此，在施工过程中对建筑物各部位的水平位置、轴线尺寸、垂直度和标高的要求都十分严格，对施工测量的精度要求也高。为确保施工测量符合精度要求，应事先认真研究和制订测量方案，拟定出各种误差控制和检核措施，所用的测量仪器应符合精度要求，并按规定认真检核。此外，由于高层建筑工程量大，机械化程度高，各工种立体交叉大，施工组织严密，因此施工测量应事先做好准备工作，密切配合工程进度，以便及时、快速和准确地进行测量放线，为下一步施工提供平面和标高依据。

高层建筑施工测量的工作内容很多，下面主要介绍建筑物定位、基础施工、轴线投测和高程传递等几方面的测量工作。

10.5.1　高层建筑定位测量

1. 测设施工方格网

根据设计给定的定位依据和定位条件，进行高层建筑的定位放线，是确定建筑物平面位置和进行基础施工的关键环节，施测时必须保证精度，因此一般采用测设专用的施工方格网的形式来定位。施工方格网是测设在基坑开挖范围以外一定距离，平行于建筑物主要轴线方向的矩形控制网。施工方格网一般在总平面图上进行布置设计。

2. 测设主轴线控制桩

在施工方格网的四边上，根据建筑物主要轴线与方格网的间距，测设主要轴线的控制桩。测设时要以施工方格网各边的两端控制点为准，用经纬仪定线，用钢尺拉通尺量距来打桩定点。测设好这些轴线控制桩后，施工时便可方便准确地在现场确定建筑物的四个主要角点。

因为高层建筑的主轴线上往往是柱或剪力墙，施工中通视和量距困难，为了便于使用，实际上一般是测设主轴线的平行线。由于其作用和效果与主轴线完全一样，为方便起见，这里仍统一称为主轴线。

除了四廓的轴线外，建筑物的中轴线等重要轴线也应在施工方格网边线上测设出来，与四廓的轴线一起，称为施工控制网中的控制线，一般要求控制线的间距为30~50m。控制线的增多，可为以后测设细部轴线带来方便，也便于校核轴线偏差。如果高层建筑是分期分区施工，为满足某局部区域定位测量的需要，应把对该局部区域有控制意义的轴线在施工方格网边线测设出来。施工方格网控制线的测距精度不低于1/10000，测角精度不低于±10″。

如果高层建筑准备采用经纬仪法进行轴线投测，还应把应投测轴线的控制桩往更远处、更安全稳固的地方引测，这些桩与建筑物的距离应大于建筑物的高度，以免用经纬仪投测时仰角太大。

10.5.2　高层建筑基础施工测量

1. 测设基坑开挖边线

高层建筑一般都有地下室，因此要进行基坑开挖。开挖前，先根据建筑物的轴线控制桩确定角桩以及建筑物的外围边线，再考虑边坡的坡度和基础施工所需工作面的宽度，测设出基坑的开挖边线并撒出灰线。

2. 基坑开挖时的测量工作

高层建筑的基坑一般都很深，需要放坡并进行边坡支护加固，开挖过程中，除了用水准仪控制开挖深度外，还应经常用经纬仪或拉线检查边坡的位置，防止出现坑底边线内收，致使基础位置不够。

3. 基础放线及标高控制

（1）基础放线　基坑开挖完成后，有三种情况：一是直接打垫层，然后做箱形基础或筏板基础，这时要求在垫层上测设基础的各条边界线、梁轴线、墙宽线和柱位线等；二是在基坑底部打桩或挖孔，做桩基础，这时要求在坑底测设各条轴线和桩孔的定位线，桩做完后，还要测设桩承台和承重梁的中线；三是先做桩，然后在桩上做箱形基础或筏板，组成复合基础，这时的测量工作是前两种情况的结合。

测设轴线时，有时为了通视和量距方便，不是测设真正的轴线，而是测设其平行线，这时一定要在现场标注清楚，以免错误。另外，一些基础桩、梁、柱、墙的中线不一定与建筑轴线复合，而是偏移某个尺寸，因此要认真按图施测，防止出错。

如果是在垫层上放线，可把有关轴线和边线直接用墨线弹在垫层上，由于基础轴线的位置决定了整个高层建筑的平面位置和尺寸，因此施测时要严格检核，保证精度。如果是在基坑下做桩基，则测设轴线和桩位时，宜在基坑护壁上设立轴线控制桩，既能保留较长时间，也便于施工时用来复核桩位和测设桩顶上的承台和基础梁等。

从地面往下投测轴线时，一般是用经纬仪投测法，由于俯角较大，为了减小误差，每个轴线点均应盘左盘右各投测一次，然后取中数。

（2）基础标高测设　基坑完成后，应及时用水准仪根据地面上的±0.000 水平线，将高程引测到坑底，并在基坑护坡的钢板或混凝土桩上做好标高为负的整米数的标高线。由于基坑较深，引测时可多设几站观测，也可用悬吊钢尺代替水准尺进行观测。在施工过程中，如果是桩基，要控制好各桩的顶面高程；如果是箱基和筏基，则直接将高程标志测设到竖向钢筋和模板上，作为安装模板、绑扎钢筋和浇筑混凝土的标高依据。

10.5.3　高层建筑的轴线投测

当高层建筑的地下部分完成后，根据施工方格网校测建筑物主轴线控制桩后，将各轴线测设到做好的地下结构顶面和侧面，又根据原有的±0.000 水平线，将±0.000 标高（或某整分米数标高）也测设到地下结构顶部的侧面上，这些轴线和标高线，是进行首层主体结构施工的定位依据。

随着结构的升高，要将首层轴线逐层往上投测，作为施工的依据。此时建筑物主轴线的投测最为重要，因为它们是各层放线和结构垂直度控制的依据。随着高层建筑物设计高度的增加，施工中对竖向偏差的控制要求就越高，轴线竖向投测的精度和方法就必须与其适应，以保证工程质量。

有关规范对于不同结构的高层建筑施工的竖向精度有不同的要求，见表 10-1（H 为建筑总高度）。为了保证总的竖向施工误差不超限，层间垂直度测量偏差不应超过 3mm，建筑全高垂直度测量偏差不应超过 $3H/10000$，且不应大于：

$30\text{m}<H\leqslant 60\text{m}$ 时，±10mm。

$60\text{m}<H\leqslant 90\text{m}$ 时，±15mm。

$90\text{m}<H$ 时，±20mm。

表 10-1 高层建筑竖向及标高施工偏差限差

结构类型	竖向施工偏差限差/mm		标高偏差限差/mm	
	每层	全高	每层	全高
现浇混凝土	8	H/1000（最大 30）	±10	±30
装备式框架	5	H/1000（最大 20）	±5	±30
大模板施工	5	H/1000（最大 30）	±10	±30
滑模施工	5	H/1000（最大 50）	±10	±30

下面介绍几种常见的投测方法：

1. 外控法

当施工场地比较宽阔时，可使用外控法进行竖向投测，它是在高层建筑物外部安置经纬仪，如图 10-16 所示。经纬仪安置在轴线控制桩上，严格对中整平，盘左照准建筑物底部的轴线标志，往上转动望远镜，用其竖丝指挥在施工层楼面边缘上画一点，然后盘右再次照准建筑物底部的轴线标志，同法在该处楼面边缘上画出另一点，取两点的中间点作为轴线的端点。其他轴线端点的投测与此法相同。

当楼层建的较高时，经纬仪投测时的仰角较大，操作不方便，误差也较大，此时应将轴线控制桩用经纬仪引测到远处（大于建筑物高度）稳固的地方，然后继续往上投测，如果周围场地有限，也可引测到附近建筑物的房顶上。如图 10-17 所示，先在轴线控制桩 A_1上安置经纬仪，照准建筑物底部的轴线标志，将轴线投测到楼面上 A_2点处，然后在 A_2安置经纬仪，照准 A_1点，将轴线投测到附近建筑物屋面上 A_3点处，以后就可在 A_3点安置经纬仪，投测更高层的轴线。注意上述投测工作均采用盘左盘右取中数法进行，以减少投测误差。所有主轴线投测上来后，应进行角度和距离的检核，合格后再以此为依据测设其他轴线。

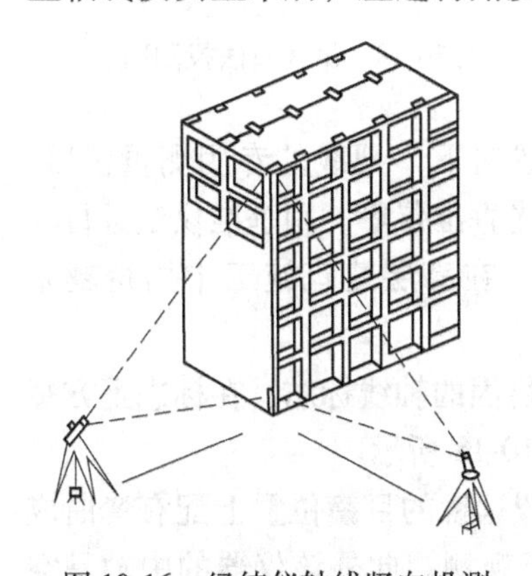

图 10-16 经纬仪轴线竖向投测

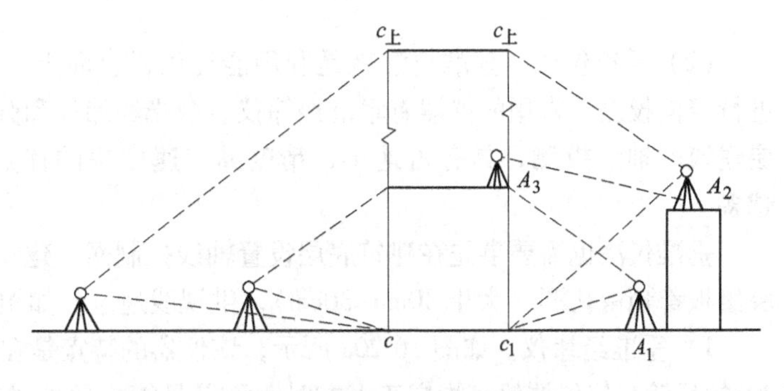

图 10-17 减小经纬仪投测角

2. 内控法

当周围建筑物密集，施工场地窄小，无法在建筑物以外的轴线处安置经纬仪时，可采用内控法进行竖向投测。内控法通过楼层预留垂准孔将点位垂直投测到任意楼层，如图 10-18 所示。一般有吊线坠法和垂准仪法。

（1）吊线坠法 该法与一般的吊锤线法的原理是一样的，只是线坠的重量更大，吊线（细钢丝）的强度更高。此外，为了减少风力的影响，应将吊线坠的位置放在建筑物内部预留的垂准孔。如图 10-19 所示，事先在首层地面上埋设轴线点的固定标志，轴线点之间应构成矩形或十字形等，作为整个高层建筑的轴线控制网。各标志的上方每层楼板都预留孔洞，供吊锤线通过。投测时，在施工层楼面上的预留孔上安置挂有吊线坠的十字架，慢慢移动十字架，当吊锤尖静止地对准地面固定标志时，十字架的中心就是应投测的点，在预留孔四周做上标志即可，标志连线交点，即为从首层投上来的轴线点。同理测设其他轴线点。

使用吊线坠法进行轴线投测，经济、简单又直观，精度也比较可靠，但投测费时费力，正逐渐被下面所述的垂准仪法所替代。

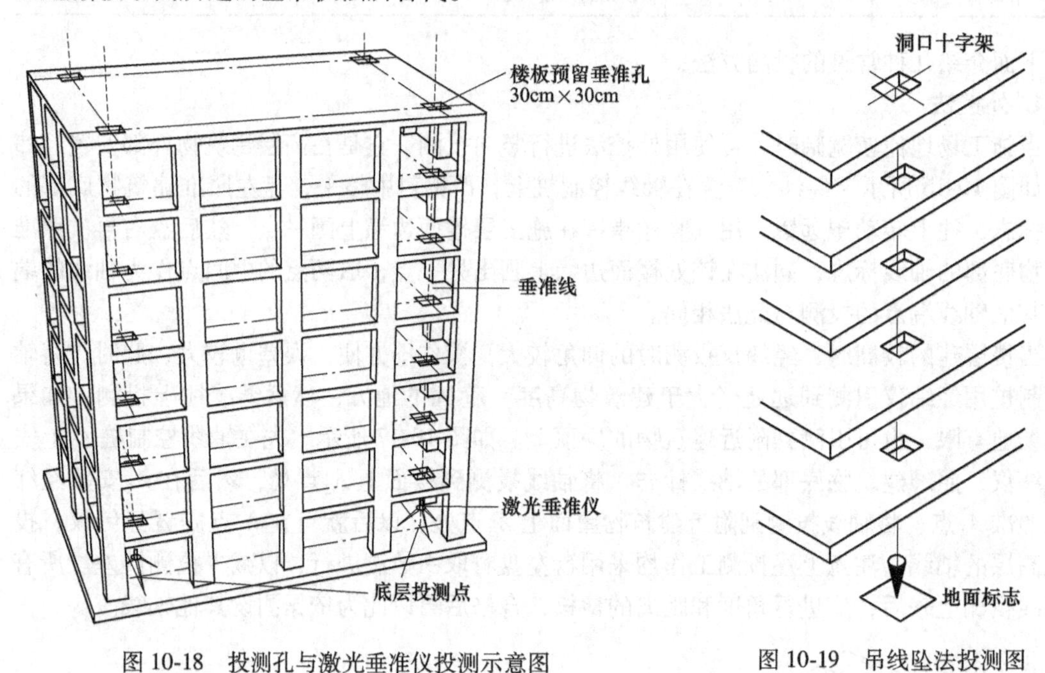

图 10-18 投测孔与激光垂准仪投测示意图

图 10-19 吊线坠法投测图

(2) 垂准仪法 垂准仪法就是利用能提供铅直向上（或向下）视线的专用测量仪器，进行竖向投测。常用的仪器有垂准经纬仪、激光经纬仪和激光垂准仪等。用垂准仪法进行高层建筑的轴线投测，具有占地小、精度高、速度快的优点，在高层建筑施工中用得越来越多。

垂准仪法也需要事先在建筑底层设置轴线控制网，建立稳固的轴线标志，在标志上方每层楼板都预留孔洞（大于 30cm×30cm），供视线通过，如图 10-18 所示。

1）垂准经纬仪。如图 10-20a 所示，该仪器的特点是在望远镜的目镜位置上配有弯曲成 90°的目镜，使仪器铅直指向正上方时，测量员能方便地进行观测。此外该仪器的中轴是空心的，使仪器也能观测正下方的目标。

使用时，将仪器安置在首层地面的轴线点标志上，严格对中整平，由弯管目镜观测，当仪器水平转动一周时，若视线一直指向一点上，说明视线方向处于铅直状态，可以向上投测。投测时，视线通过楼板上预留的孔洞，将轴线点投测到施工层楼板的透明板上定点，为了提高投测精度，应将仪器照准部水平旋转一周，在透明板上投测多个点，这些点应构成一个小圆，然后取小圆的中心作为轴线点的位置。同法用盘右再投测一次，取两次的中点作为最后结果。由于投测时仪器安置在施工层下面，因此在施测过程中要注意对仪器和人员的安

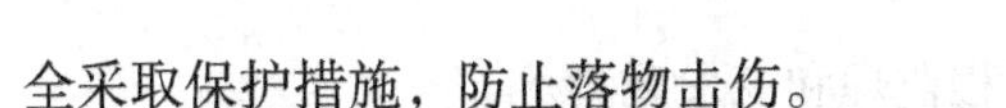
全采取保护措施，防止落物击伤。

如果把垂准经纬仪安置在浇筑后的施工层上，将望远镜调成铅直向下的状态，视线通过楼板上预留的孔洞，照准首层地面的轴线点标志，也可将下面的轴线点投测到施工层上来，如图 10-20b 所示。该法较安全，也能保证精度。

该仪器竖向投测方向观测中误差不大于±6″，即 100m 高处投测点位误差为±3mm，相当于约 1/30000 的铅垂度，能满足高层建筑对竖向的精度要求。

2）激光经纬仪。如图 10-21 所示，它是在望远镜筒上安装一个氦氖激光器，用一组导光系统把望远镜的光学系统联系起来，组成激光发射系统，再配上电源，便成为激光经纬仪。为了测量时观测目标方便，激光束进入发射系统前没有遮光转换开关。遮去发射的激光束，就可在目镜（或通过弯管目镜）处观测目标，而不必关闭电源。

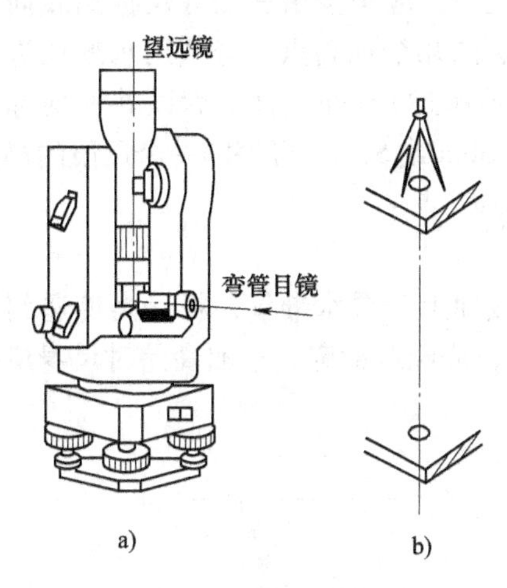

图 10-20　垂准经纬仪图

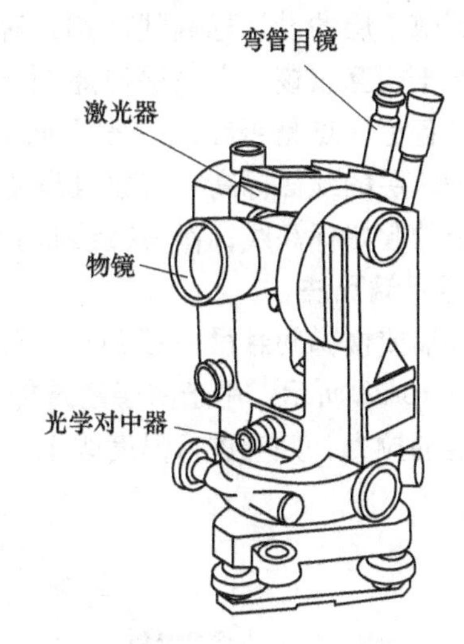

图 10-21　激光经纬仪

激光经纬仪可用于高层建筑轴线竖向投测，其方法与配弯管目镜的经纬仪是一样的，只不过是用可见激光代替人眼观测。投测时，在施工层预留孔中央设置用透明聚酯膜片绘制的接收靶，在地面轴线点处对中整平仪器，启动激光器，调节望远镜调焦螺旋，使投射在接收靶上的激光束光斑最小，再水平旋转仪器检查接收靶上光斑中心是否始终在同一点，或画出一个很小的圆圈，以保证激光束铅直，然后移动接收靶使其中心与光斑中心或小圆圈中心重合，将接收靶固定，则靶心即为欲投测的轴线点。

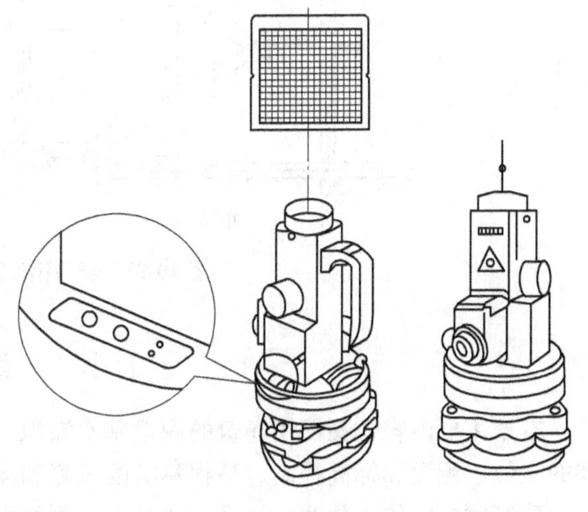

图 10-22　激光垂准仪

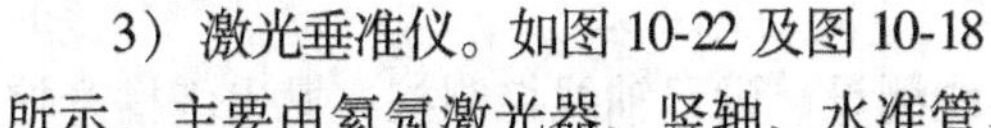
3）激光垂准仪。如图 10-22 及图 10-18 所示，主要由氦氖激光器、竖轴、水准管、基座等部分组成。可广泛应用于高层建筑施工、高塔、烟囱、电梯、大型机构设备的施工安装，工程监理和变形观测。

激光垂准仪通过望远镜可以直接观测到清晰的可视激光，激光垂准仪用于高层建筑轴线竖向投测时，其原理和方法与激光经纬仪基本相同，主要区别在于对中方法。激光经纬仪一般用光学对中器，而激光垂准仪用激光管尾部射出的光束进行对中。

10.5.4 高层建筑的高程传递

高层建筑各施工层的标高，是由底层±0.000 标高线传递上来的。高层建筑施工的标高偏差限差见表 10-1。

1. 用钢尺直接测量

一般用钢尺沿结构外墙、边柱或楼梯间，由底层±0.000 标高线向上竖直量取设计高差，即可得到施工层的设计标高线。用这种方法传递高程时，应至少由三处底层标高线向上传递，以便于相互校核。由底层传递到上面同一施工层的几个标高点，必须用水准仪进行校核，检查各标高点是否在同一水平面上，其误差应不超过±3mm。合格后以其平均标高为准，作为该层的地面标高。若建筑高度超过一尺段（30m 或 50m，可每隔一个尺段的高度精确测设新的起始标高线，作为继续向上传递高程的依据。

2. 悬吊钢尺法

在外墙或楼梯间悬吊一根钢尺，分别在地面和楼面上安置水准仪，将标高传递到楼面上，如图 10-23 所示。用于高层建筑传递高程的钢尺，应经过检定，量取高差时尺身应铅直和用规定的拉力，并应进行温度改正。

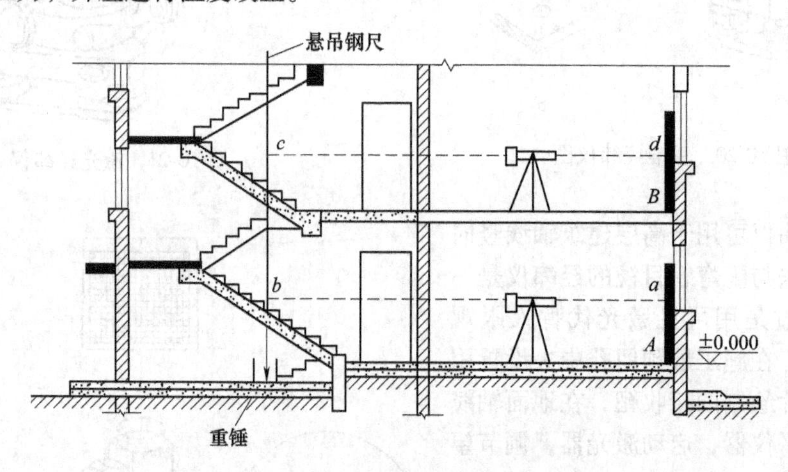

图 10-23 悬吊钢尺法传递高程

小 结

本章主要内容包括民用建筑的测量基本知识、建筑物的定位、放线、基础标高控制、墙体的定位、测设和标高控制、高程建筑的投测和高程传递等。

建筑物的定位、放线、抄平是建筑工程测量中经常性的工作。因此，测设已知距离、角度、高程这三个基本功一定要切实掌握，并熟练。

民用建筑施工测量，包括建筑物定位、细部轴线测设、设置轴线控制桩，撒出基槽开挖边界线，以及测设基槽水平桩，恢复各部位轴线，皮数杆等工作。这对保证工程质量和施工进度具有重要意义。

高层传递，要严格控制竖向轴线投测的精度要求，采用内控法，一般不少于三点，传递到该层校核时三点为一水平面。

思考题

1. 民用建筑施工测设前有哪些准备工作?
2. 设置龙门板或引桩的作用是什么？如何设置?
3. 如何测设轴线控制桩?
4. 简述高层建筑施工测量的特点?
5. 高层建筑轴线投测的方法有哪两种？简述作业过程。
6. 在高层建筑施工中，如何控制建筑物的垂直度和传递标高?

习题

一、选择题

1. 建筑方格网的布设，应根据（　　）上的分布情况，结合现场的地形情况拟定。

A. 建筑总平面图　B. 建筑平面图　C. 建筑立面图　D. 基础平面图

2. 建筑工程施工中，基础的抄平通常都是利用（　　）完成的。

A. 水准仪　B. 经纬仪　C. 钢尺　D. 皮数杆

3. R 为水准点，$H_R=15.670$m，A 为建筑物室内地坪±0.000m 待测点，设计高程 $H_A=15.820$m，若后视读数 1.050m，那么 A 点水准尺读数为（　　）时，尺底就是设计高程 H_A。

A. 1.200m　B. 0.900m　C. 0.150m　D. 1.050m

4. 施工时为了使用方便，一般在基槽壁各拐角处、深度变化处和基槽壁上每隔 3~4m 测设一个（　　），作为挖槽深度、修平槽底和打基础垫层的依据。

A. 水平桩　B. 龙门桩　C. 轴线控制桩　D. 定位桩

5. 在布设施工平面控制网时，应根据（　　）的地形条件来确定。

A. 建筑总平面图　B. 建筑立面图　C. 建筑平面图　D. 基础平面图

6. 布设高程施工控制网时，水准点距离基坑回填边线不应小于（　　），以保证水准点的稳定，方便进行高程放样工作。

A. 5m　B. 10m　C. 15m　D. 20m

7. 采用设置轴线控制桩法引测轴线时，轴线控制桩一般设在开挖边线（　　）以外的地方，并用水泥砂浆加固。

A. 1~2m　B. 1~3m　C. 3~5m　D. 5~7m

8. 采用悬吊钢尺法进行高层民用建筑楼面标高传递时，一般需（　　）底层标高点向上传递，最后用水准仪检查传递的高程点是否在同一水平面上。

A. 1 个　B. 2 个　C. 3 个　D. 4 个

9. 关于轴线控制桩设置的说法，错误的是（　　）。

A. 轴线控制桩是广义的桩，根据现场的条件可在墙上画标记

B. 地面上的轴线控制桩应位于基坑的上口开挖边界线以内

C. 为了恢复轴线时能够安置仪器，要求至少有一个控制桩在地面上

D. 地面轴线控制桩用木桩标记时，应在其周边砌砖保护

10. 关于建筑基线布设的要求的说法，错误的是（　　）。

A. 建筑基线应平行或垂直于主要建筑物的轴线

B. 建筑基线点应不少于两个，以便检测点位有无变动

C. 建筑基线点应相互通视，且不易被破坏

D. 建筑基线的测设精度应满足施工放样的要求

11. 开挖基槽时，为了控制开挖深度，可用水准仪按照（　　）上的设计尺寸，在槽壁上测设一些水平小木桩。

A. 建筑平面图　　B. 建筑立面图　　C. 基础平面图　　D. 基础剖面图

12. 在多层建筑施工中，向上投测轴线可以（　　）为依据。

A. 角桩　　B. 中心桩　　C. 龙门桩　　D. 轴线控制桩

二、计算分析题

1. 设 A、B 为已知平面控制点，其坐标分别为 A（156.356，576.482）、B（208.056，485.432），P 为待定点，其设计坐标为 P（185.021，500.150），试计算根据 A、B 两点测设 P 点的位置的有关数据，并说明其测设方法。

2. 某建筑场地上有一水准点 A，其高程为 $H_A = 140.000\text{m}$，欲测设高程为 139.450m 的室内±0.000m 标高，设水准仪在水准点 A 所立水准尺的读数为 1.034m，试计算在室内±0.000m 标高所立水准尺的读数，并说明其测设方法。

3. 图 10-24 所示为某建筑物的平面位置图和底层平面图，试根据此设计图对建筑物进行定位和轴线测设。

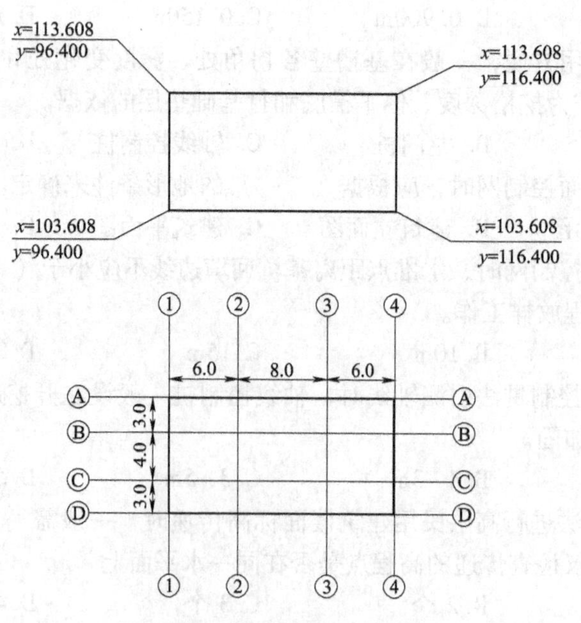

图 10-24　建筑物定位及轴线放样

第11章 工业建筑施工测量

知识目标

了解工业建筑的类型；掌握厂房矩形控制网的测设、厂房基础施工测量、厂房构件及设备安装测量。

能力目标

能进行工业厂房建筑施工测量。

重点与难点

重点为工业建筑施工控制网的建立及构件测量；难点为柱、屋架测量。

11.1 概述

工业建筑主要以厂房为主，而工业厂房多为排柱式建筑，跨距和间距大，隔墙少，平面布置简单，而且其施工测量精度又明显高于民用建筑，故其定位一般是根据现场建筑基线或建筑方格网，采用由主轴线控制桩组成的矩形方格网作为厂房的基本控制网。

厂房有单层和多层、装配式和现浇整体式之分。单层工业厂房以装配式为主，采用预制的钢筋混凝土柱、吊车梁、屋架、大型屋面板等构件，在施工现场进行安装。为保证厂房构件就位的正确性，施工测量中应进行以下几个方面的工作：厂房矩形控制网的测设；厂房柱列轴线放样；杯形基础施工测量；厂房构件及设备安装测量等。

因此，工业建筑施工测量除与民用建筑施工测量相同的准备工作之外，还需做好下列工作。

1. 制订厂房矩形控制网的测设方案及计算测设数据

工业建筑厂房测设的精度要求高于民用建筑，而厂区原有的控制点的密度和精度又不能满足厂房测设的要求，因此，对于每个厂房还应在原有控制网的基础上，根据厂房的规模大小，建立满足精度要求的独立矩形控制网，作为厂房施工测量的基本控制。

对于一般中、小型厂房，可测设一个单一的厂房矩形控制网，即在基础的开挖边线以外，测设一个与厂房轴线平行的矩形控制网 $RSPQ$，可满足测设的需要。如图 11-1 所示，L、M、N 等为建筑方格网点，厂房外廓各轴线交点的坐标为设计值，R、S、P、Q 为布置在厂房基坑开挖范围以外的厂房矩形控制网的四个交点。对于大型厂房或设备基础复杂的厂房，为保证厂房各部分精度一致，需先测设一条主轴线，然后以此主轴线测设出矩形控制网。在确定主轴线点及矩形控制网位置时，要考虑到控制点能长期保存，应避开地上和地下管线。距离指标桩即沿厂房控制网各边每隔若干柱间距埋设一个控制桩，故其间距一般为厂房柱距的倍数，但不要超过所用钢尺的整尺长。

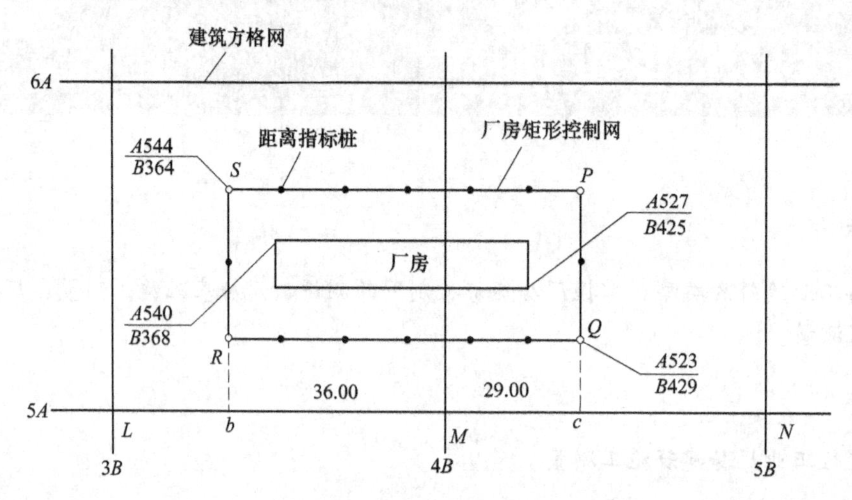

图 11-1 矩形控制网示意图

厂房矩形控制网的测设方案，通常是根据厂区的总平面图、厂区控制网、厂房施工图和现场地形情况等资料来制订的。其主要内容为：确定主轴线位置、矩形控制网位置、距离指标桩的点位、测设方法和精度要求。

2. 绘制测设略图

根据厂区的总平面图、厂区控制图、厂房施工图等资料，按一定比例绘制测设略图，如图 11-1 所示，为测设工作做好准备。

11.2 厂房矩形控制网的测设

11.2.1 中小型厂房矩形控制网的测设

厂房矩形控制网是为了厂房放样布设的专用平面控制网。布设时，应使矩形网的轴线平行于厂房外墙轴线（两种轴线间距一般取 4m 或 6m），并根据厂房外墙轴线交点的施工坐标和两种轴线的间距，给出矩形控制网角点的施工坐标，如图 11-1 所示。根据矩形控制网的四个角点的施工坐标和地面建筑方格网，利用直角坐标法即可将控制网的四个角点在地面上直接标定出来。

1. 确定矩形网的形式

（1）轴线控制网　如图 11-1 所示，各轴线桩都钉在轴线交点上，挖槽时会被挖掉，所以要把轴线桩引测到基槽开挖边线以外，称为引桩，这个引桩称为轴线控制桩，也称为保险桩。

（2）矩形控制桩　把各轴线控制桩连接起来，称为矩形控制网。矩形控制网的形式根据建筑物的规模而定，一般工程布设矩形控制网就能满足要求，较复杂的工程应布设田字形控制网。矩形控制网的一般形式如图 11-1 所示。

2. 设置控制桩时应注意的问题

1）设在距基槽开挖边线以外 1~1.5m 处，至轴线交点的距离应为 1m 的倍数。

2）采用机械挖方或爆破施工时，距离要加大。

3）桩位要选在易于保存，不影响施工，避开地下、地上管道及道路，便于丈量和观测的地方。

11.2.2　大型厂房矩形控制网的测设

对于大型或设备基础复杂的厂房，可选其相互垂直的两条主轴线测设矩形控制网的四个角点即布设田字控制网，用测设建筑方格网主轴线同样的方法将其测设出来，然后再根据这两条主轴线测设矩形控制网的四个角点，如图 11-2 所示。控制网的技术要求见表 11-1。

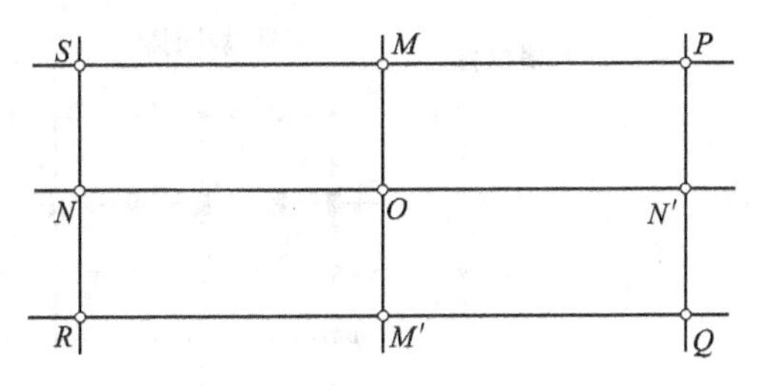

图 11-2　大型厂房控制网测设

表 11-1　控制网的技术要求

矩形网类型	厂房类型	主轴线、矩形边长精度	矩形角允许误差	角度闭合差
单一矩形网	中小型厂房或系统工程	1∶10000~1∶25000	15′	60″
田字形网	大型厂房或系统工程	1∶30000	7′	28″

11.3　厂房柱列轴线与柱基施工测量

11.3.1　厂房柱列轴线测设

如图 11-3 所示，某厂房的平面示意图，*A*、*B*、*C* 轴线及 1、2、3、…等轴线分别是厂房

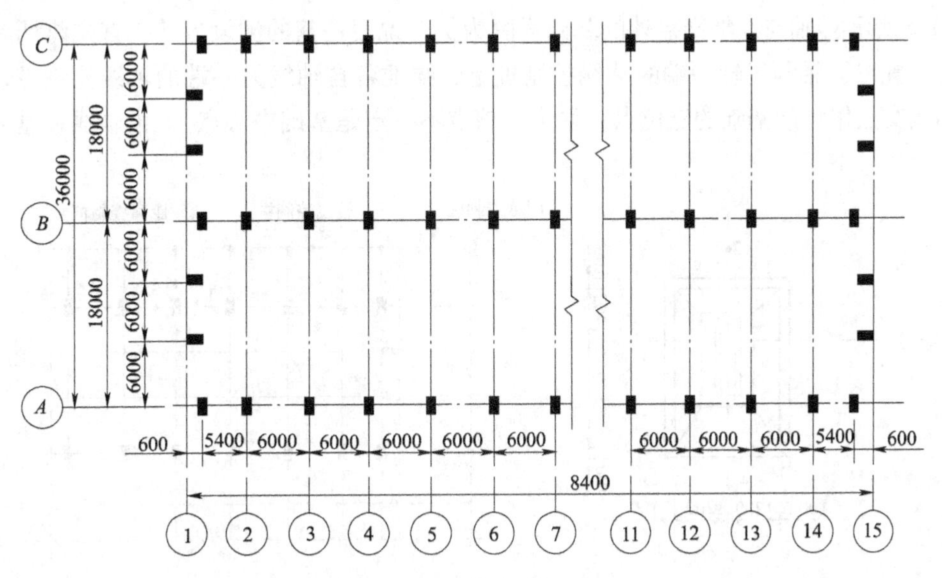

图 11-3　厂房平面示意图

的纵、横柱列轴线，又称定位轴线。纵向轴线的距离表示厂房的跨度，横向轴线的距离表示厂房的柱距。在进行柱基测设时，应注意定位轴线不一定是柱的中心线，一个厂房的柱基类型很多，尺寸不一，放样时应特别注意。

在厂房控制网建立以后，即可按柱列间距和跨距用钢尺从靠近的距离指标桩量起，沿矩形控制网各边定出各柱列轴线桩的位置，并在桩顶上钉入小钉，作为桩基放线和构建安置的依据，如图 11-4 所示。

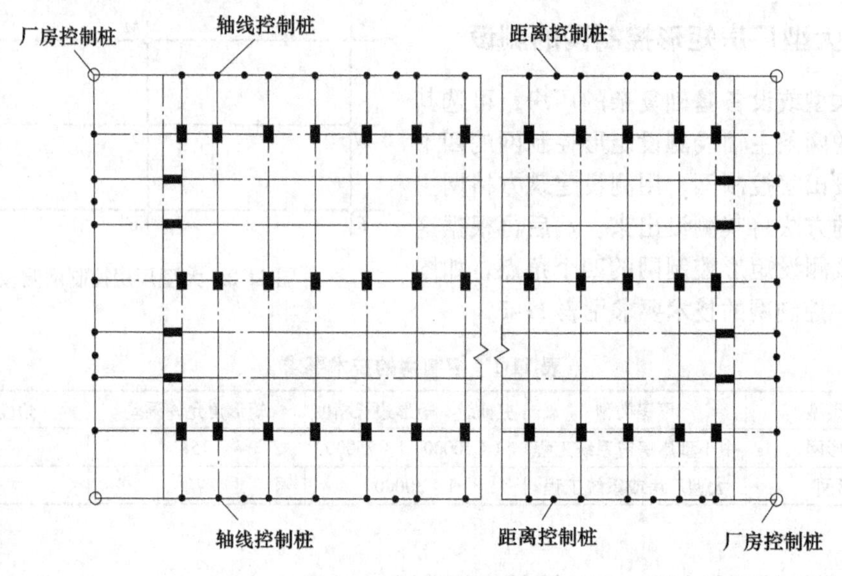

图 11-4 厂房轴线定位

11.3.2 柱基施工测量

柱基的测设应以柱列轴线为基线，按基础施工图中基础与柱列轴线的关系尺寸进行。现以图 11-5 所示Ⓒ轴与⑤轴交点处的基础详图为例，说明柱基的测设方法。首先将两台经纬仪分别安置在Ⓒ轴与⑤轴一端的轴线控制桩上，瞄准各自轴线另一端的轴线控制桩，交会定出轴线交点作为该基础的定位点（注意：该点不一定是基础中心点）。沿轴线在基础开挖

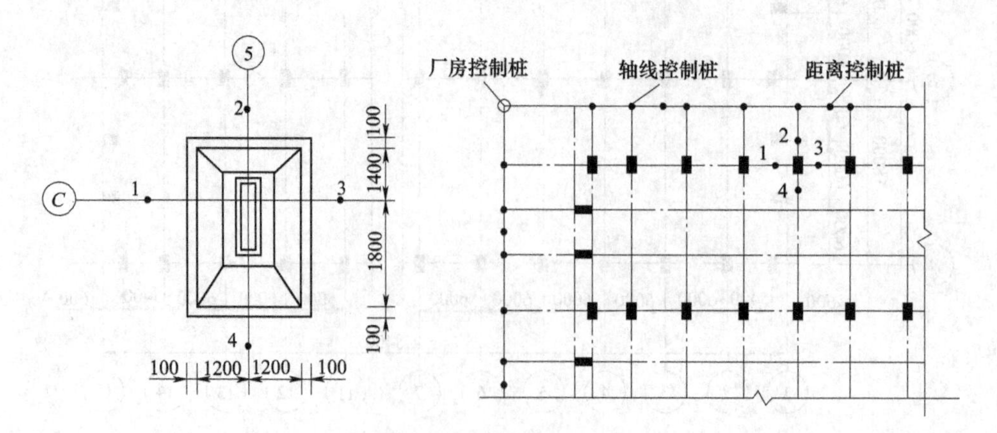

图 11-5 柱基测设示意图

边线以外 1~2m 处的轴线上打入四个小木桩 1、2、3、4，并在桩上用小钉标明位置。木桩应钉在基础开挖线以外一定位置，留有一定空间以便修坑和立模。再根据基础详图的尺寸和放坡宽度，量出基坑开挖的边线，并撒上石灰线，此项工作称为柱列基线的放线。

当基坑挖至接近基坑设计底标高时，在坑壁四周离坑底 0.3~0.5m 处测设几个水平桩，用作检查坑底标高和打垫层的依据。

基础垫层做好后，根据基坑旁的定位小木桩，用拉线吊锤球法将基础轴线投测到垫层上，弹出墨线，作为柱基础立模和布置钢筋的依据。

11.4 厂房预制构件安装测量

在装配式工业厂房中，先预制柱、吊车梁、屋架等构件，后在施工现场进行安装。构件安装就位的准确度将直接影响厂房的使用，严重时甚至导致厂房倒塌。在所有预制构件的安装过程中预制柱的安装就位是关键，应引起足够重视。

11.4.1 柱的安装测量

桩身垂直度校正

1. 柱吊装前的准备工作

柱的安装就位及校正，是利用柱身的中心线、标高线和相应的基础顶面中心定位线、基础内侧标高线进行对位来实现的。故在柱就位前须做好以下准备工作：

（1）柱身弹线及投测柱列轴线　在柱子安装之前，首先将柱子按轴线编号，并在柱身三个侧面弹出柱子的中心线，并且在每条中心线的上端和靠近杯口处画上“▶”标志。并根据牛腿面设计标高，向下用钢尺量出-60cm 的标高线，并画出“▼”标志，如图 11-6 所示，以便校正时使用。

在杯形基础上，由柱列轴线控制桩用经纬仪把柱列轴线投测到杯口顶面上，如图 11-7

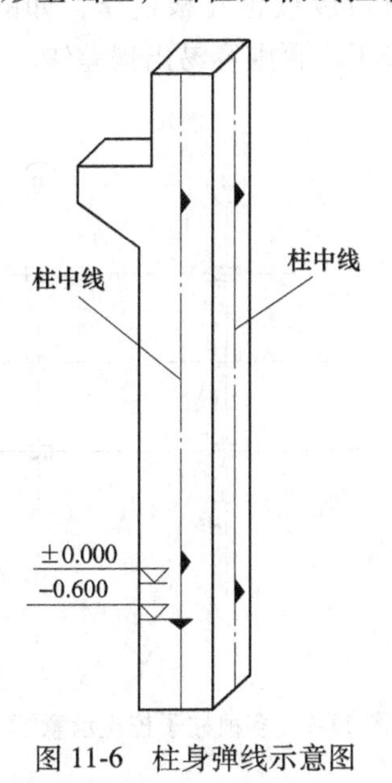

图 11-6　柱身弹线示意图

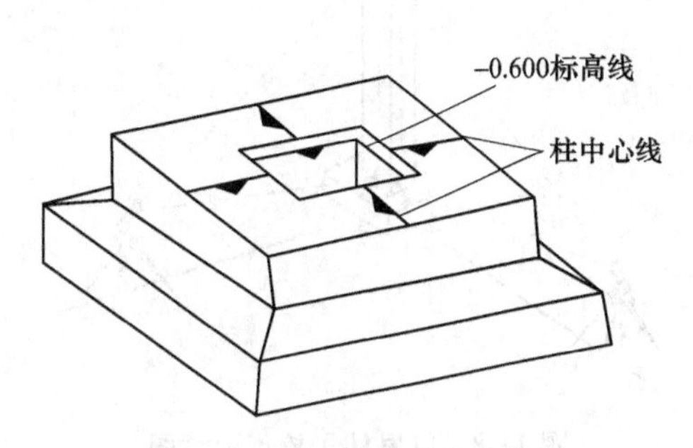

图 11-7　基础杯口弹线示意图

所示，并弹出墨线，用红油漆画上“▶”标志，作为柱子吊装时确定轴线的依据。当柱子中心线不通过柱列轴线时，还应在杯形基础顶面四周弹出柱子中心线，仍用红油漆画上“▶”标志。同时用水准仪在杯口内壁测设一条 60cm 标高线，并画“▼”标志，用以检查杯底标高是否符合要求。然后用 1∶2 水泥砂浆抹在杯底进行找平，使牛腿面符合设计高程。

（2）柱子安装测量的基本要求

1）柱子中心线应与相应的柱列中心线一致，其允许偏差为±5mm。

2）牛腿顶面及柱顶面的实际标高应与设计标高一致，其允许偏差为：当柱高≤5m 时不大于±5mm；柱高>5m 时应不大于±8mm。

3）柱身垂直允许误差：当柱高≤5m 时应不大于±5mm；当柱高在 5～10m 时应不大于±10mm；当柱高超过 10m 时，限差为柱高的 1/1000，且不超过 20mm。

2. 柱子安装时的测量工作

柱子被吊装进入杯口后，先用木楔或钢楔暂时进行固定。用铁锤敲打木楔或者钢楔，使柱在杯口内平移，直到柱中心线与杯口顶面中心线平齐。并用水准仪检测柱身已标定的标高线。

然后用两台经纬仪分别在相互垂直的两条柱列轴线上，相对于柱子的距离为 1.5 倍柱高处同时观测，如图 11-8 所示，进行柱子校正。观测时，将经纬仪照准柱子底部中心线上，固定照准部，逐渐向上仰望远镜，通过校正使柱身中心线与十字丝竖丝相重合。

柱子校正时的注意事项：

1）校正用的经纬仪事前应经过严格校正，因为校正柱子垂直度时，往往只用盘左或盘右观测，仪器误差影响很大。操作时还应注意使照准部水准管气泡严格居中。

2）柱子在两个方向的垂直度都校正好后，应再复查平面位置，看柱子底部的中心线是否仍对准基础的轴线。

3）为了提高工作效率，一般可以将经纬仪安置在轴线的一侧，与轴线成 10°左右的方向线上（为保证精度，与轴线角度不得大于 15°），一次可以校正几根柱子，如图 11-9 所示。当校正变截面柱子时，经纬仪必须放在轴线上进行校正，否则容易出现差错。

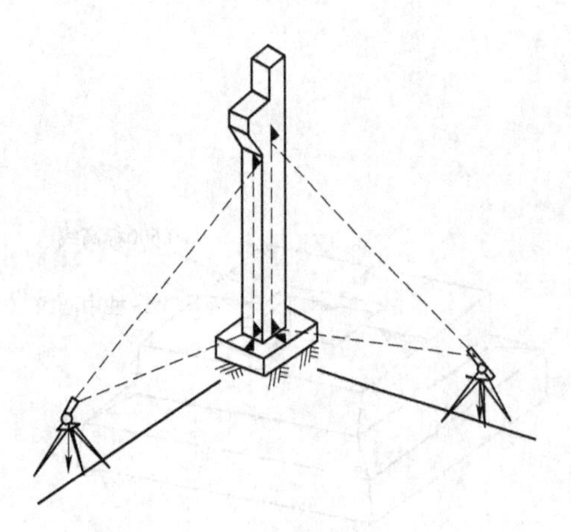

图 11-8 单根柱子校正示意图

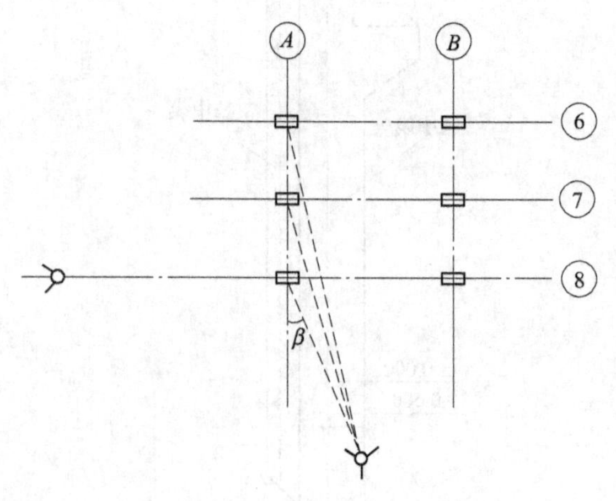

图 11-9 多根柱子校正示意图

4）考虑到过强的日照将使柱子产生弯曲，使柱顶发生位移，当对柱子垂直度要求较高时，柱子垂直度校正应尽量选择在早晨无阳光直射或阴天时校正。

11.4.2　吊车梁及屋架的安装测量

吊车梁安装时，测量工作的任务是使柱子牛腿上的吊车梁的平面位置、顶面标高及梁端中心线的垂直度都符合要求。屋架安装测量的主要任务同样是使其平面位置及垂直度符合要求。

1. 准备工作

首先在吊车梁顶面和两端弹出中心线，再根据柱列轴线把吊车梁中心线投测到柱子牛腿侧面上，作为吊装测量的依据。投测方法如图 11-10 所示，先计算出轨道中心线到厂房纵向柱列轴线的距离 e，再分别根据纵向柱列轴线两端的控制桩，采用平移轴线的方法，在地面上测设出起重机轨道中心线 A_1A_1 和 B_1B_1。将经纬仪分别安置在 A_1A_1 和 B_1B_1 一端的控制点上，严格对中、整平，照准另一端的控制点，仰视望远镜，将起重机轨道中心线投测到柱子的牛腿侧面上，并弹出墨线。

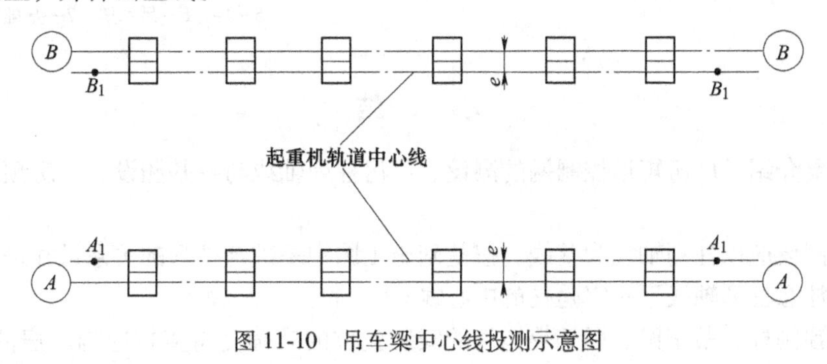

图 11-10　吊车梁中心线投测示意图

同时根据柱子±0.000m 位置线，用钢尺沿柱侧面量出吊车梁顶面设计标高线，画出标志线作为调整吊车梁顶面标高用。

2. 吊车梁吊装测量

如图 11-11 所示，吊装吊车梁应使其两个端面的中心线分别与牛腿面上的梁中心线初步对齐，再用经纬仪进行校正。校正方法是根据柱列轴线用经纬仪在地面上放出一条与吊车梁中心线相平行的校正轴线，水平距离为 d。在校正轴线一端点处安置经纬仪，固定照准部，上仰望远镜，照准放置在吊车梁顶面的横放直尺，对吊车梁进行平移调整，使吊车梁中心线上任一点距校正轴线水平距离均为 d。在校正吊车梁平面位置的同时，用吊锤球的方法检查吊车梁的垂直度，不满足时在吊车梁支座处加垫块校正。

在吊车梁就位后，先根据柱面上定出的吊车梁设计标高线检查梁面的标高，并进行调整，不满足时用抹灰调整。再把水准仪安置在吊车梁上，进行精确检测实际标高，其误差应在±3mm 以内。

3. 屋架的安装测量

如图 11-12 所示，屋架的安装测量与吊车梁安装测量的方法基本相似。屋架的垂直度是靠安装在屋架上的三把卡尺，通过经纬仪进行检查、调整。屋架垂直度允许误差为屋架高度的 1/250。

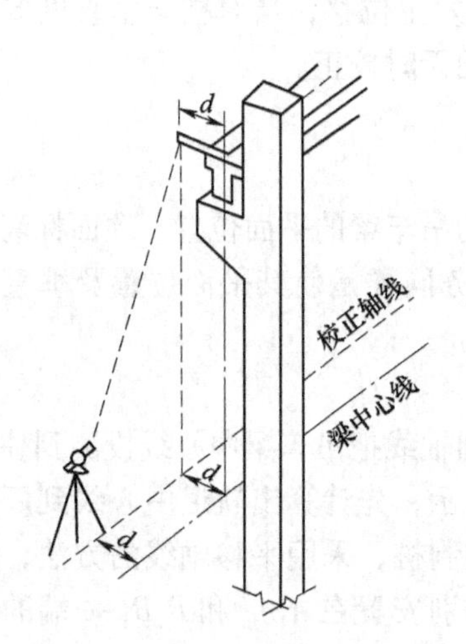

图 11-11 吊车梁安装校正示意图

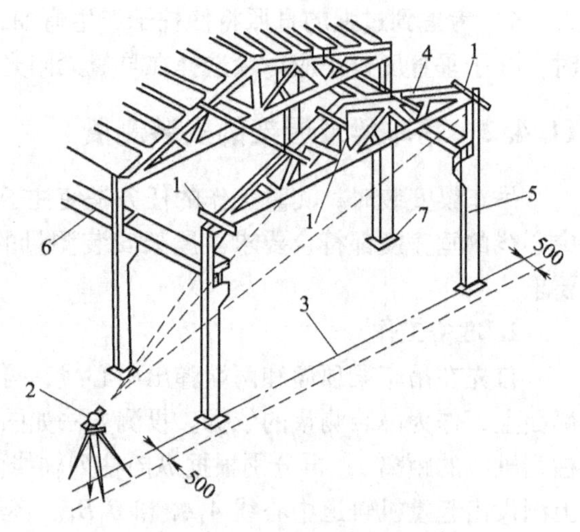

图 11-12 屋架安装测量示意图

1—卡尺 2—经纬仪 3—定位轴线 4—屋架 5—柱 6—吊木架 7—基础

小 结

本章主要介绍了厂房矩形控制网的测设、厂房柱列轴线与柱基测设、厂房预制构件安装测量的方法。

柱基的测设应以柱列轴线为基线，按基础施工图中基础与柱列的关系尺寸进行。柱基测设时要特别注意柱列轴线不一定是柱的中心线。

在厂房预制柱、吊车梁、屋架等构件的安装就位的准确度将直接影响厂房的正常使用。在所有预制构件的安装过程中预制柱的安装就位是最关键的。对柱子垂直度要求较高时，柱子垂直度校正应尽量选择在早晨无阳光直射时进行。吊车梁、屋架安装时，是其平面位置、顶面标高及垂直度符合要求。

思 考 题

1. 工业建筑施工测量包括哪些主要工作？如何测设工业厂房控制网？

2. 在工业厂房施工测量中，为什么要建立独立的厂房控制网？在控制网中距离指标桩是什么？

3. 简述工业厂房柱列轴线的测设方法及具体作用。

习 题

一、选择题

1. 厂房基础施工测量不包括（　　）。

A. 柱列轴线的测设　　B. 基础定位

C. 基坑放样和抄平　　D. 基础模板的定位

2. 厂房预制构件的吊装测量不包括（　　）。

A. 柱子吊装测量　　B. 吊车梁安装测量

C. 起重机轨道安装测量　　D. 屋架吊装测量

3. 柱子吊装中的测量包括（　　）工作。

A. 定位测量　　B. 标高控制

C. 柱子垂直度的控制　　D. 柱子垂直偏差的测算

4. 吊车梁安装前的测量是指（　　）工作。

A. 在牛腿面上测弹中线　　B. 在吊车梁上弹出中心线

C. 牛腿面标高抄平　　D. 在柱面上量弹吊车梁面标高线

二、简答题

1. 厂房的矩形控制网主要内容有哪些？
2. 简述工业厂房柱基的测设方法。
3. 如何进行柱子吊装的竖直校正工作？应注意哪些具体要求？
4. 简述吊车梁的安装测量工作。

第12章 建筑物变形观测与竣工测量

知识目标

了解建筑物变形观测的基本内容，掌握常规变形观测的测量方法，熟悉竣工总平面图的绘制。

能力目标

能够进行建筑物变形观测及绘制竣工总平面图。

重点与难点

重点为建筑物沉降观测、倾斜观测、位移观测、裂缝观测的原理和方法；难点为竣工图绘制。

12.1 建筑物变形观测概述

随着建筑物施工的不断深入，建筑物的基础所承受的荷载将不断增加，会产生一定的沉降，可能会导致建筑物发生变形。这种变形在一定范围内不会影响建筑物的正常使用，可视为正常现象。但其变形超过一定限度范围，建筑物就会产生倾斜，甚至发生主体或局部开裂，严重时会造成建筑物的坍塌，危及建筑物的安全使用。为使建筑物能够在规定年限内正常使用，在施工各阶段及运行使用期间，应对建筑物进行变形观测，确保建筑物的施工质量和正常使用，并为确定各类建筑物变形提供参考资料。

变形观测就是对建（构）筑物及其地基由于荷载和地质条件变化等外界因素引起的各种变形的测定工作。其目的在于了解建筑物的稳定性，监测它的安全性，研究变形规律，检验设计理论及其所采用的计算方法和检验数据，是工程测量学的重要内容。

变形观测的主要内容有沉降观测、倾斜观测、水平位移观测、裂缝观测和挠度观测等。

建筑物变形观测的精度、频率和时间应根据建筑物的重要性、观测目的和具体施工情况而定。如果为了确保建筑物的使用安全而进行变形观测，则观测的精度较低；如果观测目的是为了研究其变形过程，其精度要求要高得多。观测频率取决于变形值的大小和变形速度，以及观测目的能反映整个建（构）筑物变化的过程，又不遗漏任何一个时刻的变化。通常情况下，建（构）筑物变形观测从工程设计时开始着手制订变形方案，从建筑物基础开始就进行观测，直到其变形趋于稳定为止。

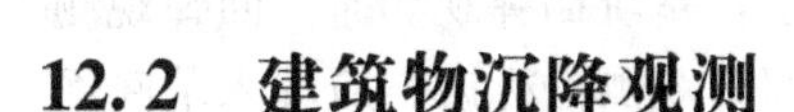

12.2 建筑物沉降观测

测定建筑物上一些点的高程随时间而变化的工作称为沉降观测。沉降观测时，在能表示沉降特征的部位设置沉降观测点，在沉降影响范围之外埋设水准基点，用水准测量方法定期测量沉降点相对于水准基点的高差。从各个沉降点高程的变化中了解建筑物的上升或下降的情况。

另外，测定一定范围内地面高程随时间而变化的工作，也是沉降观测，通常称为地表沉降观测。

12.2.1 水准点和观测点的设置

1. 水准点的设置

水准点作为沉降观测的基准，其形式和埋设要求及观测方法均与三、四等水准测量相同。水准点高程应从建筑区永久水准基点引测。其埋设还应符合下列要求：

1）应布设在沉降影响范围之外，要离开道路、管道最少5m以上。

2）为保证水准点高程的正确性和便于相互检核，水准点一般不应少于三个。

3）水准点的设置应避免由于施工工作而遭到破坏，也不要放置在观测视线受阻挡的方向上。

4）在冰冻地区，水准点应埋设在冰冻线以下0.5m。

2. 沉降观测点的设置

沉降观测点是固定在拟观测建（构）筑物上的测量标志。设置沉降观测点，应能够反映建（构）筑物变形特征和变形明显的部位，标志应稳固、明显、结构合理，不影响建（构）筑物的美观和使用，点位应避开障碍物，便于观测和长期保存，沉降观测点设置如图12-1所示。

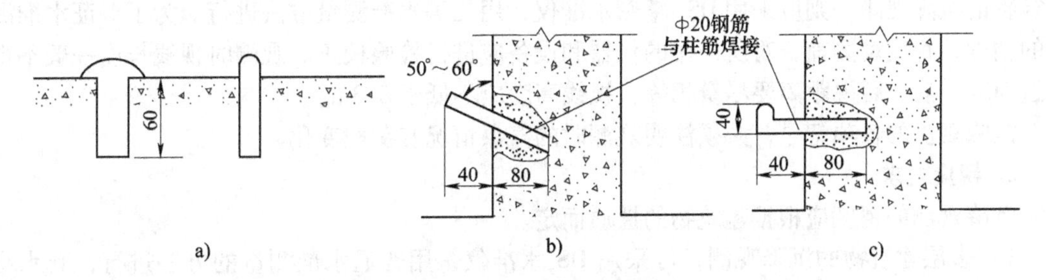

图12-1 沉降观测点设置

建（构）筑物的沉降观测点，应按设计图样埋设，并符合下列要求：

1）建筑物四角或沿外墙每10~15m处或每隔2~3根柱基上。

2）裂缝、沉降缝或伸缩缝的两侧，新旧建筑物或高低建筑物应在纵横墙交接处。

3）人工地基和天然地基的接壤处，建筑物不同结构的分界处。

4）烟囱、水塔和大型储藏罐等高耸构筑物的基础轴线的对称部位，每一构筑物不得少于4个点。

建筑物、构筑物的基础沉降观测点，应埋设于基础底板上。基坑回弹观测时，回弹观测点宜沿基坑纵横轴线或能反映回弹特征的其他位置上设置。回弹观测的标志，应埋入基底面10~20cm。地基土的分层沉降观测点，应选择在建筑物、构筑物的地基中心附近。观测标志的深度，最浅的应在基础底面50cm以下，最深的应超过理论上的压缩层厚度。建筑场地的沉降点布设范围，宜为建筑物基础深度的2~3倍，并应由密到疏布点。

12.2.2 建筑物的沉降观测

1. 沉降观测的时间

沉降观测的时间和次数，应根据工程性质、工程进度、地基的土质情况及基础荷重增加情况决定。

一般建筑物的沉降观测周期为：观测点埋设稳固后，且在建（构）筑物主体开工前，即进行第一次观测；主体施工过程中，荷重增加前后（如基础浇灌、回填土、安装柱子、房架、砖墙每砌筑一层楼、设备安装及运转等）均应进行观测；如施工期间中途停工时间较长，应在停工时和复工前进行观测；当基础附近地面荷重突然增加，周围堆积及暴雨后，或周围大量挖方等均应观测。工程竣工后，一般每月观测一次，如果沉降速度减缓，可改为2~3个月观测一次，直到沉降量半年内不超过1mm时，便认为沉降趋于稳定，观测才可停止。

基础沉降观测在浇灌底板前和基础浇灌完毕后应至少各观测一次。回弹观测点的高程，宜在基坑开挖前、开挖后及浇灌基础之前，各测定一次。地基土的分层沉降观测，应在基础浇灌前开始。

2. 沉降观测方法

沉降观测的观测方法视沉降观测点的精度要求而定，观测的方法有：一、二、三等水准测量，液体静力水准测量，微水准测量，三角高程测量等。其中最常用的是水准测量方法。

对于多层建筑物的沉降观测，可采用DS_3水准仪，用普通水准测量方法进行。对于高层建筑物的沉降观测，则应采用DS_1精密水准仪，用二等水准测量方法进行。为了保证水准测量的精度，每次观测前，对所使用的仪器和设备应进行检验校正。观测时视线长度一般不得超过50m，前、后视距离要尽量相等，视线高度应不低于0.3m。

沉降观测的各项记录，必须注明观测时的气象情况和荷载变化。

3. 精度要求

沉降观测的精度应根据建筑物的性质而定。

1）多层建筑物的沉降观测，可采用DS_3水准仪，用普通水准测量的方法进行，其水准路线的闭合差不应超过$\pm 2.0\sqrt{n}$mm（n为测站数）。

2）高层建筑物的沉降观测，则应采用DS_1精密水准仪，用二等水准测量的方法进行，其水准路线的闭合差不应超过$\pm 1.0\sqrt{n}$mm（n为测站数）。

4. 沉降观测的工作要求

沉降观测是一项较长期的连续观测工作，为了保证观测成果的正确性，应尽可能做到四定：

1）固定观测人员。

2）使用固定的水准仪和水准尺。

3）使用固定的水准基点。

4）按规定的日期、方法及既定的路线、测站进行观测。

12.2.3　沉降观测的成果整理

每次观测结束后，应检查记录中的数据和计算是否准确，精度是否合格，然后把各次观测点的高程，列入沉降观测成果表中，并计算两次观测之间的沉降量和累计沉降量，同时也要注明日期及荷载情况，见表 12-1。为了更清楚地表示出沉降、荷载和时间三者之间的关系，可画出各观测点的荷载、时间、沉降量关系曲线图，如图 12-2 所示。

表 12-1　沉降观测成果表

观测日期	荷载/(t/m^2)	观测点								
		1			2			3		
		高程/m	本次沉降/mm	累计沉降/mm	高程/m	本次沉降/mm	累计沉降/mm	高程/m	本次沉降/mm	累计沉降/mm
2019.3.15	0	21.067	0	0	21.083	0	0	21.091	0	0
4.1	4.0	21.064	3	3	21.081	2	2	21.089	2	2
4.15	6.0	21.061	3	6	21.079	2	4	21.087	2	4
5.10	8.0	21.060	1	7	21.076	3	7	21.084	3	7
6.5	10.0	21.059	1	8	21.075	1	8	21.082	2	9
7.5	12.0	21.058	1	9	21.072	3	11	21.080	2	11
8.5	12.0	21.057	1	10	21.070	2	13	21.078	2	13
10.5	12.0	21.056	1	11	21.069	1	14	21.078	0	13
12.5	12.0	21.055	1	12	21.068	1	15	21.076	2	15
2020.2.5	12.0	21.055	0	12	21.067	1	16	21.076	0	15
4.5	12.0	21.054	1	13	21.066	1	17	21.075	1	16
6.5	12.0	21.054	0	13	21.066	0	17	21.074	1	17

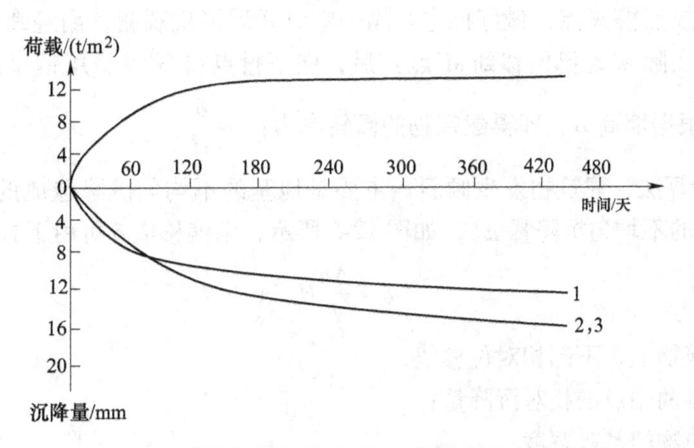

图 12-2　建筑物的荷载、时间、沉降量关系曲线图

对每一观测点而言，为更好地反映出时间、荷载、沉降量三者之间的关系，并进一步估计沉降发展的趋势，判断沉降是否达到稳定程度，还要绘制时间与沉降的关系曲线和时间与荷载的关系曲线。

12.3 建筑物倾斜与位移观测

12.3.1 建筑物的倾斜观测

测量建筑物倾斜率随时间而变化的工作称为倾斜观测。建筑物产生倾斜的原因主要有：地基承载力不均匀；因建筑物体形复杂而形成不同荷载；施工未达到设计要求以至承载力不够；受外力作用（例如风荷、地下水抽取、地震等）。一般用倾斜率 i 值来衡量建筑物的倾斜程度，如图 12-3 所示。

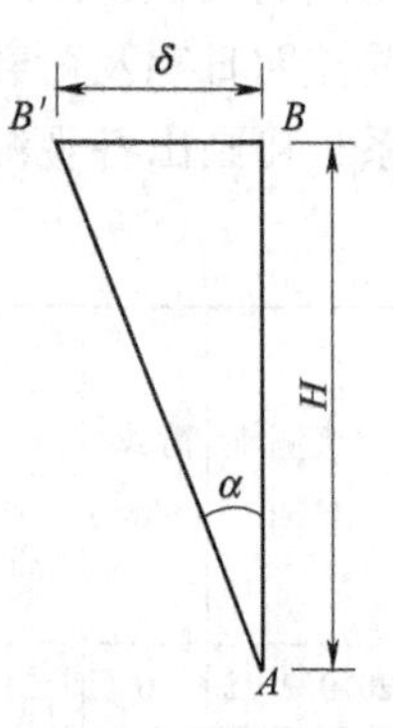

图 12-3 倾斜率

$$i = \tan\alpha = \frac{\delta}{H} \tag{12-1}$$

式中 i——建筑物主体的倾斜度；

δ——建筑物顶部观测点相对于底部观测点的偏移值（m）；

H——建筑物的高度（m）；

α——倾斜角（°）。

由式（12-1）可知，要确定建筑物的倾斜率 i 的值，需测定其上、下部的相对水平位移量 δ 和高度 H 值。一般 H 可通过直接丈量或三角方法求得。因此，倾斜观测要讨论的主要问题是测定 δ 的方法。偏移值 δ 的测定一般采用经纬仪投影法。

下面分别介绍一般建筑物和塔式建筑物的倾斜观测方法。

1. 一般建筑物的倾斜观测

（1）直接观测法 一般的倾斜观测常用此法。其观测步骤是先在欲观测的墙面顶部设置一标志点 M，如图 12-4 所示，置经纬仪于距墙面约 1.5 倍墙高处，瞄准观测点 M，用正倒镜分中法向下投点得 N 点，做好标志。隔一定时间后再次观测，用经纬仪照准 M 点（由于建筑物倾斜，实际 M 点已偏移到 M' 点）后，向下投点得 N' 点，用钢尺量取 N 和 N' 间的水平距离 δ，则根据墙高 H，即得建筑物的倾斜率为：$i=\frac{\delta}{H}$。

（2）间接计算法 建筑物发生倾斜，主要是地基的不均匀沉降造成的，如通过沉降观测测出了建筑物的不均匀沉降量 Δh，如图 12-5 所示，则偏移值 δ 可由下式计算：

$$\delta = \frac{\Delta h}{L}H \tag{12-2}$$

式中 δ——建筑物上、下部相对位移值；

Δh——基础两端点的相对沉降量；

L——建筑物的基础宽度；

H——建筑物的高度。

这种方法适用于建筑物本身刚性强，发生倾斜时自身结构仍然完整，且沉降资料可靠的建筑物。

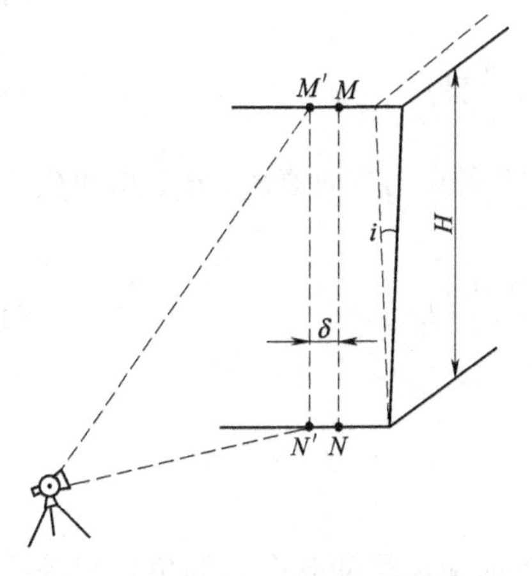

图 12-4　直接观测法测倾斜

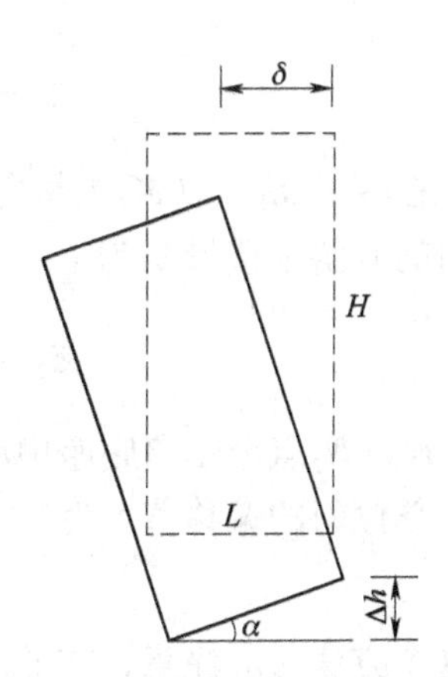

图 12-5　间接计算法测倾斜

2. 塔式建筑物的倾斜观测

如图 12-6 所示，以烟囱为例，采用纵、横轴线法，此法适用于邻近有空旷场地的塔式建筑物的倾斜观测。先在拟测建筑物的纵、横两轴线方向上距建筑物 1.5~2 倍建筑物高处选定两个点作为测站，图中为 N_1 和 N_2。在烟囱横轴线上布设观测标志 1、2、3、4 点，在纵轴线上布设观测标志 5、6、7、8 点，并选定远方通视良好的固定点 M_1 和 M_2 作为零方向。

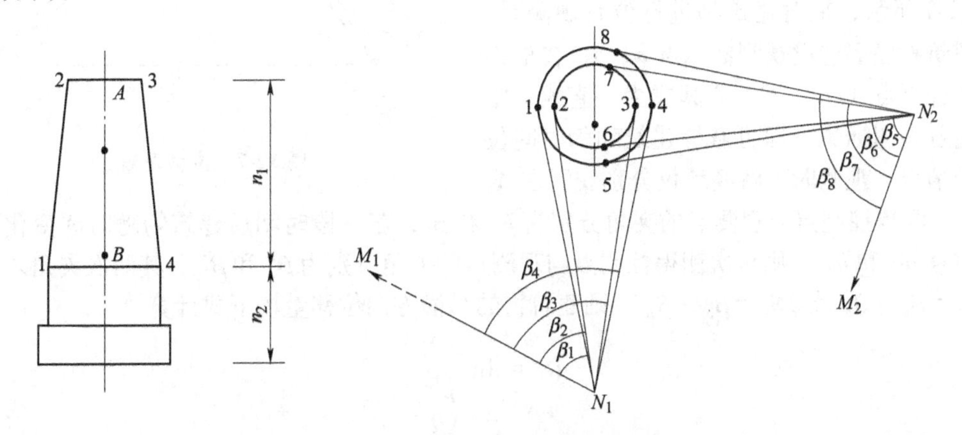

图 12-6　纵、横轴线法测量倾斜

观测时，首先在 N_1 设站，以 M_1 为零方向，以 1、2、3、4 为观测方向，用 J_2 经纬仪按方向观测法观测两个测回（若用 J_6 经纬仪则应测四个测回），得方向值分别为 β_1、β_2、β_3 和 β_4，则上部中心 A 的方向值为 $(\beta_2+\beta_3)/2$；下部中心 B 的方向值为 $(\beta_1+\beta_4)/2$，则 A、B 在纵轴线方向水平夹角 θ_1 为：

$$\theta_1 = \frac{(\beta_1 + \beta_4) - (\beta_2 + \beta_3)}{2} \tag{12-3}$$

若已知 N_1 点至烟囱底座中心水平距离为 l_1，则在纵轴线方向的倾斜位移量 δ_1 为

$$\delta_1 = \frac{\theta_1}{\rho''}l_1 \tag{12-4}$$

即

$$\delta_1 = \frac{(\beta_1 + \beta_4) - (\beta_2 + \beta_3)}{2\rho''}l_1 \tag{12-5}$$

同理，在N_2设站，以M_2为零方向测出5、6、7、8各点的方向值β_5、β_6、β_7和β_8，可得横轴线方向的倾斜位移量δ_2为

$$\delta_2 = \frac{(\beta_5 + \beta_8) - (\beta_6 + \beta_7)}{2\rho''}l_2 \tag{12-6}$$

式中，l_2为N_2点至烟囱底座中心的水平距离。

因此，总倾斜的偏移值δ为

$$\delta = \sqrt{\delta_1^2 + \delta_2^2} \tag{12-7}$$

采用这个方法时应注意，在照准1、2…等每组点时应尽量使高度（仰角）相等，否则将影响观测精度。

12.3.2 建筑物的位移观测

测定建筑物的平面位置随时间移动的工作称为位移观测，其产生往往与不均匀沉降横向挤压等有关。位移观测首先要在建筑物旁埋设测量控制点，再在建筑物上设置位移观测点。如图12-7所示，欲对建筑物进行位移观测时，可在建筑物底部埋设观测标志点a、b；在地面上建立控制点A、B、C，使其成为一直线。定期测定各观测标志，即可掌握建筑物随时间位移量的情况。观测时，将经纬仪分别安置在A、C点上，测得控制点与观测点的夹角分别为β_a和β_b，若一段时间后建筑物随时间变化产生水平位移aa'和bb'，则再次测得控制点与观测点的夹角分别为β'_a和β'_b，其两次夹角之差值为$\Delta\beta_a = \beta_a - \beta'_a$及$\Delta\beta_b = \beta_b - \beta'_b$，则建筑物的纵横方向位移量按下式计算

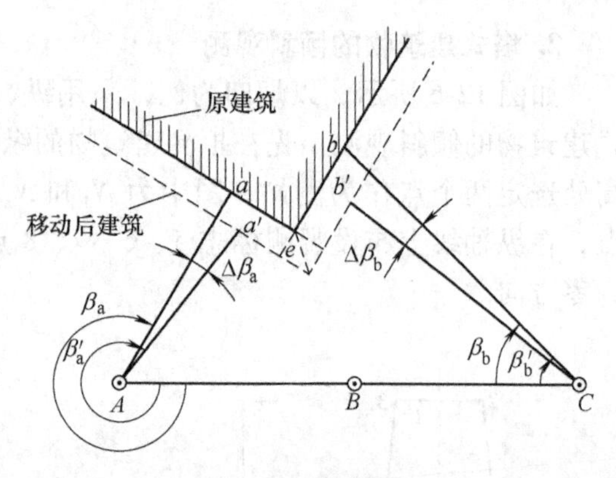

图12-7 位移观测

$$aa' = Aa\frac{\Delta\beta_a}{\rho''}$$

$$bb' = Cb\frac{\Delta\beta_b}{\rho''} \tag{12-8}$$

建筑物的总位移量

$$e = \sqrt{(aa')^2 + (bb')^2} \tag{12-9}$$

12.4 建筑物裂缝观测与挠度观测

12.4.1 建筑物的裂缝观测

测定建筑物上裂缝发展情况的观测工作称为裂缝观测。建筑物产生裂缝往往与不均匀沉

降有关，因此，进行裂缝观测的同时，一般需要进行建筑物的沉降观测，以便进行综合分析和及时采取相应的措施。

裂缝观测时，首先应对拟观测的裂缝进行编号，在裂缝两侧设置观测标志，然后定期观测裂缝的宽度、长度及其方向等。对标志设置的基本要求是，当裂缝开裂时标志就能相应地开裂或变化，正确地反映建筑物变形发展的情况。下面介绍三种常用的简便型裂缝观测标志。

1. 石膏板标志

如图12-8a所示，用厚10mm、宽50~80mm的石膏板覆盖在裂缝上，和裂缝两侧牢固地连在一起。当裂缝继续开裂与延伸时，裂缝上的标志即石膏板也随之开裂，从而观测裂缝的大小及其继续发展情况。

2. 白铁片标志

如图12-8b所示，用两块白铁片，一片为150mm×150mm的正方形，固定在裂缝的一侧，并使其一边和裂缝边缘对齐。另一片为50mm×200mm，固定在裂缝的另一侧，并使其一部分紧贴在正方形的铁片上。当两块铁片固定好之后，在其表面涂上红漆，如果裂缝继续发展，两块白铁片将会拉开，露出正方形白铁片上原被覆盖没有涂油漆的部分，其宽度即为裂缝加大的宽度，可用尺子量出。

3. 金属棒标志

如图12-8c所示，将长约100mm，直径约10mm的钢筋头插入，并使其露出墙外约20mm，用水泥砂浆填灌牢固。两钢筋头标志间距离不得小于150mm。待水泥砂浆凝固后，用游标卡尺量出两金属棒之间的距离，并记录下来。以后如裂缝继续发展，则金属棒的间距也就不断加大。定期测量两棒的间距并进行比较，即可掌握裂缝发展情况。

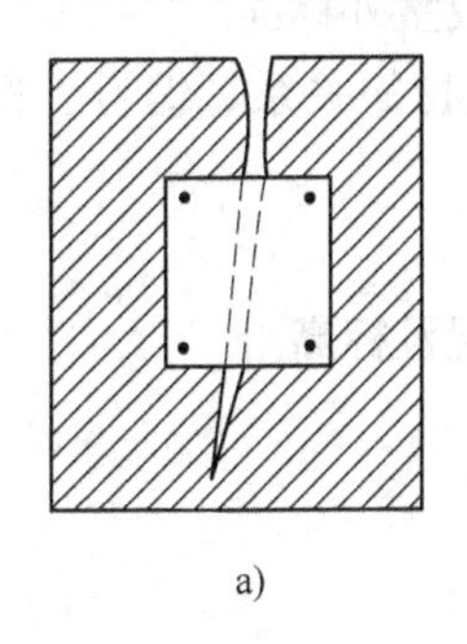

a)

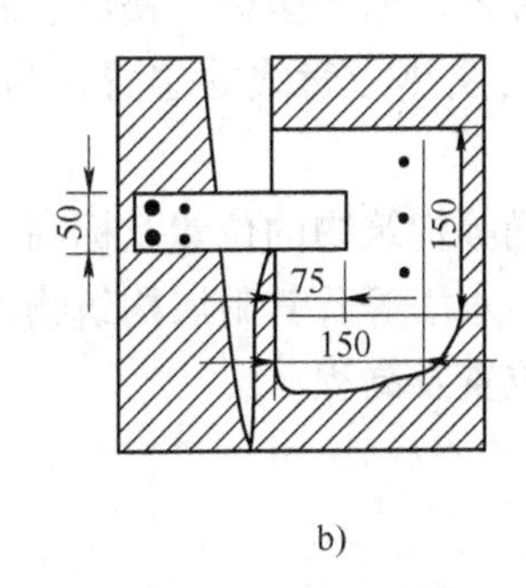

b)

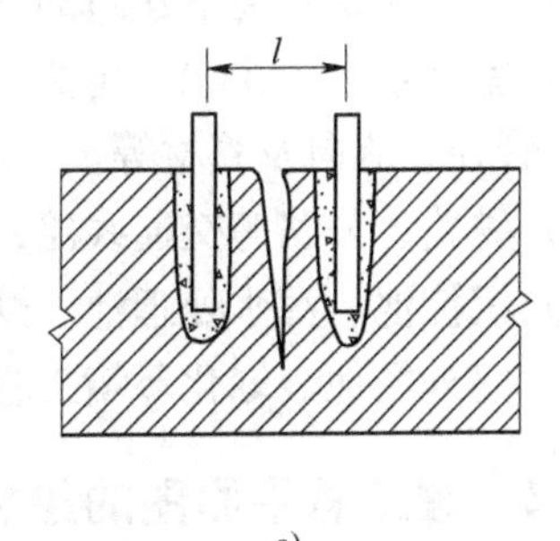

c)

图12-8　裂缝观测标志

a）石膏板标志　b）白铁片标志　c）金属棒标志

裂缝观测结果常与其他数据相结合，可供探讨建筑物变形的原因、变形的发展趋势和判断建筑物的安全等。

12.4.2　构件的挠度观测

建筑物的结构构件在施工和使用阶段随着荷载的增加会产生挠曲，挠曲的大小对建筑物结构构件受力状态的影响很大。因此，结构构件的挠度不应超过某一限值，否则将危及建筑物的安全。

挠度观测是通过测量观测点的沉降量来进行计算。如图 12-9 所示，A，B，C 是某构件同一轴线上的三个沉降观测点（A，C 为支座处，B 为跨中），测得其沉降量分别为 ΔA，ΔB，ΔC，则该构件的跨中挠度为

$$f_B = \Delta B - (\Delta A + \Delta C)/2 \qquad (12\text{-}10)$$

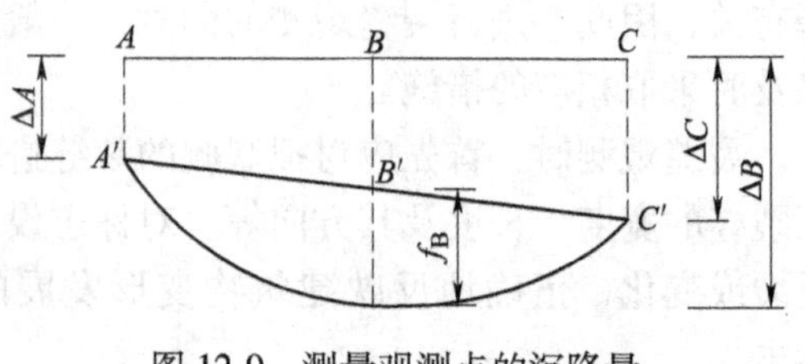

图 12-9 测量观测点的沉降量

12.5 竣工测量

竣工总平面图是设计总平面图在施工结束后实际情况的全面反映。设计总平面图与竣工总平面图一般不会完全一致，如在施工过程中可能由于设计时没有考虑到的问题而使设计有所变更，这种临时变更设计的情况必须通过测量反映到竣工总平面图上。因此，施工结束后应及时编绘竣工总平面图，以便于日后进行各种设施的维修工作，特别是地下管道等隐蔽工程的检查和维修工作。竣工图的测绘既是对建筑物竣工成果和质量的验收测量，又为企业的扩建提供了原有各项建筑物、地上和地下各种管线及测量控制点的坐标和高程等资料。

编绘竣工总平面图，需要在施工过程中收集一切有关的资料，并对资料加以整理，然后进行编绘。为此，在建筑物开始施工时应有所考虑和安排。

12.5.1 竣工总平面图的绘制内容

1）现场保存的测量控制点和建筑方格网、主轴线、矩形控制网等平面及高程控制。

2）地面建筑及地下建筑的平面位置、屋角坐标、楼层、底层及室外标高。

3）室外给水、排水、电力、通信及热力管线等位置，与建筑物的关系、编号、标高、坡度、管径、流向及管材等。

4）铁路、公路等交通线路，桥涵等构筑物的位置及标高。

5）沉淀池、污水处理池、烟囱、水塔等及其附属构筑物的位置及标高。

6）室外场地、绿化环境工程的位置及高程。

12.5.2 竣工总平面图的绘制

1. 确定竣工总平面图的比例尺

建筑物竣工总平面图的比例尺一般为 1/500 或 1/1000。

2. 绘制坐标方格网

为了能长期保存竣工资料，竣工总平面图应采用质量较好的图纸，如聚酯薄膜、优质绘图纸等。编制竣工总平面图，首先要在图纸上精确地绘出坐标方格网。坐标方格网画好后，应进行检查。用直尺检查有关的交叉点是否在同一直线上；同时用比例尺量出正方形的边长和对角线长，视其是否与应有的长度相等。图廓对角线绘制容许误差为±1mm。

3. 展绘控制点

以图纸上绘出的坐标方格网为依据，将施工控制网点按坐标展绘在图纸上。展点对所临近的方格而言，其容许误差为±0.3mm。

4. 展绘设计总平面图

在编制竣工总平面图之前，应根据坐标格网，先将设计总平面图的图面内容按其设计坐标，用铅笔展绘于图纸上，作为底图。

5. 竣工总平面的编绘

在建筑物施工过程中，在每一个单位工程完成后，应该进行竣工测量，并计算出该工程的竣工测量成果。对凡有竣工测量资料的工程，若竣工测量成果与设计值之比不超过所规定的定位容许误差时，按设计值编绘；否则应按竣工测量资料编绘。

对于各种地上、地下管线，应用各种不同颜色的墨线绘出其中心位置，注明转折点及检查井位置的坐标、高程及有关注记。在一般没有设计变更的情况下，墨线绘的竣工位置与按设计原图用铅笔绘的设计位置应该重合。随着施工的进程，逐渐在底图上将铅笔线都绘成墨线。在图上按坐标展绘工程竣工位置时，与在图纸上展绘控制点的要求一样，均以坐标方格网为依据进行展绘，展点对临近的方格而言，其容许误差为±0.3mm。

另外，建筑物的竣工位置应到实地去测量，如根据控制点采用极坐标法或直角坐标法实测其坐标。外业实测时，必须在现场绘出草图，最后根据实测成果和草图，在室内进行展绘，就成为完整的竣工总平面图。

12.5.3　竣工总平面图的附件

为了全面反映竣工成果，便于管理、维修和日后的扩建或改建，下列与竣工总平面图有关的一切资料，应分类装订成册，作为竣工总平面图的附件保存：

1）建筑场地及其附近的测量控制点布置图及坐标与高程一览表。

2）建筑物或构筑物沉降及变形观测资料。

3）地下管线竣工纵断面图。

4）工程定位、检查及竣工测量的资料。

5）设计变更文件。

6）建设场地原始地形图等。

小　　结

本章主要内容：建筑物沉降观测、倾斜观测、位移观测、挠度观测和裂缝观测以及竣工测量和编制竣工总平面图的内容和方法。

建筑物沉降观测主要讲述水准点和沉降观测点的布设原则以及沉降观测的时间规定、观测方法、精度要求和成果整理。建筑物倾斜观测和位移观测中，对于一般建筑物的观测点和投测点的设置原则。建筑物挠度观测和裂缝观测的方法。

建筑物竣工测量包含竣工测量的内容及竣工总平面图绘制的原则和方法，能够编制竣工总平面图。

思　考　题

1. 试述建筑变形监测的目的、意义和作用。
2. 确定建筑沉降变形测量的精度和周期时应考虑哪些因素？
3. 如何判断沉降观测进入稳定阶段？

4. 简述用观测水平角测定建筑物倾斜的要点。
5. 如何用经纬仪投影法测定建筑物的倾斜？
6. 对建筑物变形引起的裂缝如何进行观测？

习　题

一、选择题

1. 沉降观测是用（　　）。
A. 水准测量方法　B. 经纬仪观测方法　C. 视准观测方法　D. A 和 B
2. 倾斜观测是在（　　）。
A. 建筑物中、下部设置观测标志　B. 建筑物上、下部设置观测标志
C. 建筑物中、上部设置观测标志　D. 建筑物上、中、下部设置观测点
3. 沉降观测，工作基点一般不少于（　　）个。
A. 1　B. 2　C. 3　D. 4
4. 建筑物变形观测包括（　　）。
A. 沉降观测　B. 倾斜观测与位移观测
C. 裂缝观测与挠度观测　D. 以上都是
5. 水准基点距观测点不宜大于（　　）m。
A. 100　B. 150　C. 200　D. 250
6. 建筑物倾斜的表示方法是（　　）。
A. 倾斜角　B. 竖向偏移量　C. 水平向偏移量　D. 斜率
7. 建筑物的倾斜观测通常采用（　　）。
A. 吊线坠投测法　B. 经纬仪投影法　C. 钢尺丈量法　D. 激光垂准仪

二、简答题

1. 建筑物的变形观测的主要内容有哪些？
2. 何谓建筑物沉降观测？建筑物的沉降观测中水准基点和沉降观测点的布设有哪些要求？
3. 编制竣工总平面图的目的是什么？

参 考 文 献

[1] 住建部和质检总局．工程测量规范：GB 50026—2007 [S]. 北京：中国计划出版社，2007.
[2] 质检总局和标准化管理委员会．国家三、四等水准测量规范：GB/T 12898—2009 [S]. 北京：中国标准出版社，2009.
[3] 住建部．城市测量规范：GJJ/T 8—2011 [S]. 北京：中国建筑工业出版社，2011.
[4] 周相玉．建筑工程测量 [M]. 2 版．武汉：武汉理工大学出版社，2004.
[5] 李生平．建筑工程测量 [M]. 2 版．北京：化学工业出版社，2003.
[6] 张正禄．工程测量学 [M]. 武汉：武汉大学出版社，2005.
[7] 周建郑．建筑工程测量 [M]. 3 版．北京：化学工业出版社，2015.
[8] 郝亚东．建筑工程测量 [M]. 北京：北京邮电大学出版社，2016.
[9] 胡伍生，潘庆林，黄腾．土木工程施工测量手册 [M]. 2 版．北京：人民交通出版社，2011.
[10] 黄炳龄，张圣华，赵福先．建筑工程测量 [M]. 3 版．南京：南京工业大学出版社，2015.
[11] 赵景利，杨凤华．建筑工程测量 [M]. 北京：北京大学出版社，2010.
[12] 王云江．建筑工程测量 [M]. 3 版．北京：化学工业出版社，2013.

教材使用调查问卷

尊敬的老师：

您好！欢迎您使用机械工业出版社出版的教材，为了进一步提高我社教材的出版质量，更好地为我国教育发展服务，欢迎您对我社的教材多提宝贵的意见和建议。敬请您留下您的联系方式，我们将向您提供周到的服务，向您赠阅我们最新出版的教学用书、电子教案及相关图书资料。

本调查问卷复印有效，请您通过以下方式返回：

邮寄：北京市西城区百万庄大街22号机械工业出版社建筑分社（100037）
张荣荣（收）

传真：010-68994437 （张荣荣收） Email：21214777@qq.com

一、基本信息

姓名：________ 职称：________ 职务：________

所在单位：________

任教课程：________

邮编：________ 地址：________

电话：________ 电子邮件：________

二、关于教材

1. 贵校开设土建类哪些专业？

□建筑工程技术 □建筑装饰工程技术 □工程监理 □工程造价

□房地产经营与估价 □物业管理 □市政工程

2. 您使用的教学手段：□传统板书 □多媒体教学 □网络教学

3. 您认为还应开发哪些教材或教辅用书？________

4. 您是否愿意参与教材编写？希望参与哪些教材的编写？

课程名称：________

形式： □纸质教材 □实训教材（习题集） □多媒体课件

5. 您选用教材比较看重以下哪些内容？

□作者背景 □教材内容及形式 □有案例教学 □配有多媒体课件

□其他________

三、您对本书的意见和建议（欢迎您指出本书的疏误之处）________

____

____

____

四、您对我们的其他意见和建议________

____

____

请与我们联系：

100037 北京百万庄大街22号

机械工业出版社·建筑分社 张荣荣 收

Tel：010—88379777（O），6899 4437（Fax）

E-mail：r. r. 00@163. com

http：//www. cmpedu. com（机械工业出版社·教材服务网）

http：//www. cmpbook. com（机械工业出版社·门户网）

http：//www. golden-book. com（中国科技金书网·机械工业出版社旗下网站）